▲ 在附近曾為要塞的英奇基斯島上，舊官舍如今已成廢墟。

▲ 蘇格蘭西洛錫安郡的一座廢石堆，生機勃勃的枝葉已在頁岩中扎根生長。

▲ 稱為「硬砂岩」的石片，是十九世紀石油產業棄置的廢石。

▲ 一道簡陋的路障擋住前往賽普勒斯瓦羅莎區的去路，該區曾是迷人的度假勝地。

▲ 粗糙的警告牌警示遠處是布有地雷的緩衝區。

▲ 自一九七四年以來，房產所有人一直無法返回他們的家園。

▲ 普里雅特市一所廢棄的學校。一九八六年發生車諾比核災後，該市居民即疏散一空。

▲ 一株銀色的樺樹在車諾比一座廢棄的運動館內破土而出。

▼ 伊莉絲・蘭西在底特律帕卡德汽車廠搜尋流浪狗。

▲ 在愛沙尼亞中部一棟荒廢的農業建築裡，一扇門已從鉸鏈脫落開來。此處是蘇聯時期一座大型集體農莊的舊址。

▲ 現今一座類似的牛棚，早已荒廢多時。科學家認為，廢棄的蘇聯農地出現森林再生的現象，可望造就史上規模最大的人造碳匯。

▲ 來到紐澤西州派特森市聯合紡織印花公司舊廠區的都市探險家惠勒・安塔巴內斯。

▲ 該市許多工業遺跡已遭大火吞噬。

▲▼ 亞瑟基爾海峽的船舶墳場。這座海峽是分隔紐澤西州與紐約史泰登島的潮汐海峽。

▲ 一九一六年凡爾登戰役時期的一座戰壕蜿蜒在法國鄉間。

▲ 馬汀‧金韋里在坦尚尼亞阿曼尼研究所廢棄的實驗室裡照顧一群小白鼠。

▲ 實驗種植場栽種著竹子及其他外來物種。

▲ 蘇格蘭斯沃納島的最後一批
　居民在一九七〇年代棄島而
　去。
◀ 斯沃納島牛隻的屍骸在其殞
　滅處腐爛分解。

▲ 蒙哲臘島普利茅斯市的棄屋，其居民因為一九九六年的火山活動而撤離。

▲ 普利茅斯市的這座警局長滿了蕨類植物，在瓦礫遍布的廢墟中形成一座綠洲。

▲ 加州的救贖山是由懷抱宗教理想的非主流藝術家倫納德・奈特建構而成。

▲ 索爾頓海宛如明鏡的海面，在日落時分映照出荒漠的天空。

遺棄之島

得獎記者挺進戰地、災區、棄城等破敗之地，
探索大自然的驚人復原力

Islands of Abandonment

Nature Rebounding in the
Post-Human Landscape

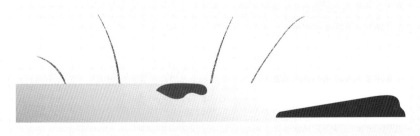

凱兒‧弗林——著　　Cal Flyn　　林佩蓉——譯

推薦序
後人類地景的生命

—— 地球科學家　金恒鑣

　　自然虎視眈眈的盯著人類在大地上的所作所為。一旦發現人類因任何理由遺棄任何一塊土地，不論這塊土地淪落到怎樣荒涼的地步，它會立刻伸手接管，將之修復成一個生氣盎然的地景。

　　蘇格蘭資深記者凱兒・弗林本著對上述自然有這種力量的信心，不辭勞苦的跋山涉水，親臨被人類遺棄的荒廢土地，察看自然復健敗破地景的進程與成就，出版了《遺棄之島》，將這些令人振奮的福音傳播給關心自然的讀者。

　　弗林選擇了十二處遭到人類遺棄的荒涼地景，及一處被火山噴發（自然擾動）所掩埋的人類居住過的小島，並親身一一造訪。

　　遭人類遺棄之大地的數目與理由難以計數，作者選取了廢棄的石油田與採礦區；戰爭的非軍事區；核輻射汙染的核災區；廢耕農田與人類搬空後的島嶼；人口外流的空城與沒落的破舊城市；法、德戰後屍體遍野的森林地；遭自植物園外逸之入侵外來種肆虐的地景。這些是人類近一百五十年來荒廢的地景或人類劃設禁止進入活動的地區。從這些地區，作者觀看到了自然在自由工作下所達到的成就。

　　另外，作者也選了一個由自然發動的擾動大地的現象。那是一個被火山噴出物徹底毀滅了大半面積的島嶼。作者發現原來是光禿沒有生命跡象的自然災區，如今植物駐進，它改變的環境提供了讓哺乳類動物蝙蝠生存的條件。

　　作者在闡釋荒廢地逐步被自然帶回生命的氣息時，所採用的是植物的自然演替、動植的播遷行為，以及生命的演化概念。事實上，被人類遺棄的荒廢地當初還留下若干逃過大劫的物種，那些是耐受力較頑強的物種。這些物種便成為拓荒者，它們改善嚴酷的環境，創造出適合其他植物回駐的可能性，因而療癒了受盡摧殘的地景，讓自然再度有生命的跡象。

　　自然力有一把尚方寶劍，亦即讓逃過人類干擾且耐受力強的物種，在短時間內演化出突變基因，協助它／牠們在被遺棄的環境適應存活。最明確的例子是車諾比核電廠禁區，該區經過三十多年的淘汰後，倖存的流浪狗演化出耐核輻射的突變基因，而禁區外的同種狗則無此突變基因。

　　作者最後苦口婆心地嚴正指出，不要認為，因為自然會重新回來，我們便能有恃無恐、漫不經心的粗暴使用水土及其他自然資源，尤其當今地球人口量極眾，自然資源消耗過度，造成汙染嚴重、氣候暖化、生物多樣性喪失的地景。人類必須痛定思痛的節制貪欲，在政治、法律、經濟、生態保護各層面上有所作為，愛護這個浩瀚宇宙中唯一有生命的行星；這絕對是人類的責任。

　　本書作者用樂觀的心態面對嚴肅而與現代人有切身關係的議題，引人產生共鳴。作者生動的描述，優美如詩的解說，精確如生態學家的評論，直指人類為何會有破壞美好大地的心態，讓讀者覺悟到善待萬物的生態倫理之重要。

　　在這個許多人面對不確定未來的時代，尤其是環境日益惡化（如汙染嚴重與氣候暖化）與生物多樣性快速喪失現象的當代，閱讀本書可以減輕我們對未來的憂心，同時激勵我們採取積極拯救環境的行動力；我極力推薦本書給關心地球環境的讀者。

推薦序
絕境中的淨土

—— 自然作家、野地錄音師　范欽慧

　　很多年前，我曾經聽過一位錄音師的作品，他專門去收錄一些被人類拋棄的地方，像是輻射外洩的電廠或是備受蹂躪的戰場，那些無人之境卻存在著讓人驚訝的聲音；殘垣斷壁的廢墟當中，仍然可以聽到一些奇妙又愉悅的歌聲。鳥兒回到枝頭，蟲兒回到洞穴，生命回到自己的位置繼續發聲。而唯有在人類離開之後，才能夠清楚聽見真正的聲響。

　　什麼是荒地，什麼是荒聲。凱兒・弗林也向著讀者提出同樣的問題，我們對於荒地的審美觀，往往忘記了生態的意義。許多緩衝地經常成為野生動物的避難所，那些「無人類干擾」劫後重生之地，往往有著讓我們更需要去聆聽的理由。作者自己也說，這本書的目標是希望能在「困境中透出一絲希望，如從路面裂縫中迸生而出的小草。」

　　只是那些被人類遺棄的地方，不只是戰爭或災害，也包括了那些受到疾病、外來種或經濟衰敗所衝擊的現場。這些地方不論是被什麼樣的理由拋棄，也絕對稱不上「原始」，反而有著各種各樣事件的沉累與堆疊，回顧那些歷史的過往，不論是取代、放棄、絕望到新生，當我們凝望著那些被人類遺棄的地方時，是人類必須重新檢視各種價值取捨的試煉場，於是，在不同時空或是心態去看待時，這一切永遠都是智慧啟發的來源。

　　這讓我想起了馬奎斯的書名：《預知死亡紀事》。本書把我

們帶向了那些充滿「困境」的現場，其實對台灣的讀者而言這所有的畫面並不陌生，我們也有著承受過戴奧辛及工業嚴重汙染的土地，那些凱兒・弗林所指稱的：「因人類愚蠢傲慢，與魔鬼進行交易的後果。」這幾乎是當代人類的集體經驗，一次又一次回到我們所創造的死亡現場時，似乎也存在著更多災難的預言。然而，作者卻要我們去發掘，死亡地帶絕非一片死寂，枯萎的城市邊境，地衣與苔蘚仍努力地活著，雖然所有的生命終將一死，但是那些離不開土地的人類與生物，仍奮力地為自己的家園奮戰著。

　　書中提到，生態學者愛德華・威爾森（E. O. Wilson）提出一個重要的提醒，那就是「人類應將一半的地表還給大自然，以防未來發生的大災難。」同樣的掙扎，也活生生地在台灣這片土地上演，許多我曾經記錄過的自然聲響也逐漸消失，那些荒地變成了工業區、住宅區、光電板區……販賣土地的招牌四起，拉起尖刺鐵網的背後，我看到原野大片野花在風中搖曳，各種開發仍持續在進行中。所有的一切都為我們所用，用過即丟，拋棄、掩埋，然後轉頭就跑，我們總是期待著去找出另一片「淨土」，一個我們可以重新面對的機會。

　　然而，若心態無法改變，這世間就難獲「淨土」。奇妙的是，當我把許多人帶向被汙染的淡水河，透過水下麥克風帶著大家去聆聽水底下的聲景，也帶大家在噪音分貝超過100dB的台北橋上去感受「寧靜」的力量時，我發現人是可以藉由感官的真實體悟，去獲得全新的思維翻轉。就如同這本書，作者把我們帶到那些被遺棄的荒涼與醜陋世界時，並不只是指責與控訴人類，而是理解這千絲萬縷交織下的悲劇線索，就如同算命大師重新解讀絕境的命盤究竟是如何造成的，我們不能再掩耳盜鈴，所有的

慘事都已經真實上演了，你還能不看嗎？或許從「面對絕境」出發，就是「創造淨土」的開始。

推薦序
走入異境，思索生態的未來

—— 生態教授　陳玉峯

　　凱兒‧弗林的《遺棄之島》，層層剖析，循著詩人般的旅遊筆觸，走入異世界。十二處廢墟，如同十二因緣的環環相扣，試圖剖開人類最小也是最大的「遺棄之島」，也就是人心或意識的本尊；她處理的地景，是被摧殘、被異化的地母癌變區，而絕大部分的罪魁禍首，正是人類的價值系統，或所謂文明與進步的人性蛻變，也是一部現代文化的解剖檯。

　　地球上的每一區塊，擁有一股永遠的勢能，朝向該地區年度陽光總量的最大利用、碳及其他元素循環的最大貯存系統；其所能達成的終極生態系是謂極相（climax），擁有最高的生態區位（niche）分化及互補，最複雜的動態平衡與循環；一旦此系統受到破壞，整個系統便如同地心引力般，同時啟動大大小小的自我療癒，永恆般地試圖回復極相，但它修補的材料永遠天差地別，它的「極相」可以是天堂（原相）；可以是地獄（異相），而人擇已然取代天擇。

　　作者描繪的地區多位於溫帶，這股永遠的勢能的速率，相對於熱帶遲緩太多。以台灣為例，海拔每升高一公尺，相當於朝北極走一公里；從海岸上玉山，相當於從赤道北進到阿拉斯加的生態系極相的變化。因此，合歡山區的草原要恢復原本的冷杉林，估計要二～三千年；低山、平地要恢復初期森林只消二、三十年。然而，台灣的這股勢能已然異化，原本的「土地公比人會種

樹」，如今已遞變為馬拉巴栗、黑板樹、洋紫荊、小花蔓澤蘭、小花十萬錯等等外來入侵種或異形，以及即將爆發的，不可逆料的，被諸神遺棄的可能性未來。

筆者哀傷地看著凱兒‧弗林的深度反思，想著「被自然遺棄的台灣」、福爾摩莎已然成為福爾謀殺，但願這冊他山之石，可以帶給台灣人若干刺激與思考反省後的一些行動也未可知。

目錄

目錄

献给理奇，

感谢他带给我满满的喜悦

序言
蘇格蘭福斯群島

　　隧道裡陰涼舒爽，不似外頭那般寒冷。觸目所及是黑沉沉的一片。空氣幾乎靜止不動，但又不盡然如此──有股微小的氣流沿著牆壁與地面的接縫，擦摩著堆積在低處的葉片。或許就是這股氣流讓我緊張不安，覺得自己並非完全孤身一人。

　　為了進到內部的秘室，我必須踩著海鷗與兔子的屍體前行。這些海鷗與兔子不是困死在這裡的外圍通道，就是爬進來後在這裡等死。我小心翼翼地踩踏著，盡可能地移開目光。過了一會兒後，手電筒照射在石頭上的亮光令我有點毛骨悚然，於是我關掉手電筒，讓雙眼適應一下環境。一道沉重的金屬門半敞著，剛好透入足夠的光線，讓我可以登上寬闊的石梯，深入這座古堡的內部。

　　原本刷成白色的牆面如今蒙上塵垢，四處泛著黝深的綠黴色，不過很快就因為光線太暗而看不分明。儘管我內心告訴自己要鎮定，脈搏還是不由自主加速。每一個角落無不隱現著未知的事物，晦澀不明又令人生畏，我必須強逼著自己前進──我喘了口氣，將手指貼到牆面上，摸索著向前走。我聞到濕潤的石頭、泥土，還有腐爛的味道；這是土窖的氣味。在已經無計可施的情況下，我重新打開手電筒。

　　的確沒錯。我並不是孤身一人。又或者可以說並不盡然。手

電筒的光圈沿著粗糙的牆面，先是照射出一副黝黑的軀體，接著又照射出另一副。我在貼近地面處找到三副群集在一起的軀體。牠們的雙翅有如合掌禱告般緊緊相貼。我必須俯身趴跪在塵土上才能將牠們瞧個清楚，觀察牠們的細部紋理：外翼上的精細飾紋是由烏黑與黃褐色澤交錯而成的飾紋，並隱約映射出絲絲紅銅色的光芒。牠們是尚在冬眠中的蝴蝶，很快就會甦醒。

這裡是英奇基斯（Inchkeith），福斯灣（Firth of Forth）內的一座島嶼，與愛丁堡間只相隔四英里的水域。隨著時間更迭，英奇基斯曾擁有多樣面貌1：其先是早期基督教「先知學校」的偏鄉據點，之後變成隔離梅毒病患2的島嶼（病患被放逐到該處，「直到上帝照護其健康」才能回歸人群），接著又成為疫病醫院，甚至是一座以水為牆的島嶼監獄。

這座島嶼與世隔絕，卻屢屢能從蘇格蘭首都望見，宛如天際上一座用岩石打造的海市蜃樓。據說蘇格蘭國王詹姆斯四世即以此景萌生奇想，認為英奇基斯可以用來進行一場在後世惡名昭彰的語言剝奪實驗。詹姆斯四世是熱衷鑽研各種知識的博學家，滿心關注文藝復興時期的科學知識，也實地施行放血與拔牙等治療。他砸下重金研究鍊金術、人類飛行技術，並且（據一位十六世紀的編年史家所述）將兩個新生兒送到英奇基斯，交由一名聾啞的保母照顧，期望這兩個未沾染社會腐敗氣息的幼兒，長大後能說起人類墮落前的「神的語言」。

這場實驗被稱為「禁忌的實驗」，因為其殘忍至極，讓幼兒完全與世隔絕，承受不可逆轉的社會傷害，而且結果未有定論。這名編年史家詭秘地記述道：「有人說他們講得一口流利的希伯來語3，但我知道實情並非如此。」也有人說聽起來像是「野蠻人

在胡言亂語」4。我猜想聽起來究竟像何種語言，可能要視聽者想見到的神明而定。

　　英奇基斯後來成為一座要塞島嶼，在戰時斷斷續續由英國占有，晚近（在一場激烈的血戰後）落入法國之手。在第二次世界大戰期間，這座島半英里長的範圍內駐守著一千多名士兵，並設有砲台，嚴守著福斯灣的入口。休戰後，英奇基斯由於面積狹小又殘破不堪，而且抵達不易，在和平時期頓失價值，所以再度遭到遺棄。

　　然而，這座島嶼在遭到淡忘後，反而更具有環境的重要性。在一九四〇年代之前，只有一種海鳥會在此築巢：絨鴨。在往後的數十年間，英奇基斯成了另外十幾種海鳥及其他無數種候鳥的繁殖地。到了初夏時節，海邊的懸崖將生機勃勃，被鳥糞塗成白茫茫的一片。每塊凸出於峭壁的岩石，都布滿以腐爛海草雜亂織

1　Hamish Haswell-Smith, *The Scottish Islands*, Canongate, Edinburgh, 1996 (2015), p. 503.

2　Hugo Arnot, *The History of Edinburgh, from the Earliest Accounts to the Present Time*, William Creech, Edinburgh, 1788, p. 260.

3　羅伯特‧林賽（Robert Lindsay），in *The Historie and Cronicles of Scotland*, (vol. 1, William Blackwood and Sons, Edinburgh, collected 1899, p. lxix)，表示該書所載述的觀察結果，取自「日期不同」而且可能是兩個不同人士撰寫的數份手稿。他處以「Robert Lindesay of Pitscottie」為作者名的記述因此為：「有人說他們講得一口流利的希伯來語，但就我本身而言，除了這些作者的記載外，我一無所知。」引自R. N. Campbell and R. Grieve, 'Royal Investigations of the Origin of Language', *Historiographia Linguistica*, 9(1–2), (1982), pp. 43–74, 241, doi:10.1075/hl.9.1-2.04cam.

4　John Pinkerton, *The History of Scotland from the Accession of the House of Stuart to that of Mary*, C. Dilly, London, 1797, cited in Campbell and Grieve, 'Royal Investigations of the Origin of Language', p. 51.

成的鳥巢，或是直接擱在石塊上的斑點鳥蛋。每個物種在這棟生物大廈各占其位：鸕鶿夜宿在噴濺水花的岩石上；體羽光滑呈黑白兩色的崖海鴉在崖壁的低處安窩；身形嬌小，嘴彎如鉤的刀嘴海雀占據了上一層；身形優雅，有著灰色羽毛的三趾鷗則是居住在頂樓。牠們全都大聲尖叫，不斷對著鄰居發出不平之鳴。

而在上方有片原本由燈塔看守人看顧的草地，體型豐滿的海鸚用帶有糖果條紋的嘴巴在此挖洞築巢。冬鷦鷯、家燕連同岩鴿將已經塌陷迸裂，狀似腐爛水果的老舊軍事建築占為己有。在沒了屋頂的樓房內，接骨木從灌木叢中長出來，蜷縮成一團，彷彿是為了取暖，抵擋自北海吹襲而來的刺骨寒風。

隨著天候更形冷冽，灰海豹使勁地爬上因為長滿海草而變得滑溜溜的水泥船台，好在微弱的陽光下取暖——一次可以看到上千隻。牠們在船舶航道中央找到天然的庇護所，安心在此孕育幼崽。眼睛又大又圓的海豹寶寶，整個冬天都懶洋洋地閒蕩在叢生的草堆裡，在各個小徑間挪動身軀，探索周遭的斷垣殘壁。而約在同一段時間，像一陣煙霧般飄過這座島嶼的各種蝴蝶和蛾，將開始爬進布滿各個山坡的黑暗隧道準備冬眠——閃爍藍色金屬光澤的孔雀蛺蝶；色澤閃亮，狀似盾牌的棘翅裳蛾，或是有扇形飾邊的蕁麻蛺蝶都喜歡到裡面過冬。有隻蝴蝶抽動了一隻腳。我就不驚擾牠們了。

我感覺到有股微小的氣流在流動，於是走上樓一探究竟。在遠遠的高處，我看見一絲微弱的日光。空氣中傳來鳥糞淡淡的鹼性氣味。

我找到了一扇緊閉著，已經半生鏽的門，但沒有過去把門打開。接著我就走了出來，孤身站在這座島嶼的最前端，像是一尊

船頭的雕像遠望著大海。我所立之處曾經是架設砲塔的圓坑，也是一場早已結束的大戰的最後一道防線。

風疾速掃過空曠處，強大的氣流讓我呼吸困難。而這些鳥群驟然飛起，在空中成群移動盤旋，不斷尖聲啼叫，對於此刻出現在此，在這座遺棄之島的我，感到怒不可遏。

§

在本書中，我們將探訪地球上一些最詭祕荒蕪之地。一片由尖刺鐵絲網所圍起來的無人地帶：有多架噴射客機停放在跑道上，經過了四十載的棄置，如今已荒廢鏽蝕。森林中的一處空地：因砷汙染嚴重，沒有任何樹木可以在此生長。一處禁區：在核子反應爐悶燒廢墟的周邊所劃設的禁地。一片日漸縮小的海域：曾經悠游其中的魚兒已然化骨，在其空蕩蕩的海岸線上形成一道沙灘。

這些迥然不同的地點有一個共通處，就是都遭到了遺棄。無論是戰爭或災害，疾病或經濟衰敗所致，許多年或甚至數十年來，各個地點都恣意發展著自身的面貌。隨著時間的推移，自然界終可自由大展拳腳，為自然環境流轉不息的智慧提供了寶貴的見證。

若說這是一本講述自然的書籍，那麼撰寫本書之目的，並不是要狂熱稱頌自然祕境的魅力。在某種程度上，本書可謂是出自必要而寫。在這個世界上，越來越少的地方（如果還有這些地方存在）可以真的稱得上「原始」（pristine）。根據近期研究結果，即使在南極冰層與深海沉積物中，仍可找到塑膠微粒和有害的人

造化學物5。亞馬遜盆地的空中觀測結果顯示，森林深處掩蔽著土壘防禦工事，這是當地所有早已消逝文明的最後遺跡。人類所導致的氣候變遷，恐將改造這座星球上的每一個生態系統，每一個地理景觀。而長留於世的人造物質，已將我們特有的印記蝕刻在地質紀錄之中，永遠無法磨滅。

　　無可爭論的是，有些地方相對而言，受到的衝擊遠遠小於他處。然而，我所關注的並非原始自然面貌消失在地平線的餘暉，而是正熠然生輝的一小片天空。這片天空可能顯示著，隨著世界各地越來越多的土地遭到遺棄，一個嶄新的野生世界正漸露光彩。

　　被遺棄的土地之所以增加，部分原因在於人口結構發生變動，包括已開發國家的出生率普遍下滑，鄉村人口往都市移動等。全世界將近一半的國家，出生率都跌破了替代水準；在日本（人口預估在二〇四九年將由一・二七億人滑落至一億人，或是更低的水準6），八分之一的房產已經遭到棄置，而預估到了二〇三三年，棄屋（日本人稱之為「空き家」，即鬼屋的意思）比例將攀升7，占所有住宅量近三分之一。

　　另一部分的原因則是農業形態的變動。集約農業（儘管對環境有諸多不利影響）更有效率，可使用較少的土地種植出較多的作物。數量龐大的「邊際」農地，尤其是在歐洲、亞洲、北美地區，逐漸重拾荒野的面貌。「逐漸復生的次生植群」（即曾是農林地的植群）現今約占地二十九億公頃，是現有耕地的兩倍以上，其面積在本世紀末可能攀升至五十二億公頃8。

　　我們正處於一場規模龐大，由自然界自行引導的野化（rewilding）實驗。因為細究其義，棄置不管「即是」放任野化，代表人類撤出土地，讓其重回大自然的懷抱。在無人注意之時，

野化的過程一直在進行（目前也正在進行），而且規模浩大。我認為野化所賦予的前景著實令人振奮。一項近期研究的作者群寫道：「全球各地的生態系統正大舉恢復生息，而且力道日益增強，讓我們有前所未有的機會進行生態恢復工作，藉以減緩第六次生物大滅絕的進程。9」

　　我在撰寫本書之時，全球爆發了大流行疫病。在疫情期間，線上激增各種報導，描述世界各地的野生動物趁人類禁足在家防疫時，跑到冷清的街道上轉悠。在威爾斯的蘭迪德諾鎮（Llandudno），成群結隊的野山羊闖入街道覓食；日本奈良的梅花鹿在安全島上吃草，還現身在地鐵月台；美洲獅在智利聖地亞哥的小巷內昂首闊步地閒晃；袋鼠在澳洲阿德萊德市（Adelaide）空盪盪的中央商業區到處蹦跳。

5 See 'Microplastics and persistent fluorinated chemicals in the Antarctic', Greenpeace, 2018; A. Kelly, D. Lannuzel, T. Rodemann, K. M. Meiners and H. J. Auman 'Microplastic contamination in east Antarctic sea ice,' *Marine Pollution Bulletin*, 154 (2020), 111130, doi:10.1016/j.marpolbul.2020.111130; also C. L. Waller, H. J. Griffiths, C. M. Waluda, S. E. Thorpe, I. Loaiza, B. Moreno et al., 'Microplastics in the Antarctic marine system: an emerging area of research', *Science of the Total Environment*, 598, (2017), pp. 220–7, doi:10.1016/j.scitotenv.2017.03.283.

6 政府統計數字，引自Mari Shibata, 'What will Japan do with all of its empty "ghost" homes?', BBC Work Life, 31 October 2019.

7 Hidetaka Yoneyama, 'Vacant Housing Rate Forecast and Effects of Vacant Homes Special Measures Act: Vacant Housing Rates of Tokyo and Japan in 20 Years', Fujitsu Research Group, 30 June 2015.

8 F. Isbell, D. Tilman, P. B. Reich and A. T. Clark, 'Deficits of biodiversity and productivity linger a century after agricultural abandonment', *Nature Ecology & Evolution*, 3(11), (2019), pp. 1533–8, doi:10.1038/s41559-019-1012-1.

9 出處同注8。

　　雖然這些野生動物的圖片十分吸睛，不過在最引人注目的照片之中，有許多主角都是已生活在人類聚居地周圍的動物族群（舉例來說，奈良的梅花鹿已慣於接受遊客以手餵食，還可能漫步在街道上尋覓施捨的食物）。大自然在找回信心，勇於在世人眼前展現身影時，也顯露了其「療癒」的力量，以上所舉只是一小部分的例子而已。然而這些例子的確提醒了我們，人類本身的影響圈如何與非人類的世界緊密地重疊交錯，即使現今依然如此，以及正因為如此，一旦我們的生活空間真正遭到遺棄，野生動物會如何迅速進駐其中，擴張自身的版圖。

　　在以下各章，我將分享世界各地十二處地點所隱含的故事，每個故事都從不同層面揭示人類棄地拋荒，自然界收復失土的過程。這些形形色色的地點擁有迥異的氣候、文化、歷史，各自承載著其獨有的憂思與希望：我們從中可以瞭解到，每一處地點，無論如何荒蕪敗壞，最後都能以自身的方式恢復元氣，以及在這些地點遭到廢置後，人類的影響如何留下一道長長的陰影，並維持多年——幾十年，甚至幾個世紀之久。

　　這些地點有的確實是島嶼，有的只是具有島嶼的意象，例如被大片柏油與磚塊路面包圍起來的荒蕪之地，或是栽種單一作物的農業平原。本書在第一章講述到位在蘇格蘭西洛錫安郡（West Lothian）的巨大廢石堆，而生態學家芭芭拉・哈維（Barbra Harvie）曾稱之為生物的「避難島」（island refugia），這也是貫穿本書其他章節的中心主題。

　　本書第一部將介紹四處地點，每一處都堪為野生動物因人類撤離而得以重振元氣的最佳例證：在某些狀況下，野生動物恢復生機的速度，比我們預料的還要快上許多。

　　我們將探看生態演替的基本進程，掂量遺棄之島可用於碳固存（carbon sequestration）的巨大潛力，並思考人類引發的種種危機，如戰爭與核子災變，如何造就多片禁區，進而有效形成最佳的自然保護區──令人驚訝的是，事實證明，與移除汙染或地雷區造成的危害相比，人跡的消失對自然環境更有助益。

　　所謂棄地，理所當然是指曾經有主之地。我原本預期在這些地方所隱含的故事中，人類足跡根本不存在，但隨著我更深入探訪與研究，我更加意識到鮮少有地方是真正杳無人跡的，無論占地居住者是自早前時期即堅守原地而拒絕離開的人，或是在事後擅自占屋入住，想要逃離社會正常規範，或只是想找個棲身之所的人。我最後發覺到以下才是故事的主軸：促使土地遭到棄置的社會與經濟力量，以及作用在留居者身上的心理力量。這些力量不是在他人撤離後未有消滅，便是待他們離去後才浮現出來。

　　作家亨利・詹姆斯（Henry James）曾形容他自身對廢墟的探求是一項「殘忍的娛樂」10，迴避現實而沉溺於虛像應該也是同樣冷漠無情的消遣。住在宛如空城之地，尤其是底特律這座城市的居民，已逐漸成為其所處困境中一道獨特的美學風景──攝影師只顧著呈現未反映社會肌理的荒地景象，這是一種視覺的偷窺，甚至是「對廢墟圖像的沉迷」（ruin porn）。我在第二部主要探討的即是與人文相關的面向。

　　神經科學家大衛・伊葛門（David Eagleman）曾提出，人一

---

10 Quoted in Rose Macauley, *Pleasure of Ruins*, Barnes & Noble, New York, 1953 (1996), p. xvii.

生要死去三次 11：第一次是身體停止運作時，第二次是下葬時，第三次是「未來有朝一日，你的名字最後一次被提起的那一瞬間。」第三部檢視了類似的概念：人類身為物種之一而遺留在世上的長遠影響，也可視為一種來世。此一部分所探訪的，是即使在人類早已逝去後，人類遺留的影響仍揮之不去的地方，而這些地方明白宣示了，事情並不是「人類一走，大自然就可回歸」那麼簡單。我們已將自己寫進這座星球的DNA中，將人類的歷史加諸於這片大地。每個自然環境都帶有書寫其過往的羊皮紙。每片林地都是一部由樹葉與微生物構成的回憶錄，分門別類記載著其「生態記憶」。我們若是有心，自可學會閱讀當中的文字，在周遭的世界裡覺察到萬物演進的歷程。譬如在英格蘭，只要尋找喜歡生長在陰涼處的物種，如藍鈴花、鼠尾草、金銀花、德國絨毛草等，就有可能發現已不存在於世的古樹群殘影 12。這些植物群原本生長在斑駁的林間空地，如今只能在花園與路邊局促一隅：它們是反映過往生態的指標物種。這份記憶如同我們自身的記憶一樣，影響著現今生態系統的運作模式。

經過以上種種論述，我們進入第四部一探兩處廢址，其對我而言（或許對你而言也是如此）似乎超脫了眼下的現實，帶我們進入未來，窺見氣候變遷，以及其他人類所遺留的影響，如何造就出一個大不相同的世界。

我花了兩年的時間探訪飽受摧殘之地。當地的景觀因戰爭、核災、天災、沙漠化、毒害、輻照、經濟崩潰而受到毀壞。這「應該」是一本黑暗之書，連連列舉世上景況最為不堪之地。但事實上，本書講述的是一個救贖的故事：地球上汙染最為嚴重的地點如何能夠透過生態進程的運作而康復。這些地點因油輪漏油而

難以喘息、遭到炸彈轟擊、受到核微粒汙染，或自然資源被搜刮
殆盡。荒廢地生命力最強韌的植物如何找到立足點，在水泥與碎
石上扎根生長，即使是沙丘也無阻它們攻城掠地；生態演替的調
色板如何變化，將苔蘚轉變成鞘穀精草、罌粟花和羽扇豆挺立鮮
豔的花朵、茂密的灌木，以及樹林。本書也在闡述，當一個地方
已變得陌生難辨，似乎渺無希望，它如何仍能擁有另類的生命潛
力。

11 David Eagleman, 'Metamorphosis,' *Sum: Forty Tales from the Afterlives*,
Canongate, Edinburgh, 2009, p. 23.

12 See Ian D. Rotherham, *Shadow Woods: A Search for Lost Landscapes*, Wildtrack
Publishing, Sheffield, 2018.

第一部

· · ·

無人的世界

1
荒原：蘇格蘭西洛錫安郡，五姊妹山

五姊妹山©Dave Henniker, 1975

在愛丁堡西南方十五英里處，一顆指節分明的紅色拳頭從嫩綠的地景上高聳而起：五道玫瑰金色的碎石山峰矗立在一起，四周環繞著草地與苔蘚，像是火星上的山巒，或是規模最宏大的土壘防禦工事。這些山峰的真面目是廢石堆。

每道山峰都從地面的同一位置，沿著陡峭的山脊高高隆起，以扇形向外擴展，呈現簡單的幾何圖形。沿著山脊鋪設的軌道，曾將節節車廂運送上山，裡面載著無數噸冒著熱氣的碎石：這些是近代石油工業早期所棄置的廢石。

自一八六〇年代以降，約有六十年的時間，蘇格蘭都是全世界首屈一指的石油產地[1]，主要歸功於一種創新的蒸餾法，其可從油頁岩中提煉出燃油。這些奇特的山峰[2]便是那些年代的見證，當時一百二十座工廠轟隆作響，每年奮力從地面提煉出六十萬桶

原油，而提煉地點不久之前還是一片寂靜的農業區。然而，提煉工序耗資又費力。為了萃取出油質，必須將油頁岩粉碎，並加熱到高溫。在這個過程中會產生大量的廢棄物：每提煉十桶原油，就會產生六噸的廢油頁岩。這些廢油頁岩總共有二億噸之多，必須找個地方傾倒。於是出現了這些巨大的岩渣堆，共有二十七座，而留存下來的有十九座。

　　不過就這些廢石堆的大小、高度、在地景屹立不搖的姿態而言，稱之為岩渣堆可說是過於輕描淡寫；無論是形狀或規模都不合乎自然面貌。當地人稱這些廢石堆為「bings」，這個詞來自古諾斯語「bingr」，意思是一堆、凌亂的一堆、垃圾箱。

　　廢石堆有如五峰金字塔的奇特結構，被稱為「五姊妹」。每位「姊妹」都緩緩隆升至其最高點，然後再陡然落下。它們聳立在平淡無奇的平坦地景上（觸目所見無非是泥濘的田地、電塔、乾草捆、牲口等），成了該地區最顯著的地標：有的呈金字塔或方塊狀；有的形態肥厚笨重；有的則是持續拔地而起，並散發赤紅色澤，像澳洲烏魯魯巨岩（Uluru）一樣呈現高原的形狀。

　　廢石堆起初只是小石堆，後來慢慢匯聚成大石堆，轉變成沙丘的形貌。接著壯大成山丘。再接著，終於形成由小片石屑堆積成的山峰。這些石屑每片約一個手指甲或硬幣大小，如破陶瓦般

1 Barbra Harvie, 'Historical review paper the shale-oil industry in Scotland 1858–1962, I: Geology and history', *Oil Shale*, 28(1), (2010), pp. 78–84, doi: 10.3176/oil.2010.4.08.

2 Barbra Harvie, 'The Mechanisms and Processes of Vegetation Dynamics on Oil-Shale Spoil Bings in West Lothian, Scotland', PhD Thesis, December 2004.

薄脆易碎。隨著一車又一車的石屑傾倒在石堆上，這些山峰變得更高、更廣大。它們從地面上隆起，狀似一條條的麵包，將所有觸及之物吞沒殆盡：茅草屋、農家庭院、樹木等無一倖免。在五姊妹最北端的山脈下，有一整棟維多利亞時代的鄉間別墅，一棟帶有寬大凸窗與中央圓頂的石造宏偉建築，就埋葬在頁岩底下。3

大規模的產油作業在此處不斷進行，直到中東龐大的液態油儲量取得優勢地位才告終止。蘇格蘭最後一座油頁岩礦場於一九六二年關閉，終結當地以礦冶為主的文化與生活方式，礦村失去了可以謀生的礦場，只剩下紅磚色的巨大廢石堆可供憑弔。長久以來，這些廢石堆惹人嫌棄：其不過是占據天際線的荒蕪之地，只適合用來提醒當地居民已然崩解的產業榮景，以及遭到掠奪的自然環境。沒人想在這些廢石堆的環繞下生活。但又應該拿它們怎麼辦？這個問題尚無明確的答案。

有些廢石堆被剷平了。有些則是後來再度受到開採，因為當中的紅色石片（專業術語稱為「硬砂岩」〔blaes〕）可以做為建材而有了第二春。有段時間，硬砂岩無所不在：製成淺粉色的砌塊，做為高速公路的填料，甚至有段時間出現在蘇格蘭的每一座全天候球場，包括我高中母校的球場。硬砂岩黏在擦破的膝蓋上，堆積在我們的運動鞋裡，在每件隨意用來代替球門柱的套衫上留下遮掩不了的塵土，在我們共有的成長歲月中，形成一道道磚紅色的背景。但大部分的廢石堆還是遭到棄置，無人聞問。經過一段時間後，處在廢石堆陰影下的村莊漸漸對其靜默姿態習以為常，甚至樂於生活在其中。

要找到廢石堆很簡單。從幾英里外就可以瞧見它們的蹤影。只要把車開到近到不能再近的距離，然後跳過柵欄就行了。真的

就是這麼簡單。廢石堆大小可如大教堂或飛機棚，或是辦公大樓，從原野中高聳而起，形成一個人造的地層。

$\int$

我叔叔和嬸嬸住在西洛錫安郡，離五姊妹不遠，甚至更鄰近五姊妹在格林戴克斯區（Greendykes）塊頭更大的姊妹山。上次我們去探訪親戚時，我和我的伴侶特地繞道去爬這座沉睡的巨山。當時光線平淡，泛著銀彩，灰濛濛的天空覆蓋著雲層。我們把車停在一個半廢棄的工業區，周遭是布滿鏽痕的半筒形鐵皮屋與褪色的路標。從這裡信步前行，我們宛如某座新星球上的首批移民，撞見了幾乎難以置信的奇異地景。經過風雨的雕鑿，由壓縮硬砂岩形成的礫岩，構成了岩層露頭與巨石。壓縮硬砂岩的形態自成一格，呈現火星紅與紫灰色澤，其外層剝落露出的新鮮岩體，外觀有如鑿製的燧石，相當平滑、幾乎可用滑溜溜來形容，因為尚未氧化褪色而呈現些許橄欖色調。

在坡腳的窪地，在廢石堆皺褶狀的邊緣所形塑的每個小谷地與溪谷底部，匯集了酒瓶綠色的深潭，水草與細如毛髮的禾草混生在淺水處，以其淡綠的色澤勾勒出水潭的輪廓。潭面可見睡蓮探出頭來，並有細小的昆蟲滑行其上。細長如鞭的樺木以驚人的

3 Kirsteen Miller, 'The Disappearance of Westwood House', *West Lothian's Story*, 11 December 2018, available online at: https://westlothiansstory.home.blog/2018/12/11/the-disappearance-of-westwood-house/.

熱情從礫石層竄出，表皮如絲般柔滑，散發著光澤，新長出的嫩葉冒著小芽。我們沿著一條狹窄的小徑在樺木林間推進，最後抵達了廢石堆所在地的底部，其廣闊的紅色側翼在我們前方聳立著，輪廓與縫隙透過植被清晰可見，上面並有軌道留下的條痕。

我們開始向上攀爬，但舉步維艱。硬砂岩已凝固成緻密的礫岩，在四處形成岩壁，在其他一些地方則是形成岩屑堆。別處的最外層被草覆蓋者，但皺巴巴的像是洗好的衣服，草皮已經滑落。我們一在上面施加重量，就會留下一個個坑洞，彷彿踏過一片腐雪（rotten snow）4。一些砂礫聚積在我們的鞋子裡，我們必須停下來把砂礫清掉。我心中頓時湧起一股懷舊之情。

經過一番努力，我們終於勉強攻頂——山頂是一處飽受強風吹襲的高地，可以瞭望開闊空曠的原野，俯瞰到尼德里城堡（Niddry Castle）全景。尼德里城堡是一座十六世紀的塔樓，其背後還有另一座廢石堆，它是一座由廢硬砂岩所形成的峭壁，壁面紅潤，但夾雜了綠色與灰色的斑紋，以緊迫盯人的姿態矗立著。再往後還有更多的廢石堆在平地昂然聳立。

這裡的植物群結構相當奇特，很難從中判別我們所在處的氣候類型。柳葉菜黃褐色的幼芽在各個山頭上冒出來，就像它們可能在英國任一處路邊冒芽生長一樣。但除此之外，這些植物群有種稀稀疏疏，屬於亞北極帶的感覺：細看可以發現帶著軟毛的葉子、五瓣的花卉，以及金黃色的短莖禾草。不過在當中也可以找到紅三葉草，其芳香的花頭滿是花蜜，正開始要舒展開來。另外還有紫斑掌裂蘭的蹤影。今年首批的熊蜂笨拙地飛過，正加快催動牠們的引擎。葉芽與幼枝悄悄地從碎石中抽發出來。大地陽光普照，和煦溫暖，準備綻放豔麗的景致。此時正值四月之末。艾

略特（T. S. Eliot）的詩句不由浮現腦海：

> 迸生著
> 紫丁香，從死沉沉的地上，雜混著
> 記憶和欲望，鼓動著
> 呆鈍的根鬚，以春天的雨絲。[5,6]

　　二○○四年時，生態學家哈維曾調查廢石堆的動植物群相，而幾乎讓所有人訝異的是，她發現在無人問津之時，這些廢石堆已悄然變身為野生動植物群聚的熱點（hot spots），著實令人稱奇。她稱這些熱點為生物的「避難島」：暗藏在農業與都市發展地景的野境[7]。棲居在此的動物有野兔與獾、紅松雞、雲雀、密紋波眼蝶、象鷹蛾、十斑瓢蟲。而植物群中包含了多種不同的蘭花：有幾乎快絕跡的火燒蘭（Young's helleborine），這是一種嬌弱的多頭花卉，呈淺綠與粉紅色，只能在英國的十處地點找到（都是在後工業時代形成的地點，其中兩處是廢石堆）；帶有參差淡紫色調的斑點紅門蘭；有著翼狀花瓣的二葉舌唇蘭；以及在米

---

4 譯注：前一個冬天殘留下來且正在融化中的雪。

5 T. S. Eliot, *The Waste Land*, Pt I, 'The Burial of the Dead', lines 1–4, in *The Waste Land and Other Poems*, Faber and Faber, London, 1940 (1999), p. 23.

6 譯注：譯文取自葉維廉所著《荒原‧艾略特詩的藝術》（國立臺灣大學出版中心）。

7 Barbra Harvie, 'West Lothian Biodiversity Action Plan: Oil Shale Bings', published on behalf of the West Lothian Local Biodiversity Action Plan Partnership, West Lothian Council, Linlithgow, 2005.

德布雷奇（Mid Breich）礦村的小廢石堆底部自然形成的特有種樺樹林地[8]。

哈維在廢石堆上共記錄了超過三百五十種植物（比在本尼維斯山〔Ben Nevis〕可以找到的還要多），包括八種全國罕見的苔蘚與地衣，當中有纖美可愛的煙管蘚，其纖細的卷鬚將盾狀的末端高舉向天，活像是一批袖珍的軍團。在半個世紀的時間內，這些曾經赤裸光禿的荒原無故發生神奇轉變，重獲新生。

對艾略特的《荒原》（The Waste Land）詩作深有共鳴的人（或其中的部分人士），其實和艾略特一樣同屬荒原世代：破曉時分從倫敦橋流瀉而過的現代通勤族，孤零零在臥室兼客廳的租房打字消磨夜晚的人。在某種意義上，我們依然都是「荒原」的居民——來到這座見證生態惡化過程的龐大紀念碑，站在其最前端，我心中更是深有所感。

> 什麼根鬚抓纏著，什麼枝條
> 從這荒廢的亂石中長出？[9,10]

艾略特創作《荒原》[11]的靈感來自於凱爾特（Celtic）神話中的「危險森林」，亦即一片「荒蕪至極」之地，而勇士必須穿過森林才能找尋到彼世界（Otherworld），或是傳說中的聖杯。透過這些廢石堆，也已可窺見我們可能在彼端發現的景象：萬物休養生息，元氣再生。一個執拗的生態系統正從廢墟中全面崛起，著手創建新的生命。一切從頭來過，再造美麗新世界。

§

　　硬砂岩由於在傾倒於廢石堆之前，已加熱到攝氏五百度的高溫，依然炙熱滾燙，所以最初會形成一片廣大的荒漠，沒有任何種子或孢子可以其中存活。因此，我們現在所目睹的再生過程，是從一無所有開始——沒有土壤，一切皆無。這個過程就稱為「初級演替」（primary succession）。

　　首先到來的是拓荒的先驅：帶有花邊的葉狀地衣，其捲曲在邊緣地帶，生長於類似珊瑚的暗礁；珊瑚衣屬（*Stereocaulon*）的雪地衣則是在雪殼內排列成隊。綠色的苔蘚覆蓋在砂礫上，像是一塊野餐墊，柔軟又舒適。接著現身的是荒廢地植物（ruderal plant），其英文字源是拉丁文的*rudera*，意思是「碎石的」。這些植物是野花與深根性禾草，其占據著岩屑堆鬆散的斜坡，如同沙丘上的濱草般可以穩固坡面。另外還有黃苜蓿與雲蘭屬植物、風信子與車前草、佛甲草、漆姑草、婆婆納、茉莉芹等。而在潮濕的裂縫間，山楂、玫瑰果、樺木的種子取得一席之地，扎根生長。

　　所有這些植物就像變戲法般神奇出現：乘風而來，或經由鳥類傳播，或夾帶在動物的糞便裡（生態學家為這個過程取了一個很詩意的名稱：「種子雨」）。它們是在規模更加宏大的實驗計畫

8 See also: Barbra Harvie, 'The importance of the oil-shale Bings of West Lothian, Scotland, to local and national biodiversity', *Botanical Journal of Scotland*, 58(1), (2006), pp.35–47, doi: 10.1080/03746600608685105

9 Eliot, 'The Waste Land', Pt I, lines 19–20, in *The Waste Land and Other Poems*, Faber and Faber, London, 1940 (1999), p. 23.

10 譯注：譯文出處同注6。

11 Leo Shapiro, 'The Medievalism of T. S. Eliot', *Poetry*, Vol. 56, No. 4, (1940), pp. 202–13.

中少數得以存留的堅強物種,能在廢石堆裡找到立足點,並適應所在環境生存下去。存留下來的物種越多,其他物種就更容易生存,譬如有機物質積聚成腐葉土、枯枝、藻類,可做為孕育下一代物種的堆肥。在一開始,廢石堆的物種必定是寥寥無幾,接著變化多端的各類物種相繼而出,各自嘗試可能演變成的新形體。如山區物種、雜草、野生化的觀賞植物等,不一而足。但隨著時間的推移,物種會慢慢增加,安頓下來。而如今,廢石堆已幾乎堪稱是當地生物多樣性的資料庫。

雖然廢石堆是初級演替的鮮活明證,但並非絕無僅有的演替地點。在自然界中,這個過程相當罕見,只發生在新形成的沙丘,或從海面下的火山口汩汩噴發的火山島。但人類有摧殘大地,導致地上生靈滅跡的惡習,因而促發了新一輪的演替。

在倫敦大轟炸(London Blitz)後,倫敦市內滿布轟炸所造成的焦土廢墟。邱園(Kew Gardens)園長注意到這些地點也發生了類似的演替過程。在一九四三年的小冊《轟炸區植物群相》(*The Flora of Bombed Areas*)中,愛德華‧詹姆斯‧索爾茲伯里(E. J. Salisbury)提及「綠色的植被迅速覆蓋了戰爭所造成的黑色傷疤」[12]。他指出這些植物是自然萌發的,生長在光禿禿的瓦礫堆上及房宅的斷垣殘壁中。苔蘚及蕨類、真菌「宛如塵埃的孢子」從破裂的窗戶飄進來;柳葉菜柔軟光潔的種子空降在各個地點(他補充道,每個幼株每一季可產出八萬顆種子)。新疆千里光、歐洲千里光、款冬織成的黃色花旗、纖細如杖的飛蓬、苦菜與蒲公英,以及嬌小玲瓏,擁有五個花瓣的縷縷,也是如此翩然而至。

一直以來,這些種子與孢子(可能孕育出野花或其他野生動植物)都飄盪在空中與我們擦身而過,伺機萌發。培養皿若放置

一段時間不管，很快就會長出自身的菌種。同樣的道理，在原本斷絕生機的轟炸區，或熔岩流或廢石堆，也會有生命自行開展，只是規模比較宏大。這些生命所需要的只是一個可以踏足之地。

當倫敦逐漸撫平大轟炸的傷口，蘇格蘭低地的油頁岩產業在苟延殘喘後停擺，世界的另一端經歷了更多炸彈的摧殘，類似的演替過程才正要啟動。這次的地點是在水面下。

§

比基尼環礁（Bikini Atoll）是環繞一座藍綠色潟湖而形成的珊瑚小島群，在一九四〇與五〇年代被美國當成核武試爆場地。其中最著名的一場試驗是一九五四年的「喝彩城堡」（Castle Bravo）試驗[13]，當時引爆了威力比投到廣島的原子彈大一千倍以上的熱核裝置，所產生的爆炸威力遠超出預期，震驚了設計該裝置的科學家，最後促使全球禁止在大氣層進行核武試驗。

這場試爆炸出了一個直徑超過一英里，二百六十英尺（八十公尺）深的大洞[14]，將兩座島嶼汽化，現場升起由蒸氣、騰騰熱

12 E. J. Salisbury, 'The Flora of Bombed Areas', cited in Will McGuire, 'Long live the weeds', Kew Gardens, London, 30 November 2018: https://www.kew.org/read-and-watch/long-live-the-weeds.

13 James L. Nolan, *Atomic Doctors: Conscience and Complicity at the Dawn of the Nuclear Age*, Harvard University Press, Cambridge, 2020, p. 191.

14 Mike Carlowicz and David K. Lynch, 'Revisiting Bikini Atoll', NASA Earth Observatory, 1 March 2014. Available online at: https://earthobservatory.nasa.gov/images/83237/revisiting-bikini-atoll.

氣、珊瑚粉末形成的巨大蕈狀雲，並冒出一團閃閃發亮，有如第二個太陽的火球，將天空染成鮮紅色。這道蕈狀雲從海平面上升十三萬英尺（四十公里）至大氣層後，再如暴風雪般於馬紹爾群島（Marshall Islands）降下大量輻射落塵，將所及之處燃燒殆盡。潟湖的溫度攀升至攝氏五萬五千度，湖水瞬間沸騰並向外湧出，形成一百英尺高的浪濤，繼而激起一百萬噸的沙子，所有在最初爆炸時倖存的珊瑚在這些沙子的覆蓋下窒息而死。[15] 這場試爆在水底留下一片枯萎的荒原，其受到嚴重汙染，毫無生命跡象。

然而在二〇〇八年，一個國際研究團隊回到環礁檢視潟湖的狀況。他們訝異地發現，經過幾十年的間隔，爆炸所造成的巨坑內，已形成一個欣欣向榮的水底生態系統。[16] 正如一位珊瑚科學家所驚嘆，這個生態系統看起來「極其原始」。儘管在水面上，島嶼仍舊是一片恐怖荒涼的景象（除了負責一項小型觀光客計畫的人員外，可說是杳無人跡[17]），而且島上的地下水和椰子並不適合人類飲用與食用，但底下的潟湖卻是個生意盎然的大千世界。當中的物種數目要比以前來得少，有二十八種珊瑚[18] 依然不見蹤影。儘管如此，這座環礁如今已是地球上最令人讚嘆的珊瑚礁之一。此處的珊瑚長成巨大的珊瑚石方塊，和汽車一般大小，或是八公尺高的樹狀結構，有著細長如指的分支。

史丹佛大學的研究團隊於二〇一七年再度潛入坑裡探查，發現有更密集的族群棲息在此。數以百計的魚群，鮪魚、礁鯊、鯛魚等，在清澈的水域中穿梭而過。研究計畫的首席教授史蒂芬·帕倫博（Stephen Palumbo）回憶此景「在視覺與情感上都相當令人震撼」。他表示，很奇妙的是，新生的珊瑚礁一直受到環礁過往的創傷保護：正由於沒有人類干擾，這裡的魚群更加壯大，鯊

魚數量更多，珊瑚的形態也更驚人。[19]

　　豐饒的生命在灰燼中孕育而出。傳播這些生命至此的不是風或鳥類，而是洋流。珊瑚幼蟲（海中的塵埃）據信是被洋流從七十五英里外的朗格拉普環礁（Rongelap Atoll）席捲至此，就地建立新的聚落。這個聚落的根據地在當時有如月球表面的坑坑洞洞，原先棲息在此的珊瑚於四處留下滑石般的餘灰。

　　潛伏的生命再次令人驚豔。生命一直飄盪在我們周遭，無形無影，如同希臘諸神呼吸的純淨空氣。生命就在我們吸入的空氣裡，在我們的飲水中。用心感受：每一道呼吸、每一口啜飲都充盈著潛在的生命。在這個空無一物的杯子裡，蘊藏著萬千生命的起源。

---

15 Amber Dance, '50 years after the blast: Recovery in Bikini Atoll's coral reef', Mongabay.com, 27 May 2008.

16 Rob Taylor, 'Coral flourishing at Bikini Atoll atomic test site', Reuters, 15 April 2008.

17 原注：原住在比基尼環礁上的一百六十七名居民被要求「暫時」離鄉，以利美國進行試驗（「為了造福人類，以及終結世界所有戰爭」）。他們在一九七〇年代初獲准遷回，不料一九七八年又再度被迫遷離。馬紹爾群島的另一座環礁基利（Kili），目前住著許多離鄉背井的比基尼環礁島民，島上生活非常艱難；基利環礁沒有天然港灣，猛烈的潮水與洪水日益造成更大的衝擊。二〇一五年，馬紹爾群島外交部長指出，因氣候變遷之故，基利環礁如今已「不宜居住」。

18 Z. T. Richards, M. Beger, S. Pinca and C. C. Wallace, 'Bikini Atoll coral biodiversity resilience five decades after nuclear testing', *Marine Pollution Bulletin*, 56(3), (2008), pp. 503–15, doi:10.1016/j.marpolbul.2007.11.018.

19 Sam Scott, 'What Bikini Atoll looks like today', *Stanford Magazine*, December 2017.

§

在廢石堆（以及類似的荒置地點）出現可自行播種繁衍的生態系統後，我們可以深刻認識到大自然恢復生息的可能性及過程；以及自然界在遭受有如致命一擊的重創後，所展現的韌性及復原能力。

這些故事講述的是大自然找回生機而非重拾原貌的過程。這些地點永遠不會再現原有風貌。但我們的確從中洞悉了自然的修補與適應過程，而且，更彌足珍貴的是，我們在當中看到了希望。這些地方提醒了我們，即使在最絕望之境，仍存有一線生機。

而我們也可以從中獲得大量啟示。近年來，人類對於後工業時代，或其他「人為形成」地點的觀感與評價，的確起了翻天覆地的變化。生態與保育界一些最令人振奮的發展，在於對深受人類活動衝擊的地景展開研究；在於觀察生態系統可能如何消長，適應新的環境，雖遭重擊，仍可在另一端起身奮戰。

一些具科學研究價值的新焦點，是乍看之下可能了無生氣，或殘舊不堪或破敗傾圮而令人不屑一顧的地點；要領會這些地點的重要性，必須積極轉換視角，調整我們看待周遭世界時的感悟力。當鉛處在金或銀的閃光下而黯然失色時，要體認到其價值就更困難許多。但這些「荒地」有著強韌植物所組成的執拗群落，相較於世界上眾多最著名的美景，可能更確確實實地「有生氣」，有更「真實」的存在感，也因此具備獨特的吸引力與價值。

在各處荒地，自行建立的零散生態系統如雨後春筍般崛起，而對於這些生態系統的評估工作，最早有一部分是在戰後的柏林進行。當時的柏林和倫敦一樣，市區的大片土地因為空襲而化為

瓦礫廢墟。但與倫敦不同的是，此處的重建工作因柏林圍牆的築起及柏林一分為二而遲滯不前。舉例來說，在東德為避開盟軍占領區而將火車改道後，西柏林的鐵道場即歸於沉寂。

在滕珀爾霍夫（Tempelhof）靜止無息的調車場，大自然開始修復再生。鐵軌依然存在，但樹幹粗大的樺木在臥車間使勁擠出身來，遮擋了軌道，也阻斷了列車的歸途。一座生鏽的水塔下方滿布著錯綜交雜的草場、灌叢帶及刺槐林；到了一九八〇年，該地區已開發成占地十八公頃的南德自然公園（Natur-Park Südgelände）[20]，涵養著三百三十四種蕨類和開花植物，還有狐狸、隼、三種迄今尚不知名的甲蟲，以及一種先前只在南法地下洞穴才能發現的罕見蜘蛛。

當地的生態學者英戈‧柯瓦瑞克（Ingo Kowarik）對該地進行了詳細的研究，並且根據他在該地及市區各個類似廢棄荒地的研究結果，提出一個新的分類架構，透過這個架構，我們或可開始認識到這些荒地的重要性。他寫道，整體而言，共有四種不同的植被類型。第一種可能是「原始」植被的遺跡：古老的林地及其他未受干擾的遺址。這些地點深具價值，因為裡頭的物種極為多元，而且結構十分密集。第二種是種植地景，亦即農林業者所形塑而成的自然地景。第三種是，因觀賞目的而另外栽種的樹木

---

20 Jens Lachmund, *Greening Berlin: The Co-Production of Science, Politics, and Urban Nature*, MIT Press, Cambridge, MA, and London, 2013, p. 167; see also I. Kowarik and A. Langer (n.d.), 'Natur-Park Südgelände: Linking Conservation and Recreation in an Abandoned Railyard in Berlin, '*Wild Urban Woodlands*, 287–299, doi:10.1007/3-540-26859-6_18.

與植物,是都市規劃中的美學元素。最後一種類型簡單易記,柯瓦瑞克就直接稱之為「第四種自然地景」:未藉助外力而在荒地自發形成的生態系統。他認為這些新生的野生生態系統由於是真正野生且自行發展而成,可視為一種新形態的荒地[21],值得好好保存下來。

在英國的坎維威克(Canvey Wick)也有類似的再生故事上演。這裡廣達九十三公頃的土地最先是做為垃圾場,用來傾倒從泰晤士河航道挖出的沉積物,之後再開發成一座煉油廠。巨大的水泥圓盤堆置在廠址,準備用來裝設特大號的金屬儲存槽,但油價崩跌時興建工程停擺下來,煉油廠的設置始終未果。往後的歲月,這裡成了公認的有礙觀瞻之地,直到二〇〇三年昆蟲學家發現有數十種罕見的無脊椎動物棲息在此,包括三百種的蛾,以及各種極度罕見,尚未有英文名稱的昆蟲。之後的調查結果顯示,此處每平方英尺的生物多樣性[22],比英國任何其他地點都要來得高。此地被一位保育官譽為「一個小型的棕地帶雨林」[23],並在二〇〇五年成為「具特殊科學價值地點」(Site of Special Scientific Interest)而受到保護。

幾個月前,我造訪了一個類似的棕地帶秘境,而且離家鄉更近:位於蘇格蘭西南岸的亞迪爾(Ardeer)。這裡過去是大片錯綜複雜的沙丘與鹽水沼澤。十九世紀時,阿弗雷德·諾貝爾(Alfred Nobel)沿著其偏僻的海岸線設立了一座炸藥工廠及試驗場,該地遂成為工業的搖籃之一。在極盛時期,此處雇用了一萬三千名人員在實驗室與生產線工作,並將硝化甘油貯存在容量各達一千加侖的儲槽內。這裡的各棟建築都相隔甚遠,坐落在沙崗砌成的堤防後面,做為意外發生時的防護措施。(這是因為此處

曾有意外發生 24：一八八四年，十名當地的少女在填充炸藥筒時發生大爆炸而喪生；據當地報紙報導，「整棟屋子蕩然無存」。其中一位少女的部分遺體在距離爆炸地點超過一百五十碼處才找到。）

這些房屋如今破敗不堪，冷風長驅直入，防爆牆長滿了石南花。舊漆一片片剝落在地板，與落葉吹積成堆。褪色的標誌警告著：危險——易爆區。

伊安·哈姆林（Iain Hamlin）是當地的保育人士，正發起反對該地再開發的運動。他帶我穿過柵欄的一道缺口上到鐵路月台。這座月台詭異地矗立在林木環繞的空地中，彷彿正在等待最後一班列車的到來。舊停車場是一片開闊的區域，覆蓋著柔軟的棕色苔蘚，以及淺薄的灰色與薄荷色地衣，像印象畫派所繪水池的表面般閃爍微光，有些地方軒然生波，有些地方則是平靜無瀾。草叢從其平滑的表面竄出，黃花柳垂掛著沉甸如穗的柔荑

21 Ingo Kowarik, 'Unkraut oder Urwald? Natur der vierten Art auf dem Gleisdreieck', in *Gleisdreieck morgen: Sechs Ideen für einen Park*, Bundesgartenschau Berlin GmbH and Berzirksamt Kreuzberg, Berlin, 1991, pp. 45–55.

22 The Land Trust, 'Canvey Wick', available online at: https://thelandtrust.org.uk/space/canvey-wick/?doing_wp_cron=1579053865.2332100868225097656250.

23 See Patrick Barkham, 'Canvey Wick: the Essex 'rainforest' that is home to Britain's rarest insects', *Guardian*, 15 October 2017.

　　譯注：棕地帶（brownfield）係指須經清理方能重新使用的後工業廢棄用地。

24 'Serious Explosion at the Dynamite Works', Ardrossan and Saltcoats Herald, 9 May 1884, as reproduced on local history website Three Towners: https://www.threetowners.com/ardeer-factory/1884-explosion/.

花。沙棘沿著裂縫向上推升，原本焦橙色的果實已在枝椏上頹然
下垂，褪成蒼白的色調，只能留給鳥類享用。當我的鞋跟刮破腳
下有如海綿一樣的表層，地面隨即分離，露出下方有如骨頭般的
破碎柏油面。哈姆林屈膝跪下，為我指出提豐糞金龜（minotaur
beetle；英文俗名直譯為「牛頭怪甲蟲」）細小的地道。糞金龜透
過這些地道將兔子的糞便推滾到地下的食物儲藏室。他還指出了
獨居蜂露出地表的洞穴。再往後走去，可見散落生鏽管道的數個
冷卻池，短頸野鴨與紅冠水雞在池中來回奔忙。一支老舊的水泥
路燈桿突兀地矗立在遠處的樹林中，彷似荒蕪的納尼亞（Narnia）
世界。松鴉在我們的頭頂上發出不滿的尖叫。

　　雖然亞迪爾與坎維威克的荒地因為開發而有重大改變，但都
幾乎得天獨厚，非常適合成為生物多樣性的中心地帶。老舊的水
泥與柏油碎石路面會阻礙演替，使地面無法長出森林（與我們直
覺認知上有幾分相悖的是，森林會抑制而非促進生物多樣性），
光線可以直射而入。當地四處蹓躂的青少年也是演替的阻力，我
們看到他們放火燒灌木叢，還爬上廢棄發電廠的屋頂。在近距離
有如此多的小型亞棲息地存在，對許多在生命週期不同階段有不
同棲息條件的昆蟲而言，可謂理想的生存環境。荒廢的建築（其
緩慢的腐朽過程有種奇妙的美感）也為冬眠的蝴蝶與蛾類提供藏
身之處。在這些建築就曾發現數以百計的蝶蛾蛹繭懸掛在陰濕黑
暗的牆面上。

　　由於當代講究集約農業（單一作物的大塊田地可以一望無
際，延展到天邊），世人日益深刻體認到，這些破敗且完全無人
問津的荒地，已成為野生動植物的避難所；的確，據保育信託組
織「蟲蟲生活」（Buglife）指出：「在一些棕地帶發現的無脊椎

動物，其稀有性與多樣性，只有一些古老林地的物種可與之比擬。**25**」這項發現令人驚嘆，因為大多數的棕地帶迄今通常只存在幾十年的時間，而一片林地可能需經過幾百年才能完全發育成熟，具備生態複雜性。

因為這些驚人的發現，我們看待周遭生態世界的方式出現了重大改變。試想一下：在早前十七世紀時，「荒原」一詞通常不是指稱廢棄的荒地，而是沼地、沼澤、濕地。這些地區基本上被視為無用之地（土地未經打理，不適合農耕，遊客也難以到訪），因此必須加以「整作」，轉化成可生產作物的農地。**26**現今，十七世紀的「荒原」被視為珍貴的濕地生態系統，充滿稀有的物種，在防洪與碳固存上也扮演重要的角色。目前各界已投入數百萬英鎊來保護這些荒原，以及堵塞舊有的排水溝。

在如英國與歐洲等人口稠密、密集管理的地區，能夠真正不受人為干擾，恣意發展的地方，可能只有那些被利用過後遭到棄置的荒地。在坎維威克散亂無章的荒地裡，有蟲子蜷伏在未經修剪的莖幹內過冬，罕見的蜘蛛潛伏在潮濕的倒木堆中，蜂蛇在被太陽曬得溫熱的人行道上取暖；與該處相比，經過精心整理修剪、需要特別呵護的花園就流於膚淺了。

---

25 G. Barker, 'Ecological recombination in urban areas: implications for nature conservation. Proceedings of a workshop held at the Centre for Ecology and Hydrology (Monks Wood)', (2000), cited in pamphlet, 'Planning for Brownfield Biodiversity: A Best Practice Guide', Buglife, Peterborough, 2009.

26 關於荒原概念文化史的精闢論述可見於Vittoria Di Palma's *Wastelands: A History*, Yale University Press, New Haven, 2014.

　　像荒地這樣有礙觀瞻的地方，可以讓我們學習到用嶄新且更有深度的方式來看待自然環境：不只是在乎自然環境之美，或甚至是受到照料的程度，而是能著眼於其展現的生態活力。在學會從新的視角切入後，世界看起來便會截然不同。乍看之下「醜陋」或「毫無價值」的地點，其實可能深具生態意義，而可能正是「醜陋」或「毫無價值」的特質，使這些地點得以保持棄置狀態，免於受到再開發或過度積極的「管理」，以致遭到毀壞。

§

　　生態保育家奧爾多‧李奧帕德（Aldo Leopold）曾說過，「和藝術領域一樣」，我們認識自然特質的能力始於「美的事物」。在那之後，「從審美的階段依次演進」[27]，一直延伸「到還無法用語言來捕捉的價值」[28]。他想說明的是：知識能深化欣賞能力。李奧帕德看見一片沼澤籠罩在細薄如紗的霧氣中，於拂曉的微光下閃爍發亮，也觀察到鶴群「發出鏗鏘的鳴叫盤旋而下」[29]，降落在覓食地。但他眼中所見不止於此，還包括了鶴群的歷史，以及所有曾在演化過程中出現，同樣盤旋降落在這片濕地上的鶴群，而數十億年來，所有的鶴群都喜愛如此盤旋而下；他像拿著雙筒望遠鏡般用手圈住眼眶，領會到在更廣大奇妙的世界中，這幅短瞬的田園景象如何形成不可或缺的要素，或是這整體世界的表徵（synecdoche）[30]。

　　這也是一種形式的美。或可說是一種美感，就如同數學家可能會欣賞某一個特別優美的方程式，或是藝術家可能構思一間內部只有搖曳燈光照明，或一半空間注滿原油的空房間，因為這番

構思所營造的不安意象而感到驚心動魄。

　　此外，與其他美學形式一樣，這種美感是可以後天習得的。我承認，要造訪廢棄的礦場，或廢石堆或採石場或停車場或輸油站，親眼目睹在這些地方形成的自然秘境，並不是一件容易辦到的事。但考量當前自然環境面臨的窘境，這是值得培養的美學品味。

　　正如世人曾以進步為由，在濕地施作排水工程，西洛錫安也進行過類似的不當整治計畫。哈維在完成植物群的調查後，接著針對用來「管理」一些殘存廢石堆的方式，研究其所造成的影響；自一九七〇年代起，人們陸續採用侵入性的「整治」方式來改善某些廢石堆的外觀：包括刨圓山峰與山脊，用外地運來的土壤填充表土層，在表面四處播種商用的黑麥草皮等。她指出，這些作為全是出於美化考量，為的是要讓這些廢石堆看起來更加「自然」。

　　但這些整治方式失敗了。新表土層的營養物質短短幾年內就淋溶流失了，所栽植的物種也告凋亡。由於未持續施肥，受到整治的廢石堆變得光禿貧瘠，情況遠比放任不管的廢石堆還要糟糕。31物種和營養物質都變得貧乏不足，這些「受到整治」的

27 Aldo Leopold, 'Marshland Elegy', in *A Sand County Almanac, and Sketches Here and There*, Oxford University Press, Oxford, 1949 (1968), p. 96.

28 譯注：引言譯文取自李靜瀅所譯《沙郡年紀：像山一樣思考，荒野詩人寫給我們的自然之歌》（果力文化）。

29 出處同注28。

30 譯注：本意為「提喻」修辭法，以單獨個體來代表整個群體，反之亦然。

荒地為人類的美化作為提供了警示。

　　類似的論點或許也可援用於紐約空中鐵道公園（High Line）。這裡原先是高架鐵道，在遭到廢棄後，自然長出茂密的植被。如今高架鐵道已變為廣受喜愛的公共空間，改建成僅三十英尺寬，但有一・五英里長的公園。然而，我親自造訪當地時卻（驚訝地）發現，原來有自行調節能力的綠色植物已被挖起，並以人工維護的花園取代32，而這座花園的「設計靈感卻來自」原本在此自行播種繁衍而成的喧鬧群落。我之後在網站找到了一段說明：「園區採自然式植栽設計，以期重現身處在大自然中的情感體驗。儘管各座花園可能呈現自然姿態，但絕非自然生成。在野外絕不會同處生長的植物，乃是使用人造土壤一同栽種於此。園藝師會在園中除草、澆水、修剪植栽，並調整、塑造園景。本園固定以人工維護，許多環境條件均是人為營造。33」

　　像空中鐵道公園之類的地點，可從各種不同角度來評價，但就環保角度而言，人類這種想要管理自然環境的強烈欲望是具有破壞性的，其固存於我們理解這個世界的方式，深植在西方文化之中。（一九六七年，史學家林恩・懷特〔Lynn White Jr.〕主張，我們當前生態危機的根源，可以追溯到猶太—基督教對大自然抱持的「傲慢」心態。在〈創世紀〉中，上帝賦予人類權力統管自然萬物，包括鳥、魚、牲畜，「地上爬的一切爬行動物」34。懷特並指出：「尤其西方形式的基督教，是世上歷來所見最人類中心主義的宗教。35」）

　　雖然我們自命為地球的大總管，並滿腔熱情地想扮演好這個角色，在這裡修修剪剪，在那裡栽植草木，將散亂的環境打理整齊，還做好「害蟲」防治的工作，但我們的所作所為不一定都有

圓滿的結果。各處的花園、公園、農田通常缺乏生態多樣性，存續岌岌可危，必須仰賴人類善心相助。相較之下，鄉野的灌木樹籬、長草的路邊、城市中的荒地等卻可能朝氣蓬勃，涵養多樣生物，確實在地扎根。我們清除掉適合在大地及其環境條件下生長的植物，堅持扶植昂貴又不適合栽種的觀賞植物。或許更好的作法是放手不管，從對自然的迷思中抽身而出。

藝術家馬塞爾・杜象（Marcel Duchamp）在談論藝術時，表示「審美之愉悅暗藏危險，應予避之」。但美感應該也是普世共通的感受：並非這些荒地「不」美麗，只是我們的雙眼尚未學會欣賞它們的真貌及象徵的價值。相反地，認為豐饒才是美的淺薄之見，讓我們的雙眼陷入迷障，受到誘騙。

我認為箇中美感之分，無異於以下兩種女性之美的分野：有著無辜大眼，惹人憐愛的「商業」目錄模特兒，與模樣瘦骨嶙

31 哈維比較了三種管理方式：不管理、傳統管理（如本文所討論），以及「生態管理」，如西洛錫安的艾迪韋爾（Addiewell）與奧克班克（Oakbank），她發現這兩處的管理成效及生物多樣性優於採傳統管理方式的地點，但與未經管理的地點如格林戴克斯區相比，則無顯著差異；Barbra Harvie and Graham Russell, 'Vegetation dynamics on oil-shale bings; implication for management of post industrial sites', *Aspects of Applied Biology* 82, pp. 57–64, 2007.

32 「空中鐵道公園的植栽設計，是仿照在火車停駛後二十五年間自生自長的野化植物地景」– www.thehighline.org/gardens, accessed 9 February 2020.

33 Erin Eck, 'Gardening in the Sky: Wild Inspiration', Highline.org, 2 November 2017.

34 〈創世紀〉第一章第二十六節。

35 Lynn White Jr., 'The Historical Roots of our Ecologic Crisis', Science, 155(3767), pp. 120–7, quoted in Carolyn Merchant, *Reinventing Eden*, Routledge, New York, 2004.

峋,甚至是難看的高級時裝主角;通常會吸引攝影師目光的,是可能符合法文「美醜女」(jolie laide)概念的臉孔(這個詞很難翻譯,直譯是「美醜參半」的意思,用來指稱因外表缺陷,反而跳脫傳統審美框架,容貌更具魅力的女性)。廢石堆以及其他類似的地方,或許就是「美醜參半」的地景:工業所留下的傷痕,只會深刻凸顯出它們當前的挺拔之姿與重大生態意義。

一九七五年,蘇格蘭發展局(Scottish Development Agency)委託前衛概念藝術家約翰・萊瑟姆(John Latham)重新塑造這些巨大廢石堆(廢石堆在當時被視為地景上的汙點),並賦予其新的用途。萊瑟姆非但沒有建議改造或移除這些廢石堆,反而讚美其「完美古雅的自然樣貌」36,堅持只要將之保留,重新定義為「活雕塑」(process sculptures)37即可。

為推動這項提案,萊瑟姆製作了匯集各座廢石堆的衛星影像,當中包括格林戴克斯區的廢石堆,並表示這些廢石堆是構成「尼德里之女」(Niddrie Woman)龐大身軀的要素。「尼德里之女」是一項巨型大地藝術作品,集結萬人之力,耗費數十年的時間鑿建而成,類似於塞那阿巴斯巨人像(Cerne Abbas Giant)或優芬頓白馬(Uffington White Horse)等古老山丘畫,是「現代版的凱爾特傳奇故事」。在攀登格林戴克斯廢石堆之時,我們正橫跨尼德里之女巨大赤裸的肚腹;依據萊瑟姆的設想,她的頭部在位於我們南方的艾賓沃克斯(Albyn Works)廢石堆昂然而起,越過她鎖骨的裂隙,而在鎖骨處有座汙濁發臭的綠色湖泊擠滿了水鳥。突現在我們北方的霍普頓(Hopetoun)廢石堆38,是她無形的手臂,而位在尼德里的赤壁則構成她超大的心臟。

此種重新定義廢石堆形象的方式,堪稱手法巧妙。對政府來

說，這些廢石堆或許只需加以保存，不用另費周章處理。「尼德里之女」是廢石堆問題「經濟實惠」的解決方案，如果剛好有人認為廢石堆的存在是一大問題的話。所以，格林戴克斯廢石堆很快便被列為國家紀念區，這也是其長久以來免遭推土機踐踏，大自然得以重新進駐的原因之一。**39**

當我們頂著強風蹣跚橫越各個山巔，我試著用較無批判性的眼光來看待「尼德里之女」。我重新觀看她被雕塑出的軀幹，線條深暗勻稱，在身軀與頭部間的彎弧處，越野摩托車磨出了多條拋物線狀的小徑，一次又一次沿著她身軀純淨俐落的線條穿越而過，彷若一幅炭筆畫。我看到硬砂岩本身色澤斑駁，交雜著珊瑚與哈密瓜色不等的色調。未經燃燒的原始油頁岩則是呈現煤青色，點綴著硬砂岩的繽紛色彩。我注意到小徑邊緣綴飾著朵朵小花，原來是桃色的地衣。我側耳傾聽昆蟲低語，以及一隻高高在上的雲雀短笛般的啼囀聲。「尼德里之女」就多個層面而言，都是一座活生生的雕塑。一如萊瑟姆的初衷，以及世人的正式認可，是油頁岩產業「無意間構建成的雕塑」。但也是見證自然演替、復原、再生過程的紀念碑。

---

36 Gallery label: 'Derelict Land Art: Five Sisters', 2010. Available online at: https://www.tate.org.uk/art/artworks/latham-five-sisters-bing-t02072.

37 Craig Richardson, 'Waste to Monument: John Latham's Niddrie Woman: Art & Environment', in *Tate Papers*, No.17, Spring 2012.

38 出處同注37。

39 原注：萊瑟姆在二〇〇六年去世時，他的骨灰被撒在西洛錫安郡，永存在「尼德里之女」的心臟裡。

　　萊瑟姆在他的「可行性研究」中，將「尼德里之女」比為「維倫多夫的維納斯」（Venus of Willendorf）。這是一尊舊石器時代的小雕像，有著垂墜的乳房與寬大的腹部，有些人士認為是用來做為繁衍能力的象徵。不過無庸置疑地，最能象徵繁衍能力，從不毛之境成功新生的，莫過於這些廢石堆本身。

　　在這樣的地方，人們可能舉行什麼樣的春天祭典呢？幾天後，在四月最後一個晚上，我參加了愛丁堡朔火節，地點在愛丁堡的卡爾頓山丘（Calton Hill）。這場活動上演了一部傳統的神劇，講述「綠人」的死亡與再生，以及對母神（mother goddess）的追求；「綠人」是凱爾特族的神話人物，代表每個春天萬物新生的循環。圍繞在這兩個要角身邊的是四處尋歡作樂的人物：漆著鮮紅的色彩，全身赤裸，只纏了一塊腰布，他們咚咚敲鼓，扭動身軀，又是從口中噴出火焰，又是低聲哀泣。這裡的春之祭或許會是一場狂歡會，參與者可能會在當中渾然忘我，卸下舊有的拘束。我如此猜想。又或許會是一場獻祭，令人想起在日德蘭半島（Jutland）發現的酸沼木乃伊（bog body）——格勞巴勒斯男子（Grauballe Man）40，他的喉嚨被割開，胃裡塞滿了春天草卉的種子：包括三葉草、黑麥草、藜、金鳳花等。無論是哪種形式，我相信萊瑟姆都會表示贊許。

　　在下坡的途中，我們手腳並用地滑過硬砂岩，遇見一位越野摩托車騎士違反重力法則，在岩屑堆的斜坡上下呼嘯而過，堪比摩托車特技演員艾弗爾・克尼維爾（Evel Knievel）。他戴著一頂鏡面面罩的頭盔，面罩從未打開。雖然他會在每趟衝刺間停下來，讓我們趕忙跑離他的路線，但他未曾說話或用任何其他方式示意他知曉我們的存在。

　　遭逢這樣的狀況令人十分不安。好幾次我都得退出狹窄的小徑，讓雙腳陷在鬆散的硬砂岩裡，像徒步在厚厚的積雪中艱難地前進。正當我們走到那座綠色湖泊的邊緣時，一隻赤鹿突然從矮樹叢中衝出來逃到山坡上，朝著摩托車騎士的方向而去。這是一隻成熟的母鹿，被毛光亮，呈赤褐色澤，強有力的後腿踩蹬著，想在鬆散的石塊上站穩。有很長一段時間，牠似乎不時上上下下，寸步難行，但我們三個人全都目瞪口呆地站著，有好幾分鐘的時間看著牠奮力急促地攀爬，把玫瑰金色的油頁岩蹭得匡啷作響滾下斜坡，直到最後，牠終於越過了沉默不語的摩托車騎士，繞著油頁岩形成的第一道假山峰而行，然後消失在遠方的荒地中。

---

40 Richard Mabey, *Weeds: The Story of Outlaw Plants*, Profile Books, London, 2010, p. 54.

2
無人地帶：塞普勒斯，緩衝區

　　揚納基斯・羅索斯（Yiannakis Rousos）可以從這裡望見他的房子。我低頭順著他所指的方向看去。他的手指向原野，停在一棟獨自矗立在海邊的兩層方形樓房。那裡曾經是他的住家。那棟樓房，以及從我腳下一直到海岸間所有的土地，面積約有十二英畝，依然屬他所有——或至少，他還擁有這些房產的地契。

　　以前這片土地全是柑橘園：柳橙、葡萄柚、檸檬等沉甸甸垂吊在枝頭，在籃子裡高高堆起。他說他的家族原本非常富裕，什麼都不缺。有一天卻忽然變得一無所有。

　　一九七四年七月二十日凌晨，在賽普勒斯發生一場軍事政變後，土耳其入侵了賽普勒斯。數十年來，賽普勒斯島上希臘和土耳其族裔間的緊張情勢與零星暴力衝突，引燃了這場受到雅典軍政府支持的政變，為的是促成賽普勒斯與希臘合併或統一。

　　雖然土耳其軍隊閃電入侵是打著「和平行動」的旗號，但有三千多人在隨後的激戰中喪生，還有其他數千人仍下落不明，據信已經死亡。賽普勒斯三分之一以上的領土遭到占領，今日依然如此。

　　土耳其軍掌控這個共和島國的大片領土時，十五萬名希臘裔賽普勒斯人逃離了家園，羅索斯一家人便在其中。這些難民飛也似地撤離，不顧一切狂奔逃命。但他們沒有意識到的是，他們正

將過往的生活拋諸身後。

在撤離家園兩天後，羅索斯家族的農莊依然遭土耳其軍隊侵占。羅索斯的父親在黑暗的掩護下孤身返回，潛入他瞭如指掌的柳橙園，在士兵巡邏經過時隱沒於樹林間。他偷偷溜進屋子裡，抖著雙手翻查家族文檔，想取回最重要的文件。外頭的院子除了一狗一豬外，所有的動物都死光了。

四週後，當局宣布停火，土耳其軍隊不再往前推進。交戰雙方以戒備森嚴的非軍事區兩地相隔，其貫穿全島，將土耳其軍隊與希臘裔賽普勒斯人的勢力分別劃分在北島與南島。這道走廊有一百一十二英里長，十一至四‧六英里寬。非軍事區封鎖了道路，涵蓋周遭所有村莊，將首都尼古西亞（Nicosia）一分為二。同時也穿過羅索斯家的土地，將他們的房子隔離在另一端。

接下來幾個月，羅索斯家族從遠方看著他們悉心照顧澆水的柑橘樹乾枯死亡。今日他們的房宅已荒置，果園則被陌生的土耳其農民改種成麥田。羅索斯說這件事情有時會讓他想到無法成眠。我們一起站在無人地帶的最邊緣，賽普勒斯共和國與北賽普勒斯土耳其共和國之間的緩衝區（這道分隔線的存在只有土耳其正式認可，羅索斯當然不予認同），三層交疊生鏽的有刺鐵絲網，密密實實地阻擋了前方的去路。羅索斯稱這道鐵絲網為「恥辱之網」，從我們所在的東岸一直延伸到西岸。

離我們所在不遠處，有座兩層樓高的瞭望台，上面同時掛著希臘與賽普勒斯的旗幟。在大概一百公尺外與之相對的瞭望台，則是掛著土耳其的國旗，以及與土耳其國旗顏色正相反的旗子，北賽普勒斯白底紅色新月的國旗。各棟建築似乎都嚴陣以待，內部可見警備員手持雙筒望遠鏡瞭望的陰暗身影。雖然士兵們會輪

班值守，但這裡的日常工作始終不變，自一九七四年以來的每一天、每一個月、每一年都是如此。

在這段歲月中，羅索斯一家的成員也紛紛長大、衰老。家道一夕生變——從富裕之家驟然變得一貧如洗——對所有人來說都難以承受，羅索斯的母親尤其難以釋懷。她無法適應難民的生活，「沒食物、沒錢、沒衣服，也沒有鞋子」。她因精神壓力過大而飽受折磨，最後得住院療養。羅索斯說他從未有過自己的家，部分原因正在於此。他想要一直等待下去，直到家族能收回自己的土地為止。現今島上的房地產價格高漲，他們家在海濱的房產可以讓他再度變成大富翁。而在這之前，他說道：「我是無法在自家房子裡睡頓好覺的。」

春天的空氣相當暖和，一陣海風匆匆吹過原野。頭頂上掛著充滿壓迫感的雲朵，天空突然變得陰晴不定。在鐵絲網圍成的隔離線前，只剩下一棟希臘裔賽普勒斯人的房宅，羅索斯從房子的花園摘了一朵橙花；花朵散發著濃郁醉人的香味。他說這些花是今天剛開的。在柑橘園長大的人都會注意到諸如此類的事情。檸檬樹上已垂著沉甸甸的綠色果實。我可以從這裡聞到果實的味道：像清潔劑一樣有股清新的芳香。

我們轉身離開，沿著鄰接緩衝區邊緣的一條道路步行。流浪貓在我們前方的小徑上徘徊，牠們的毛濕濕的糾纏在一起。離我們最近的圍籬立著小三角紅色告示牌，用三種語言警告此處有地雷。羅索斯說，他原本以為當天下午稍晚全家就可以回去了。很快地，他就必須修正預期的時間：應該是幾週後。接著又修正成幾個月後。至今已經過了四十五個年頭。「也許，」他帶著近似苦中作樂的無奈表情說道：「再過二十年，我還是會說著同樣的話。」

　　原本是戰時的權宜之計情急之下的維和措施，用綠筆在地圖畫上的一道抽象線條₁──已深印在這塊土地的面容之中。美國作家雷貝嘉‧索爾尼（Rebecca Solnit）曾寫到「在遠處浮現的藍彩」（blue of distance）₂，這是群山層層隱入地平線的色彩。此處則是有著光陰涵養的綠彩。如果有夠長的時間可以靜靜醞釀，這抹綠彩便會憑空從任何地方長出。最先長出的是白色或其他雜色的霉斑。大地隨之籠罩上一層薄薄的綠灰色，或芥末綠，是夾帶腐敗氣息的綠彩。但這抹綠彩接連不斷生長，構成富含新生命的蒼翠綠彩：草葉、萊姆樹、新生幼枝各自散發著不同的綠澤。

　　隨著時光流轉，在任何人踏入即可能遭到逮捕或殘殺，或引發國際危機之地，其他生命正慢慢地站穩腳跟。旱金蓮捲曲著穿過路面的裂縫。仙人掌從陽台跌撞而下。棕櫚樹在路中央迅速冒出。各種樹木與灌木一開始稀稀落落散生在各處，後來長得更稠密勁拔，相互連成一氣。每個生命都是一個滴答作響的計時器，標記著在血腥對峙中流逝的時光。

　　如今這道對峙線已然化為實體，在衛星圖上清晰可見：掃過遙遠西部的粗獷線條，細密穿過尼古西亞舊城區的茵然翠意，以及向東一路蜿蜒至海岸的信筆塗鴉。地圖上的綠線₃已成為真實世界的一道線條。

------

1 據稱是一枝紙捲蠟筆，請見‘Green Line in Beirut Not First in Mideast’, *New York Times*, 8 February 1984, Section A, p. 11.

2 Rebecca Solnit, ‘The Blue of Distance’, in *A Field Guide to Getting Lost*, Canongate, Edinburgh, 2005 (2017), p. 29.

3 譯注：賽普勒斯聯合國緩衝區的別名。

§

多年前，在世界的另一端，有群探險家注意到一件不尋常的事。那是在十八、十九世紀之交，當時兩名美國陸軍軍官梅里韋瑟‧路易斯（Meriwether Lewis）上尉與威廉‧克拉克（William Clark）中尉，奉命勘測美國因路易斯安那購地案（Louisiana Purchase）而新近取得的領土，並繪製其地圖。在一八〇四年五月與一八〇六年九月之間，路易斯與克拉克的探索部隊（Corps of Discovery）展開遠征，縱橫在聖路易斯市（St Louis）與現今奧勒崗州阿斯托里亞市（Astoria）之間的內陸地帶，尋找一條穿越新領土，通達太平洋的水道。

在這段期間，探索部隊穿越了美洲原住民的領土及偏僻的農村地區。部隊成員必須靠打獵果腹，因此會積極追蹤獵物的出沒狀況，將獵殺的每一頭鹿、每一隻兔子都記錄下來。在一八〇五年的整個春天，他們沿著密蘇里河上行，一路收穫格外豐富。在今日蒙大拿州所在地，他們發現了一片廣大的原始野地，可說是充滿了各種野生動植物。

眼前是一幅田園景象。大片鵝群降落在河邊草地；水牛、駝鹿、羚羊成群聚在一起吃草，數量甚為龐大，遍布四面八方。此景可謂「美到無以復加」[4]，路易斯在他的日誌裡如此寫道。他也描述這些動物「性情極為溫和，尤其是公牛還會破天荒地讓道給你。我在曠野中才走了五十步就越過好幾隻。牠們像是發現什麼新奇的事物一樣望了我一會兒，然後就若無其事般繼續吃草。[5]」

他們看到滿是幼狼的狼窩。他們發現正大啃嚼牛屍骸的棕

熊。他們用火烤魚，將魚肚切開後，見到淡白的魚肉上泛著層層油脂。他們吃著上好的小牛肉與牛肉，以及鹿肉和河狸尾巴。這段日子處處都有美食；世界彷若一個打開的餐盒，裝滿任君品嘗的珍饈佳餚。他們打下的新鮮野味多到吃都吃不完。

好景不常。在上游處，野味開始變得越來越稀少——雖然仍可見到野鹿和羚羊，但牠們都相當警惕，追蹤起來十分困難。最後，在一八〇五年八月十日，他們碰巧走進一條印第安古道，之後撞見一名騎著馬的美洲原住民。不過他們一前進，他就逃走了。這是他們四個月以來所遇見的第一個人。

他們後來終於遇上住在這一帶的休休尼族（Shoshone）印第安人，受到熱情的款待。但休休尼人自己也在挨餓邊緣，能提供的食物少之又少——一點點苦櫻桃乾，只夠吃上幾口的水煮羚羊肉。要獵到野味相當困難。路易斯看著二十名獵人騎馬追捕十頭羚羊追了好幾個小時；「大概凌晨一點這些獵人才回來，但一頭羚羊都沒捕殺到，他們的馬匹還直冒汗。6」之後，在人口稠密的哥倫比亞流域，他們會迫於無奈，吃掉十一匹馬及將近二百隻狗。7

4 Lewis journal, 5 May 1805: https://lewisandclarkjournals.unl.edu/item/lc.jrn.1805-05-05.

5 Lewis journal, 4 May 1805: https://lewisandclarkjournals.unl.edu/item/lc.jrn.1805-05-04.

6 Lewis journal, 13 August 1805: https://lewisandclarkjournals.unl.edu/item/lc.jrn.1805-08-14.

7 A. S. Laliberte and W. J. Ripple, 'Wildlife Encounters by Lewis and Clark: a Spatial Analysis of Interactions between Native Americans and Wildlife', *BioScience*, 53(10), (2003), pp. 994–1003,. doi:10.1641/0006-3568(2003)053[0994:WEBLAC]2.0.CO;2.

在踏進休休尼族領土 8 的那一刻,探索部隊即已(或許在毫不知情的狀況下)離開了存在爭議的一大片領土。這塊爭議之地面積約有四萬六千平方英里,將至少八個交戰的部落分隔開來。在歐洲人殖民前,美洲部落間一直存在此類區域;這些區域是未經標示的緩衝區,而且為鄰近部族居民所熟知。獵人不敢擅進這些沒有法紀的禁區。只有交戰方會在此快速穿梭。因此,在無獵捕壓力的情況下,被獵物種的數目會大量反彈。

在威斯康辛州,奇珀瓦族(Chippewa)與蘇族(Sioux)於一七五〇年至一八五〇年間幾乎不斷在交戰,因而形成了一個面積高達十萬平方公里的緩衝區。9 在自然法則無情的捉弄下,正是這塊區域本身有如保護區的特質,助長了兩族之間的交戰:由於無人獵捕,緩衝區內的野生動物復育良好,以致這些部落(如今已過著富有舒適的生活)可以有餘裕展現大度。雙方訂下協議後,捕獵活動隨即恢復,野鹿數量崩跌,兩族雙雙陷入飢荒,於是又重啟戰事爭奪資源。10

時至今日,這些無形的領土標界仍是傳統部落社會的特色之一,除了存在於亞馬遜流域、巴布亞紐幾內亞等地,絕非偶然的是,也可見於世界上一些最豐饒珍貴的棲地。曾擔任國際自然保育聯盟(International Union for Conservation of Nature,簡稱 IUCN)首席科學家的傑佛瑞‧麥尼利(Jeffrey McNeely)即指出,在交戰的前國家(pre-state)社會之間形成的緩衝區,儼然成了野生動物的避難所,所以「今日許多熱帶森林能有如此豐富的生物多樣性,這些區域功不可沒」11。因此,恐懼是可以塑造世界形貌的力量。

在這場重大的遠征邁入尾聲之際,探索部隊於歸途繞回密蘇

里河，再次踏進前一年曾經到訪過的奇境。在南達科塔州，克拉克攀上一座丘陵，想要眺望前方的土地，沒想到映入眼簾的是一大片遍布犛牛的曠野——約二萬頭，或者為數更多的犛牛成群不斷湧動，蹬起塵土打轉。克拉克寫道，單是這一處的犛牛就比他有生以來見過的還要多。他並講述：「我觀察到，處在交戰部族間的鄉野，可以發現數量最龐大的野生動物。12」

§

羅索斯與我在第九檢查哨越過邊境，開了應該有好幾英里的路，穿過一個廢棄的郊區。道路兩旁都架起了圍網，上面再覆蓋一圈有刺鐵絲網。上方並懸掛著一片薄薄的黑色粗麻布幕，彷彿這樣我們就注意不到後方的荒廢景象。這是一座鬼城：數以百計

---

8 關於路易斯與克拉克所捕獲的獵物，有項饒富趣味的統計分析，請參見P. Martin and C. Szuter 'War Zones and Game Sinks in Lewis and Clark's West', *Conservation Biology*, 13(1), (1999), pp. 36–45.

9 Martin and Szuter, 'War Zones and Game Sinks in Lewis and Clark's West'.

10 一八二五年雙方訂立邊界條約；一八二八年發生飢荒，並於一八三一年達到高峰，戰事也再度爆發。請參見H. Hickerson, 'The Virginia deer and intertrival buffer zones in the upper Mississippi Valley', in Anthony Leeds and Andrew P. Vayda (eds), *Man's Culture and Animals*, American Association for the Advancement of Science, Washington, D.C., pp. 43–66; also H. Hickerson, *The Chippewa and their Neighbors: A Study in Ethnohistory*, Holt, Rinehart and Winston, New York, 1970.

11 J. A. McNeely 'Conserving forest biodiversity in times of violent conflict', *Oryx*, 37(02), (2003) doi:10.1017/s0030605303000334.

12 Clark journal, 29 August 1806: https://lewisandclarkjournals.unl.edu/item/lc.jrn.1806-08-29#lc.jrn.1806-08-29.01.

的城郊住宅散落在四處,各自呈現不同的衰敗狀態。

在某個時點,所有的門都遭到拆除,以防止這些房宅在對戰時被當成抵抗的據點。一扇扇窗戶都被砸破,從窗框處碎裂開來,每個邊角都布滿了碎片。到處都有破爛的布條在飄動,可以窺見彼端帶有細脊紋的多肉植物擠在有欄杆的陽台上,茉莉的捲鬚在微風中搖擺,多刺的梨樹將果實推出圍籬,彷彿在推銷它的貨品。去年的收成枯死在排水溝裡。在最老舊的房子內,老鼠已經在紅色的汙牆挖穿好幾個洞。所有其他景物都逐漸在崩壞。我透過布幕的一道缺口仔細一瞧,看到一個模糊不清的街名:「德里尼亞路」(Derynia Road)。

而在別處根本沒有必要掛上粗麻布:各種植物已攀上並占據圍籬,用集體的重量將其抓牢扣緊。此景傳達出一種被時光浸沒、淹沒、征服的感受。在一棟未興建完成的公寓大樓,臨時搭建的磚造防衛牆已被拼湊在一起,用灰漿草草砌合,每一排都是參差不齊的模樣。先前的抵抗據點有如空巢般在高層的陽台留下形跡,硬紙板還平攤在敞開的門廊上。這裡有種戰事仍在進行的氛圍,令人心神不安,似乎隨時都可能有人拿起武器衝上樓去。

「把相機收起來,」羅索斯一反常態厲聲叫道,因為這時有一輛土耳其軍用車從我們身旁駛過。我們現在已經從緩衝區進入到占領區。在我們右方天際浮現的輪廓,是瓦羅莎區(Varosha)荒廢的高樓飯店所構成。瓦羅莎是法馬古斯塔市(Famagusta)的海濱郊區,曾是名流度假勝地,碧姬・芭杜(Brigitte Bardot)以及李察・波頓(Richard Burton)與伊莉莎白・泰勒(Elizabeth Taylor)等影星都經常到訪,如今成了一個封鎖的禁區,由土耳其軍方占有。這裡曾是一個值得好好觀光拍照的景點。但現今一

律禁止拍照，因為現場立著一個鮮紅色的告示牌，用五種語言寫著警語，而警語上方是一名士兵手持步槍的黑色剪影。我迅速把手機放入口袋，合上記事本，笨拙地裝出一副不耐煩又興趣缺缺的樣子，直到巡邏車通過為止。

在柴納‧米耶維（China Miéville）所撰寫的現代推理小說經典《被謀殺的城市》（*The City and the City*）中，兩名警官試圖在貝澤爾（Besźel）調查一宗謀殺案，而貝澤爾與緊密相接的烏廓瑪（Ul Qoma）是一對「雙子」城。這兩座城市文化同源，卻是水火不容。雙城說著不同的語言，市民彼此生活在一起，有時會在市區重疊的「交叉」街區擦身而過，但所有人都刻意「無視」敵對城市所發生的一切。

米耶維的雙子城雖是虛構的城市，但我們一來到這個希臘裔賽普勒斯人稱為 Famagusta，土耳其人稱為 Gazimağusa 的地方，我腦海便浮現雙子城的意象。這裡是活城與死城並存之地，而兩者之間的分野也同樣極為虛幻。

在其中一邊，我見到的是一座活躍熙攘，富有吸引力的中古風城市。另一邊則是有如鬼域，一棟棟現代主義風的巨大建築分崩離析，布滿彈痕形成的凹坑。而將我們阻隔在此番景象之外的，只是一道單薄的鐵絲網圍籬，上面掛著的粗麻布幕四處都已起皺破損，或是飄動開來。在圍籬的彼端，我看見街道受到高度及膝的草地與金色花海包圍。寬大的棕櫚葉將臂膀伸出圍籬，彷彿在招呼計程車過來。儘管這裡有如恐怖片的場景，然而處處都有生物漫不經心地急奔而過，就像有人可能單純「無視」一切亂象，對彼端敗壞的雙生世界不屑一顧。

要觀賞瓦羅莎荒廢的摩天大樓飯店，海灘是最佳的地點。當

地有座銀色的沙灘往前延伸至不遠處的碧綠海域。而在鄰近所謂的邊界處，可以注意到當局採取了一些可笑的措施來教導觀光客「視而不見」的藝術：除了常見的鮮紅色告示牌，一座水泥陽台還用黑漆潦草地寫著「禁止拍照」，就像是塗鴉一樣，在其下方用壓石固定的黑色布幔羞澀地隨風飄動，宛如一張新娘的面紗。

瓦羅莎邊界與海灘相交處設置了一個路障：由長短不一的波紋板混置而成，表面有著積垢和氧化的斑點。幾個用水泥塊壓鎮的金屬油桶以傾斜角度排列在一起。我瞬間就可以攀越過去。還可以涉水到及膝的海浪中散散步。在《被謀殺的城市》中，敵對的雙子城邦邊界相互交織，而與敵邦往來者（視為「違法跨界」〔breach〕）會被具有法眼的秘密警察悄悄帶走。在這裡，唯一能阻擋我的是駐守在附近瞭望站的士兵。他是個滿臉青春痘的少年，拿著一把特大號的槍在監視我：一名孤身站在刮風的海灘上，雙眼凝望著禁區的女子。

幾年前，保羅・多伯拉茲克（Paul Dobraszczyk）曾站在這裡的同一個地點，對著完全相同的景觀思考。他是一名英國學者，當時三十幾歲，之所以來此，是基於極為相似的理由：為了凝望沿著海灘堆起，一路向南延伸的破爛水泥塊。他住在棕櫚海灘飯店（Palm Beach Hotel）。這是一座豪華度假村，奇妙地在海灘極北端的銀色沙塊上遺世而立，彷彿對近處崩解的反烏托邦世界一無所知。

在入住的隔天，他開始沿著粗麻布幕圍成的邊界步行，沒有任何特別的目的，只是順著路徑移動，徹底感受一下此處的氛圍。沒人特別注意到他。但是之後過了一會兒，他意外地發現圍籬的一道缺口。

　　雖然心跳不斷加速，但他沒多加思考便決定跨步向前，穿過破洞（「違法跨界」），然後發現他孤身一人處在鬼城裡。他表示此景令人惶恐不安，就像跨過一道通往不同世界的入口。活城所有的喧囂，包括行進的車輛、各種聲音、行人的腳步都如常持續著，掩蔽在皺亂的粗麻布之後。考慮到萬一被發現而可能面臨的重大後果——遭到逮捕、驅逐出境，當然，那些紅色告示牌上的步槍也不能輕忽——多伯拉茲克躡手躡腳地走進荒廢的街道。於是他在這裡成了世上最後一人，獨自跨過時間的盡頭。

　　接著，這個幻想才一開始就破滅了。有第二個人走出來隱匿在幽暗處。可能是想打劫或生事的人，但多伯拉茲克沒有駐足一探究竟。他心生怯意，狂奔回圍籬，再次穿過先前的入口回到現實。他覺得恍若死裡逃生。

　　不過他之後又恢復了勇氣。他回到圍籬的破洞，悄悄溜了回去。這次他沒有看見任何人。他進入敞開的大門，見到幾個挑高的房間，裡面的油漆剝落成如花瓣般的薄片，四散在硬木地板上；在一間購物中心，從店面長出的樹木向著天窗舒展細瘦的枝幹；他在一座公寓大樓歇息了一會兒，好讓自己的脈搏恢復正常。

　　在大樓裡，書桌四散著用希臘文撰寫的文檔；餐桌上還擺著餐具與盤碟。從外面的某個地方，就在不遠處，他聽到法馬古斯塔的叫拜聲。他讓自己凝神傾聽，以同時共存在兩地的世界。他感受到一股不可思議的平靜，至今仍未忘懷。只是單純的感受當下，就彷若沉浸在冥想之中。

　　令他驚訝的是，經過長時間的空置，各個房間竟然還保存得相當完好：室內空氣乾爽清新，只有沙沙作響的風聲及鴿子的低鳴盤據在這棟公寓大樓。在五層樓上的屋頂，他望著這整座死城

在面前延展開來，其規模之大，謎團之深，幾乎令人難以抗拒。

在回程中，我通過軍事檢查哨，進入這個位在約翰甘迺迪大道（John F. Kennedy Avenue）的荒蕪樂園。我的目光可以越過路障，看見多伯拉茲克頓悟的地點，而通過廢棄的加油站，望向植物叢生且逐漸塌陷的街道，可以發現已經褪色發白的老舊廣告牌；這是一座一九七〇年代的城市，過去幾經風雨考驗，現今仍繼續力抗風霜。

§

二〇〇八年夏天，一群科學家於拂曉前集結在一起：希臘裔賽普勒斯人與土耳其裔賽普勒斯人各七名，來到聯合國檢查哨，在引導下坐上專車，前往無人地帶。他們到該地是為了展開為期一年的研究，對象是在該地遭到棄置後的數十年間，成為大地主宰的動植物。

他們選擇了在緩衝區內的八處地點，橫越整座島嶼，所探索之地有如賽普勒斯地景的剖面，從法馬古斯塔附近海岸的沙灘與沖積平原出發，穿過豐饒的濕地，到達西部偏遠地區的山脈與岩岸。結合對這些地方的研究，可以窺見若人類有朝一日消失無蹤，島上可能會呈現何種樣貌。

這些科學家快速展開工作，設定好自動攝影相機，並設置樣方（quadrat）13。現場瀰漫著焦慮氣氛，因為他們工作的地方通常可以從敵方哨塔看得一清二楚；雖然他們有許可證，但誰曉得值守的新兵是否接收了訊息？在這一年期間，每隔一個月或更長的時間，他們會返回相同的地點，拼湊出在四下無人時，究竟

有什麼動態發生。

他們研究的地點之一是舊尼古西亞機場，這裡曾發生過持續多天的追擊戰：坦克與高射砲從前衛戰的煙霧裡森然隱現，空氣中充滿了凝固汽油彈的油臭味。14在機場空落的候機室，成排的人體工學椅堆滿了鳥糞，圓形的天窗向下投射出強光；天花板的瓷磚剝落開來，好像脫了幾道細長的皮，露出懸盪搖擺的線纜。燈箱裡的海報已滑落下來，上面刊登的是早已過期的假日優惠專案；玻璃滿是灰白的蜘蛛網而雜色紛陳。外頭是一架噴射機的殘骸。墜毀的飛機像是一頭躺著被開腸剖肚的鹿，內臟散落在粗糙的地面上，尾翼塗著前捷克斯洛伐克的國旗。一架布滿彈孔的英國皇家空軍巡邏機長眠在跑道盡頭，四周荊棘叢生。

自動攝影機顯示殘骸之中有生物存在。除了鴿子以外，倉鴞也在磚石的裂縫與孔洞中過夜歇息。蛇在破裂的跑道上取暖。狐狸在長長的草叢中追獵老鼠。隼在塔台的屋頂上築巢。研究計畫共同領導人沙利·古塞爾博士（Dr Salih Gücel）表示，「這些動物對人類非常敏感。」在像賽普勒斯這樣人口稠密的島嶼，每寸土地都有人煙，而且打獵極為盛行，對動物來說，不管是什麼樣的藏身處都可以接受。

在緩衝區的其他地方，極其罕見的植物都大量生長，其中包括賽普勒斯蜂蘭花（其鼓起的棉絨狀花唇擁有酷似雌蜂的斑

---

13 譯注：用於調查植物群落數量的取樣地塊。

14 尼古西亞機場戰役期間，各項事件驚心動魄的現場目擊紀錄可見於F. Henn, 'The Nicosia airport incident of 1974: a peacekeeping gamble', *International Peacekeeping*, 1(1), (1994), pp. 80–98.

紋），以及瀕臨絕種的罕見賽普勒斯鬱金香（擁有深紅色的花瓣）。**15**科學家共記錄了三百五十八種植物、一百種鳥類、二十種爬蟲類與兩棲動物、十八種哺乳動物。這全是拜戰爭之賜。

但當然帶來正面影響的並不是「戰爭」本身。一般來說，戰爭對於人類與環境都是具有破壞性的。在強攻戰術下，百萬英畝的越南與柬埔寨雨林，遭軍方以戰爭之名噴灑落葉劑。焦土政策使得科威特燒掉了超過十億桶原油。盧安達慘烈的內戰，造成一百多萬的難民逃命到剛果的維龍加國家公園（Virunga National Park）。靈長類動物學家黛安・佛西（Dian Fossey）鍾愛的山地大猩猩就棲息在此。難民們因情勢所逼，只能捕殺園裡的動物來充飢，並砍伐當地的樹木做為燃料及建立營地之用。

但經由無人地帶「排除」人類干擾，就完全是另外一回事了。穩定性是當中的關鍵要素：諸如賽普勒斯等地的對峙狀態，或像是地雷區等戰後的致命遺毒，造就了宛如嚴密保護區的禁區，可以保護野生動植物，遏止自然資源的開採。當然，這些演變只是極端慘酷狀況下所產生的意外驚喜。不過我們也從中獲得了一些寶貴的教訓。

譬如說，第二次世界大戰無意間驗證了海洋保護區這個概念：有六年的時間，英國海域的捕魚活動徹底停擺下來。漁船不是遭到擊沉就是被徵用，在北海約二十二萬平方英里的海域形成了一個實質的海洋保護區。在這段相對短暫的間歇期，野生魚群數量出現反彈**16**，因而戰後重啟捕漁作業時，漁獲量一飛衝天**17**，豐收的景況持續約十年後，漁獲又再告枯竭。

在一九八○年至一九八八年間發生兩伊戰爭時，兩國邊境有九百英里埋下了超過二千萬顆的地雷，形成了一個危險的禁區。

在往後的數年裡，光是庫德斯坦地區（Kurdistan）就有一萬三千多人遭到爆炸裝置炸死或炸傷。但這片區域如今已成為波斯豹最重要的大本營；波斯豹已瀕臨絕種，野生數量據信不到一千頭。雖然這些大型貓科動物重達八十公斤，但鮮少將全身重量施加在單隻腳爪上，因此能在蘇聯時代的軍火下逃過一死。18同樣地，曾經是鄰近福克蘭群島（Falkland Islands）首都史坦利（Stanley）的海灘勝地約克灣（Yorke Bay），在一九八二年英阿衝突期間阿根廷軍方設置地雷後，因遭到封鎖而儼然成了一個嚴密的保護區，現今是麥哲倫與巴布亞企鵝熙攘喧鬧的聚居地。

如我們在南達科塔州犛牛的例子所見，可能戰事本身持續多久，此種生態利益就維持多久。（的確，約克灣的海灘現今正依循《渥太華公約》〔Ottawa Convention〕規定清理地雷，儘管此舉遭當地反對，並且會對生態系統造成重大侵擾19。）但在緩衝

---

15 這兩種植物係透過一項單獨的計畫特別進行調查：Cooperation for the Conservation of Endemic Plants in the Buffer Zone, Nature Conservation Unit, Frederick University, Nicosia 2007–09.

16 D. Beare, F. Hölker, G. H. Engelhard, E. McKenzie and D. G. Reid, 'An unintended experiment in fisheries science: a marine area protected by war results in Mexican waves in fish numbers-at-age', *Naturwissenschaften*, 97(9), (2010), pp. 797–808, cited in Antonio Uzal, 'Rewilding war zones can help heal the wounds of conflict', *The Conversation*, 18 December 2018.

17 P. Holm, 'World War II and the "Great Acceleration" of North Atlantic Fisheries', *Global Environment*, 5(10), (2012), pp. 66–91, cited in Uzal, 'Rewilding war zones'.

18 Jamie Merril, 'Landmine sanctuary: rare leopard finds haven in the lethal legacy of Iran–Iraq war', *Independent*, 23 December 2014.

19 Matthew Teller, 'The Falklands penguins that would not explode', BBC News, 7 May 2017.

區意外形成的自然保護區，已在停戰後逐漸成為雙邊合作的焦點。

例如，在冷戰期間，戒備森嚴的德國內部邊界，即從波羅的海延伸至與捷克斯洛伐克的交界處，成了東西德獵鳥人士偏愛造訪之處。儘管這條「死亡地帶」本身空無一物，又受到聚光燈照射（更別說還設置絆網、詭雷，有遵行格殺勿論政策的東德士兵巡守），然而東德沿著邊界整個內周緣劃設了一個寬約三十公尺到數英里的禁區，該區也因而暫免比照周邊地帶進行精耕。黑鸛、夜鷹、紅背伯勞在塔台間的枝頭上築巢。仙履蘭沿著林地的邊緣盛開。反裝甲壕溝裡有田野林蛙產卵，還有水獺在划水。生態學家通常會提及「野生動物廊道」，也就是連結各個棲地的數塊狹長荒地：這裡則是有一條八百六十英里長的綠色幹道，提供野生動物通往全國各地的安全途徑。在劃設以來的四十五年間，這塊在後方的眾爭之地（有一大部分先前是寶貴的農地）共有一千多種列入德國瀕危物種「紅色名錄」（red list）的物種進駐。**20**

在德國統一期間，來自邊界兩端的三百名業餘鳥類學家齊聚一家酒館召開緊急會議，制定應將死亡地帶保存為自然保護區的宣言。他們的宣言大獲響應，繼而促發範圍更廣大的「歐洲綠化帶」（European Green Belt）運動。這條綠化帶現今包含了二十四國、共四十個串聯的保護區，沿著舊「鐵幕」（Iron Curtain）延展，範圍覆蓋芬蘭——俄羅斯邊境上茂密的北方森林；波羅的海海岸的沙丘、峭壁、潟湖；以及一條穿越巴爾幹半島的山區高地地帶，而在這條地帶上，可以見到猞猁四處漫步，以及白肩雕在空中翱翔。

然而，冷戰對自然環境最寶貴的建樹，當然非《南極條約》（Antarctic Treaty）莫屬，其於一九五九年敵對情勢短暫緩解時進

行協商。當時在「南極爭奪戰」中已提出或擬提出領土索求的各個國家，同意將圈地之事擱置一旁，以建立「……一個專用於和平與科學事務的自然保護區」。該條約將於二〇四八年開放審查。

而近來，各界已逐漸體認到，就建立和平過程的本身而言，緩衝區的環境價值乃是一項寶貴的要素。一百五十多年來，秘魯與厄瓜多為了孔多爾山脈（Cordillera del Cóndor，兩國間安地斯山脈的支脈）而陷入激烈的領土之爭，致使大片區域未經開發：原始森林無人砍伐，豐富的金礦與銅礦也無人開採。一九九〇年代的環境調查顯示，該地區是全世界生物多樣性最高（以及最鮮為人知）的棲地之一；幾乎每次探訪該地山坡，都能發現更多科學界尚未知曉的物種。這座環境寶庫（目前已是兩國共有的重要資產）成了各場會談的重要議題，而在一九九八年的和平協議中，雙方承諾在邊境的兩端設立廣大的保護區。此種跨國保護區被稱為「和平公園」，強力展現了大自然在多個層面的療癒力量。

有人可能會期盼當局能針對南北韓間的非軍事區（DMZ）達成此種友好協議；這是一片長二百五十公里，寬四公里的狹長無人地帶，雙方的士兵以此為界相互對峙。這片區域，加上（占地較小）位在南邊「民間人士出入統制線」（civilian control line）後方的相鄰帶狀地，自一九五三年以來即用圍牆圈起並嚴密把守。在都市化的南側，土地已經過挖掘開墾；而在貧困的北側，則是有大量的林木被砍下做為柴火。但在這塊狹長地帶中的溫帶

---

20 Christian Schwägerl, 'Along Scar from Iron Curtain, A Green Belt Rises in Germany'; *Yale Environment 360*, 4 April 2011.

林、濕地以及荒廢的稻田，棲息著數以千計在朝鮮半島他處已滅絕或瀕危的物種。亞洲黑熊、韓國水鹿、罕見的長尾斑羚和嬌小的石虎都曾在非軍事區現蹤，活躍在地雷與反坦克陷阱之間。每年約有二萬隻侯鳥會將邊界區當成歇息地；此地的丹頂鶴數量也居全世界之冠（屬於瀕危物種的丹頂鶴身形優雅，求偶時會成對跳起彷若芭蕾般的鶴舞，在韓國被視為和平的象徵）。此外亦有全世界極度瀕危的兩種貓科動物，遠東豹與西伯利亞虎現蹤的報導。一名南韓士兵回想起他駐守在非軍事區的日子，有如身處在「一個自然界的天堂」，他這輩子都沒有看過如此多的野生動物。但他在那裡夜晚會不時聽到爆炸的隆隆聲，那是動物本身觸碰到地雷與絆索所引發的聲響。21

　　南韓在二〇一一年開始推動將韓國非軍事區劃設為自然保護區的構想，並在二〇一四年一項聲明中表示，保護園區可以用來做為兩國間的和平象徵。南韓持續不懈推動此一構想，沿著南韓端的邊界進行籌備工作，並且在二〇一九年六月成功向聯合國教科文組織（UNESCO）申請將這個「民間人士出入統制區」22內二十五萬公頃的土地列為「生物圈保護區」。

　　截至目前為止，北韓始終拒絕參與推動此構想。

§

　　在離開賽普勒斯的前一天，我雇了一輛車往內地駛去，準備遠離瓦羅莎的荒涼高樓，盡情深入探索緩衝區。

　　島嶼東部的分界線相當複雜。我在一條路上行進了一段時間，道路的兩邊各由對立的陣營控管。我經過一個死寂的村莊，

那裡有數棟房屋和一座教堂，都傾頹到只剩下沙土色的空骨架。這裡是阿赫納村（Achna），村民早已逃離無蹤，現今是土耳其軍隊的城鎮環境作戰訓練場所，因此不斷反覆重演著其存在以來最不堪回首的一天。

　　在首都尼古西亞，緩衝區是一條狹窄的街道，蜿蜒穿過市中心，將該地帶一分為二。我在舊城區閒逛，走在街道上會意外地發現前無去路，因為有金屬油桶擋住，上面漆塗著已經剝落的愛國圖案。在油桶的另一邊，我看見褪色且長黴發黑的店面，其屋頂和窗台上都長滿了植物。做為路障的沙袋垂立在陽台上。華美的磚石滿是受到槍砲與迫擊砲毀損的痕跡。而受創最重處呈現了獨有的藝術美感：上面留下了粗略的鑿痕，彷彿是刻到一半而未完成的雕塑品。又或者像是被強酸潑灑，有一半都溶解掉了，呈現半液體狀態。

　　我一時興起，越過了萊德拉路（Ledra Road）上的邊界，排隊出示我的護照，在前方幾公尺處蓋上戳章。在中間區有更多標誌告知「禁止拍照」。四處架起高高的圍籬，彷彿連好奇的目光都要遮擋下來。我腦海又再度浮現《被謀殺的城市》，覺得注意力轉移到了土耳其的標誌，宣禮塔。我喝了杯咖啡，然後就越過邊界折返。當然，從法理上而言，我從未離開過國界：除了土耳其外，沒有任何國家承認北賽普勒斯土耳其共和國的存在。

---

21 Testimony from 'Kim', featured in *489 Years* (2016), dir. Hayoun Kwon.
22 譯注：軍事分界線與民間人士出入統制線之間的區域。

　　我往西方前進，經過舊機場，迂迴穿行到地勢陡峭又偏僻的鄉野。這裡的山丘長滿了星星點點的灌木叢，宛如一幅點彩畫。有些地方的岩石是灰橙色，有些地方則是灰藍色。這裡是島上最偏遠的地區，也是緩衝區最寬的地帶。此處的瞭望台相隔甚遠，有的已經棄置不用。我經過了不只一座瞭望台（表面蹩腳地漆著夾雜沙土色與灰褐色的保護色），那裡立著被陽光曬得褪色的告示牌，警告來者不得擅入，不過圍繞著瞭望台支柱的金色花海，使警語的恫嚇意味略減了幾分。

　　我終於見到它了。我把車停靠在一個灑滿陽光的聯合國直升機停機坪，然後拿出我的雙筒望遠鏡。越過無人地帶的一座山谷，有第二座山脈矗立在我與大海之間。在面對我的坡面，我發現了瓦里西亞村（Variseia）。

　　即使從遠處觀看，還是可以明顯察知這不是一座普通的村莊。村落有種陰森的氛圍；光是看著就可以讓我心生寒意。房子沒了門窗，在原處留下空隙。淺灰色的牆壁碎裂成塵土。紅色的屋頂微微隱現在樹木間。這些樹木緊扣著刷白的牆面，像是強撐著不讓牆壁倒塌。傾斜的地勢已變得和緩——這是風化作用與草木叢生所造成。儘管這座村莊廢棄已久，我還是可以察覺到有活動存在。鳥兒從窗戶和屋頂飛掠出來。

　　古塞爾和他的同事就是在這裡有了最驚人的研究發現。在這座空村的山丘高處，他們發現了在所有調查地點中最為豐富的物種。研究發現，這座島嶼上特有的野生羊，賽普勒斯盤羊已重新占領了空屋，利用此處遮陽及躲避冬日的暴風雪。這些盤羊強壯矮小，擁有黃褐色的毛皮及狀似大鐮刀的巨角，儘管貴為國獸，數量在二十世紀卻滑落到僅剩幾十隻。不過牠們竟在這裡現身，

而且有數十隻之多：從被相機捕捉到的身影，可見牠們視線別開鏡頭，悠閒地邁開大步行走。在對峙期間，此種盤羊於廢棄的村莊內茁壯成長，成群結隊在空盪的巷弄間遊逛，還跑到休耕的農地上吃草。整體而言，這些盤羊由於在緩衝區享有大片的新棲地，並且受到更嚴密的保護，數量據信已回升至三千頭以上。

根據紀錄，悄悄溜進這座荒村的還有以下的動物：擁有心形白臉的倉鴞，牠們在村內捕食學名為 *Mus cypriaca* 的罕見特有種老鼠；睜大眼睛，輕鬆躍奔過深草地的歐洲野兔；鈍鼻蝰、西部圍欄蜥蜴，以及可以變出豹斑保護色的地中海變色龍。

處在這座幽靜的山谷中，金澄色的花粉撒落在我的皮膚上，鳥鳴聲在空中四處飄盪，感覺戰事似乎遠在他方。陽光穿過一層薄薄的雲霧帶來暖意。一陣海風拂亂了樹梢。一隻蟬鳴叫出刺耳的音階，先是上行，接著再下行。鳴鳥在空中翻轉，無視於我的存在：有麻雀，以及頸背為黑色，腹部為玫瑰棕色的麥鶲。一隻燕子在路面低掃而過，時而轉向，飄忽不定。

3
廢耕地：愛沙尼亞，哈爾尤縣

這座溫室隱身在高度及胸的薊類植物之間。這些植物緊密簇生在一起，昂然直立，柔軟的花冠一團蓬鬆，已然衰萎，側邊疏疏落落，被從破玻璃窗片滲入的氣流吹得散亂。薊種子的冠毛懸浮在空中，乘著幾乎察覺不出的氣流移動，緩慢穿過一道道光束。

我把雙手縮在袖子裡，小心翼翼地推開莖幹前進，彷彿在穿越一片人海。我發現了一叢覆盆子（是先前栽植時期遺留下來的），有刺的枝幹已緊密糾纏成結，果實緊緊附著在上面，狀似鼠尾草的小枝節，除了呈現暗粉色澤，也因為腐敗而發黑。微小的昆蟲如煙霧中的灰燼般在上方游移。而再往上是交叉成格子狀的生鏽管道，其過去曾是供熱管，在這座大玻璃溫室栽培場的極盛時期，將熱水輸送到各個角落。

這是愛沙尼亞的鄉間，一座集體農莊的舊址。溫室曾是當地熙來攘往的農業中心，包括這一座，以及其他數百座，現今都已歸於沉寂，廢棄不用，舊有的作物不是凋亡便是逐漸野化。在前蘇聯時期，像這樣的「集體農莊」（kolkhozy）曾經非常普遍：這是史達林主義政策下的產物，為的是提升產量，將農民階級從奴役中解放出來。的確是十分崇高的目標；但實際上，集體化制度使得數百萬人的土地遭到沒收，並引發民亂，有時還造成食物短缺與飢荒問題。

在一九四九年動盪不安的一個月間，愛沙尼亞大多數的農地都被迫收歸共有，當時有八萬名抵抗不從的「地主」（kulaks）被放逐到西伯利亞與哈薩克。存留的人則將他們的田地與牲畜交歸公有，並且如同期一份共產黨報告所述，「平靜下來，全心投入繁重的日常工作」[1]。

如此一來，傳統的家庭農場就被擱置一旁，以支持大企業的發展。五層樓高的粗獷主義風赫魯雪夫樓式（Khrushchyovka）[2]公寓大樓不協調地出現在小村莊邊緣，或工業用途農業建築旁。儲物棚宛如飛機棚；穀倉塔則像油庫一樣；牛棚蓋到可以容納一萬頭牛。可追溯到俄國帝制時代的莊園大屋清空了家具和裡面的住民，改做為行政中心使用。這是新的農作方式、新的工作方式，以及新的生活方式。

這樣的情況並沒有維持多久。一九九一年蘇聯解體，促發了全世界歷來所見規模最龐大的土地使用變革。分布在前蘇維埃社會主義共和國聯盟（USSR）各處的集體農莊（受到嚴加控管及國家補助），幾乎在一夜之間被迫承受自由市場變幻莫測的挑戰。自此之後，蘇聯所有的農地有將近三分之一遭到棄置，面積估計達六千三百萬公頃，約莫是一個法國的大小。[3]

1 R. Taagepera, 'Soviet collectivization of Estonian agriculture: the deportation phase', *Soviet Studies*, 32(3), (1980), pp. 379–97, doi:10.1080/09668138008411308.

2 譯注：造價低廉，外表單一、結構簡單的簡易社會住宅。

3 F. Schierhorn, T. Kastner, T. Kuemmerle, P. Meyfroidt, I. Kurganova, A. V. Prishchepov, et al., 'Large greenhouse gas savings due to changes in the post-Soviet food systems', *Environmental Research Letters*, 14(6), 2019.

在愛沙尼亞，為表示對共產主義的抵制，「集體農莊」被分割並重新分配給先前的地主及其繼承人。這些人有許多之後即遷往都市，或移民國外，或單純不想從事農作。土地也就因此廢而不用。巨大的貯藏所與倉庫由於面積過大不適合民用，只能空置下來，成為過往政體的見證。我目前所在的溫室也是這段變遷的遺證。

雜亂的葡萄藤橫掛過這座玻璃暖房，彷彿一片遮光窗簾。葡萄藤早已過了最佳季節，在無人照料下開花結果，所產出的葡萄雖屬希臘名種，卻只能在藤蔓上慢慢枯萎。這些葡萄又小又軟，果粒已經凹陷。除了帶著黯淡的青褐色，還到處長毛，應該只對鳥兒有吸引力。鳥兒穿過玻璃碎片擠了進來，不料卻陷在一條發光的隧道裡。

在外頭，風勢越來越大。一根樹枝輕叩著玻璃。天色已漸漸變暗。

§

蘇聯垮台時，塔莫·皮爾文（Tarmo Pilving）才十一歲。九〇年代初的愛沙尼亞充滿了動盪。有段時間，該國首都名列全球最暴力的城市4之一，因為當時舊有的規制已經瓦解，新崛起的黑幫份子與未來的寡頭政客為了爭奪控制權而相互角力。然而，對一位十來歲的男孩來說，這樣的時代倒是別有一番樂趣。

蘇聯政府（以及後來俄羅斯軍隊）撤離後，留下許許多多空置且無人看守的房宅院落，除了是絕佳的探險場所，也將成為某個世代成長歲月的一道風景。在虛擲而過的青春歲月裡，皮爾文

曾狂奔過空盪的走廊、攀上黑暗的樓梯、痛飲撿拾到的啤酒，還在雜草蔓生的田野中大踢足球。

皮爾文住在首都塔林（Tallinn）附近，從家門騎車走一小段路，便可到達他最愛的去處之一，位在圖里薩盧村（Türisalu）的舊飛彈基地。這座基地直到最近都還部署著核彈頭，朝向西方蓄勢待發。軍隊無預警撤出當地，一夜之間人去樓空，留下的是建築物的空殼，被草地覆蓋的龐大土地工事，以及敞開的大門。皮爾文和朋友們有次偶然發現一顆反坦克地雷，在此地遭占領後被遺忘在草地裡。他們於是把地雷扔到一堆營火上，看看能不能引爆。他表示，有時他覺得自己還能活著真是命大。

皮爾文已長成一位深思熟慮的成年男子，有著一頭黃棕色的頭髮及抑揚頓挫的嗓音，目前在塔爾圖市（Tartu）的生命科學大學（University of Life Sciences）擔任研究員。正如皮爾文已長大成熟，他的國家也是如此。而隨著愛沙尼亞日漸富裕與都市化，他周遭的土地也發生相應的變化。

我們走到離舊基地不遠處，在一片樹木稀疏的草原駐足，這裡是距波羅的海沿岸約一百公尺的內陸地帶。皮爾文幼時就住在附近；他想起小時候站在同一地點的情景，當時這整個曠野的前方是一大片青麥田，青麥如波浪般起伏搖晃，在陽光的照拂下慢慢地成熟。他會踏入這片高及臀部的麥海，想像接受著它的洗禮，彷彿看見高漲的波浪在海灣四處蕩漾開來。

4 Jennifer Hanley-Giersch, 'The Baltic States and the North Eastern European criminal hub', *ACAMS Today, 8(4)*, a publication of the Association of Certified Anti-Money Laundering Specialists, 2009.

　　墾植這塊土地的拉納國營農場（Ranna Sovkhoz）遭到拆除後，這片田地和許多其他田地一樣，便成了廢棄的荒地。在一年內，其表層即蛻去了一張皮：需仰賴人類照管才能存活的大麥未再復生。自此之後，各種不斷變換的物種相繼進駐，更迭的過程可說是飛快無比，以致在短短幾年內，整個地景就面目全非，但亦可說是緩慢無比，以致人眼無法察覺出來。各種植物變換位子，易地而生，迅速繁衍後又消失無蹤——但這一切只在人類的目光之外進行。站在田地中思忖這個過程，就好比在不知情的情況下，被選為音樂定格遊戲（musical statues）5的評審，有種怪異不安的感受；各種草木以滑稽的姿態定格不動，不過其搖擺不定的葉片，以及靜止卻又活生生的軀幹所透出的薄弱氣息，都直接出賣了它們。

　　首先到來的是野花、一年生植物，還有雜草。之後是荊棘叢和刺藤。現今，這片廢耕地似乎處於「衣衫不整」的狀態。許多形狀大小各異的瘦削幼樹雜亂叢生，似乎在等待某個契機出現。光禿禿的花楸樹結了一小把亮澄澄的莓果；細長且表皮絲滑的樺木及白楊樹掛著微微顫抖的葉片；細瘦柔軟的柳樹叢生成林，像盒裡的香菸般緊緊排列著。彎曲著枝幹的杜松在各處聳立，其乾燥又散發芳香的大樹枝，在這些荒蕪的草原上橫行無阻。此外還有一些濃密的灌木，如沿著邊緣地帶而生的犬薔薇，雖然早已褪色，但仍在薔薇果喜慶色澤的映照下泛著光彩。不過大部分都還是稀疏瘦長的青草，使得這片樹木繁茂的草甸看起來賞心悅目。

　　皮爾文招手要我過去草地上一片約一張雙人床大小的平坦區域，那裡有隻體型龐大的動物，或許是隻駝鹿，已經躺下身來安睡，我不禁打了個寒顫，似乎是因為如此龐然大物就近在咫尺讓

我感到不安，而這裡畢竟離首都只有幾英里之遙。

他撥開草地，從中可以看見萌芽的雲杉小苗。這些瘦骨嶙峋，長得像馬桶刷的樹苗才生長了幾年，看起來歪歪斜斜又弱不禁風，但皮爾文表示，不用多久，這片土地都會是它們的領地。在愛沙尼亞，只要經過一段時期，廢棄的荒地最終幾乎定會化為一片暗鬱濃密的雲杉林。這些幼樹雖然成長緩慢，但會持續拔地而起，到了某個階段，葉片炫目殷紅，在四處閃爍微光的美麗闊葉樹將受其遮蔽，最終敗下陣來。

如此處所見，廢棄田地的改頭換面，是可以用來表徵生態學核心概念的典型例子。「演替」，亦即裸地可隨著時間推移而演變成森林的過程6，一直是形塑田地面貌的重要推手，正如現今演化乃是貫穿普通生物學的重要概念。

你在高中或許曾學過以下理論：基於美國內布拉斯加州植物學家弗雷德里克‧克萊門茨（Frederic Clements）的想法所建立的古典模型，也就是一塊耕地若予以休耕，假以時日，會經歷一系列的中間階段，亦即所謂的「演替系列」（seres）：從一年生雜草的時代，轉入灌木的年代，接著由生長快速的針葉樹（軟木）稱霸天下，最後，經過多年的更迭，這個過程達到巔峰階段，從而形成一片根基穩固的闊葉樹（硬木）林，這片森林將持續存

5 譯注：玩遊戲時參加者隨著音樂跳舞，音樂一停必須靜止不動，動的人就出局。

6 Marcel Rejmánek and Kristina P. Van Katwyk, 'Old-field succession: A bibliographic review', 1901–91, available at: http://botanika.prf.jcu.cz/suspa/pdf/BiblioOF.pdf.

在，直到土地再度受到侵擾為止。

而縱然學界對具體細節始終爭論不定（最值得注意的是，演替最終會達到穩定的極盛相〔climax〕階段已是被屏棄的概念，新興的看法是，最終階段其實更變化多端，會視氣候而定變換物種的陣容），愛沙尼亞的大片舊農地確實活生生見證了這道自然法則：被遺棄的土地有隨著時間推移轉化成森林的趨向。

因此，愛沙尼亞的林木植被[7]始終持續且極其快速地擴張：一九二〇年原先只占該國土地面積的百分之二十一[8]，至二〇一〇年已成長至百分之五十四，自蘇聯垮台以來，總共增加了約五十萬公頃的森林。愛沙尼亞如今是歐洲森林面積最廣大的國家之一，而其森林有九成都是「自然再生」[9]林。

相同的演變模式在前蘇聯各地歷歷可見。根據二〇一五年一份衛星影像分析，光是在東歐及歐俄地區，估計至少就有一千萬公頃的森林再生。[10]值得注意的是，據估計只有百分之十四的廢棄農地已轉化為林地，因此未來透過森林再生可望大規模地進行碳固存。

§

於是，蘇聯瓦解帶來了一項意外的結果：造就史上規模最大的人造碳匯（carbon sink）[11]。

二〇一九年的一項研究[12]試圖量化森林再生所產生的影響，結果顯示在一九九二年至二〇一一年間，廢棄農地土壤的碳固存量，加計政局動盪後肉奶產量下滑的影響，總效應相當於二氧化碳減排七十六億噸。此減排量約是同期拉丁美洲毀林所致碳排放

量的四分之一，而且研究人員特別強調，可能是「大幅低估」的數值，因為他們尚未計入固存在植被本身的碳含量。

其他科學家先前曾試圖進行類似的龐大估算工作。雖然各項估值因估算方法不同而有大幅差異，但一項二〇一三年的研究估計，自一九九〇年以來的每一年，俄羅斯境內的年碳匯量只有四千二百五十萬噸，相當於俄羅斯化石燃料碳排量的百分之十。若這些數據正確，則意味著俄羅斯事實上已單憑農地廢棄效應，輕鬆超越《京都議定書》（Kyoto Protocol）規範的標準。13（該項研究並指出，往後三十年還可望再固存二‧六一億噸的碳。）

但事情的要義並非廢耕地面積夠大，就可以讓我們繼續燃燒化石燃料，毋需顧忌後果。全世界並無足夠的土地供我們不斷將碳從其墓穴中挖出（碳已在裡面沉睡了一億年）並釋放出來。森

7 二〇一〇年數字為「森林」與「其他林地」加總值，in 'Global Forest Resources Assessment 2015: Country Profile – Estonia', Food and Agriculture Organization of the United Nations (FAO), 2015, p. 9.

8 Adele Johanson, 'The state of Estonia's forest is the best in a century', Postimees, 7 June 2017.

9 百分之三可歸屬為原始森林；the FAO, quoted in Rachel Fritts, 'Estonia's trees: valued resource or squandered second chance?', Mongabay.com, 20 October 2017.

10 Adam Voiland, 'Changing Forest Cover Since the Soviet Era, NASA Earth Observatory, 16 July 2015. Available online at: https://earthobservatory.nasa.gov/images/86221/changing-forest-cover-since-the-soviet-era.

11 Michael Slezak, 'Fall of USSR locked up world's largest store of carbon', New Scientist, 2 October 2013.譯注：碳匯又名碳吸儲庫，為儲存二氧化碳的天然或人工「倉庫」。

12 Schierhorn, Kastner, et al., 'Large greenhouse gas savings'.

13 Slezak, 'Fall of USSR locked up world's largest store of carbon'.

林再生提供給我們的，是一個償債以及彌補以往罪過的機會。而且這並不是特赦，而是緩刑。

森林再生也可能為數十年來令科學家困惑不解的問題提供答案。

研究地球系統科學的人員，多年來一直試圖平衡全球的碳預算。為此，他們計算了燃燒化石燃料所產生的總碳排放量，並試圖將該數據與已知存在於大氣、陸地、海洋的碳量做比對，但總和數字對不起來。問題主要癥結在於，大氣碳量攀升速度沒有我們預期中的快，幾乎可以肯定這是因為在陸地或海洋「某處」有巨量的碳被固存起來。

自一九九○年代初發現該問題以來，各家學說紛陳，莫衷一是。近期提出的主張包括：碳被儲存在地下的龐大蓄水層；碳停留在荒漠中的內流盆地底部；以及大氣中的二氧化碳濃度增加，全球氣溫隨之上升，刺激了植物的生長，因此拉高了碳存量——有如詹姆斯・洛夫洛克（James Lovelock）與琳・馬古利斯（Lynn Margulis）著名的「蓋婭假說」（Gaia hypothesis）中所提出的負向回饋循環，此假說基本上主張生物圈乃是一個複雜且可自我調節的超級生物體（superorganism）。

洛夫洛克與馬古利斯的學說是以希臘神話中的大地女神命名，不過儘管這是一個強有力的隱喻，他們並無意暗示這座星球滿溢著神祇的力量。然而，饒富詩情的人可能很難不將大氣碳量明顯緩升的現象完全歸諸於天意：這是地球寬恕我們，或自我犧牲的表現，因為地球以其身軀為我們擋下了人類無度揮霍資源所招致的惡果。

不過發表二○一九年研究結果的作者群認為，蘇聯的廢棄農

地14可能固存了至少「相當大一部分」行蹤不明的碳。當然，這些農地許多都位在最適合碳固存的氣候帶：近期的研究顯示，生長在溫和氣候下的幼齡林15，其吸碳與固碳的速率高於熱帶或亞北極帶的林木。

在追查碳下落之謎的過程中，卻得知碳之所以消失竟是拜政治社會劇烈動盪之賜，這樣的結果（最起碼）算是好壞參半。或許我們從中可以領悟到的是，可進行大規模碳固存的工具已然觸手可及。誠如地理學家蘇珊娜‧赫克特（Susanna Hecht）所言：「造物主已經發明了樹。16」地球要吸收掉足以改變氣候的巨大碳量，唯一需要的可能只是靜然獨處，不受干擾。

§

前蘇聯絕非近幾十年來全世界唯一有大量森林再生的地區。在上一個世紀中，世界各地的廢棄農地數量一直「急遽且不間斷地」增加17。

眾所周知，要量化這些土地十分困難，原因在於土地棄置通

14 「總結來說，我們的分析結果顯示（前蘇聯地區）農田的棄置，或許對一九九一年來的全球剩餘陸地碳匯量有大幅貢獻。」In Schierhorn, Kastner, et al, 'Large greenhouse gas savings'.

15 Gabriel Popkin, 'The hunt for the world's missing carbon', *Nature*, 30 June 2015.

16 S. B. Hecht, K. Pezzoli and S. Saatchi, 'Trees have already been invented: carbon in woodlands', *Collabra*, 2(1), (2016), doi:10.1525/collabra.69.

17 Viki A. Cramer and Richard J. Hobbs (ed.), *Old Fields: Dynamics and Restoration of Abandoned Farmland*, Island Press, Washington, 2007, p. 2.

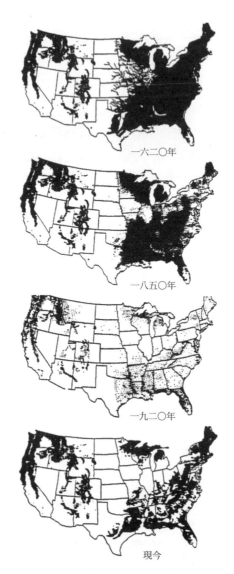

一六二〇年

一八五〇年

一九二〇年

現今

美國四百年間的森林分布變化

系列地圖由俄亥俄州環境與植物生物系教授Dr. Glen Matlack繪製。資料取自William B. Greeley, 'The Relation of Geography to Timber Supply', *Economic Geography* 1: 1-11. (1925); Michael Williams, *Americans and Their Forests*, Cambridge University Press, (1989), pp. 436-7; and 'Portion of land that is forested' Us Forest Service Forest Inventory Analysis, 2007.

常未正式記錄，但一九九九年進行的一項全球分析 18 發現，約在十九世紀與二十世紀之交，廢棄土地量開始陡然攀升，並在二十世紀末急速加快成長步伐，尤以美國、中國、南美洲、前蘇聯地區的實質占比最大。

在美國，農地大規模廢耕的現象早在一八六〇年代即已出現，當時農民放棄新英格蘭岩石滿布的酸性土壤，轉而前往中西部，將其廣闊無垠的平坦區域變成美國的「糧倉」。我自己曾走在新英格蘭的樹林間，一路穿過茂密且顯然未受干擾的森林，不料卻撞見一道搖搖欲墜，長滿地衣與苔蘚的石牆，這道牆標示著彼端曾經受到悉心照料的田地。早期承襲克萊門茨提出的演替概念而發展的演替理論，有許多即是以這些「廢耕地」為研究素材。

如今想來有點不可思議，不過當梭羅（Henry David Thoreau）在瓦爾登湖（Walden）畔過著「林中生活」時，美國東北部的毀林狀況實際上正處於高峰：截至一八五〇年，康科德市（Concord）的林地 19 只有百分之十．五存留下來。梭羅自己的小木屋就搭建在樹木甫遭砍伐的空地上，而他自己對鄰近地塊展開了觀察，好細細認識這片已可伐採的林地。

然而，如梭羅所體悟到的：「一代拋棄前代之基業，當如拋棄擱淺的船隻。」美國東北部農地的面積從一八八〇年的十八萬

18 N. Ramankutty and J. A. Foley, 'Estimating Historical Changes in Global Land Cover: Croplands from 1700 to 1992', *Global Biogeochemical Cycles*, 13, (1999), pp. 997–1027, https://doi.org/10.1029/1999GB900046.

19 G. G. Whitney and W. C. Davis, 'From Primitive Woods to Cultivated Woodlots: Thoreau and the Forest History of Concord, Massachusetts', *Forest & Conservation History*, 30(2), (1986), pp. 70–81, doi:10.2307/4004930.

七千九百平方公里，暴跌至一九九七年的四萬八千八百平方公里，而在這段過程中，森林迅速攻城掠地。新英格蘭是美國森林最繁茂的地區：覆蓋率已從當年約三成爬升至現今八成以上。隨著覆蓋率的增加，河狸、駝鹿、白尾鹿、熊、啄木鳥等動物的數量[20]也出現回升。如果荒野確實可以保護地球環境，那麼想必新英格蘭一直是朝著正確的方向邁進。無疑地，比起一八四五年，今日的瓦爾登林地[21]更加酷似書中所描寫的野生森林。棄地會持續擴張至東海岸各地，之後再延伸到美國南部各處。整體而言，在一九一○年至一九七九年之間，美國的森林[22]面積每年平均成長約三十六萬公頃。

近年來，農村空置化在中國、拉丁美洲、歐洲等地已成為一股重大趨勢。光是歐盟地區，面積約等同義大利的區域[23]預計將在二○○○年至二○三○年間遭到棄置。例如在西班牙鄉間，尤其是景色如畫的加利西亞（Galicia）自治區，許多人紛紛捨棄祖宅遷居到城市，以致估計有三千個荒蕪程度各異的村落成了空盪鬼村。自一九○○年以來，西班牙的森林面積已成長三倍[24]。而廢棄農地已成為一大推力，促使大型肉食動物重返西歐大地（大多為自發性），令世人驚訝不已：猞猁、狼獾、棕熊[25]的數量都驟然上升。在西班牙，伊比利亞狼的數量已從四百頭回升至逾二千頭之多，大多數現蹤於卡斯提亞—雷昂（Castilla y León）與加利西亞自治區的空村，以數量亦暴增的野豬及麅（roe deer）為食。二○二○年初，一頭棕熊在加利西亞現身，為一百五十年來首見。

放眼世界各地，儘管毀林在熱帶地區依然是嚴重且迫切的問題，然而一項匯集三十五年來的衛星影像，並發表在二○一八年《自然》期刊（Nature）的大規模調查，否定了長久以來林地覆蓋

率下滑的假設，其指出自一九八二年以來，全球森林覆蓋率26實際上已成長約百分之七，亦即增加約八十六萬平方英里的面積。雖然這些林地的增加（工業人工林亦計入總數）不全然是棄地所致，但近日在眾多迥然不同的地區，森林的命運都出現極為顯著的反轉，以致地理學家開始形容林地大規模復育的國家已經歷了「森林轉型」27期。

如同先前克萊門茨提出的嚴謹演替模型，森林轉型的概念更確立了一切自有因果關係。依此概念，每個國家都可能經歷環境

20 Colin Nickerson, 'New England sees a return of forests, wildlife', *Boston Globe*, 31 August 2013.

21 此論點出自Robert Sattelmeyer, 'Depopulation, Deforestation, and the Actual Walden Pond', in R. J. Schneider (ed.), *Thoreau's Sense of Place: Essays in American Environmental Writing*, University of Iowa Press, Iowa City, 2000, pp. 235–43.

22 Michael Williams, 'Dark Ages and Dark Areas: Global Deforestation in the Deep Past', *Journal of Historical Geography*, 26, (2000), pp. 28–46, doi: 10.1006/jhge.1999.0189.

23 Graham Lawton, 'The Call of Rewilding', *New Scientist*, 13 October 2018.

24 José M. Rey Benayas, 'Rewilding: as farmland and villages are abandoned, forests, wolves and bears are returning to Europe', *The Conversation*, 2 July, 2019.

25 M. Enserink and G. Vogel, 'Wildlife Conservation: the Carnivore Comeback', *Science*, 314(5800), (2006), pp. 746–9, doi:10.1126/science.314.5800.746.

26 X.-P. Song, M. C. Hansen, S. V. Stehman, P. V. Potapov, A. Tyukavina, E. F. Vermote and J. R. Townshend, 'Global land change from 1982 to 2016', *Nature*, 560, (2018), pp. 639–43, doi:10.1038/s41586-018-0411-9.

27 R. J. Keenan, G. A. Reams, F. Achard, J. V. de Freitas, A. Grainger, & E. Lindquist 'Dynamics of global forest area: Results from the FAO Global Forest Resources Assessment 2015,' *Forest Ecology and Management*, 352, (2015), 9–20: doi:10.1016/j.foreco.2015.06.014.

破壞階段，好比走過苦澀的青春期，然後重新恢復元氣：茂密的森林變成光禿貧瘠的裸地，再改頭換面，重拾豐饒之地的樣貌。目前全世界約三分之一的國家森林數量出現下滑現象[28]，另外有三分之一持平，最後三分之一則是呈成長趨勢。想像一下，如今只需靜待全世界三分之二的國家趕上進度，這是多麼令人欣慰的事情。

好吧，也許會是如此。雖然熱帶地區的森林仍在縮減[29]，但速率已減緩下來。學界目前認為，有十三個熱帶國家已經度過或正接近森林轉型期。在二〇一一年一場關於森林轉型的討論中，環境科學家派屈克·梅弗羅特（Patrick Meyfroidt）與艾瑞克·蘭賓（Eric Lambin）提出了一個令人振奮的願景：我們在有生之年可望看見毀林現象逆轉[30]。而刊登在《自然》期刊的新研究結果則揭示了一個更激動人心的可能性：我們可能已見到這個願景實現。

目前就毀林問題而言，亞馬遜理所當然是我們憂心的焦點所在，但即使在這個地區[31]，毀林速率近幾十年來也已急劇下降（約百分之八十）——雖然由雅伊爾·波索納洛（Jair Bolsonaro）總統掌政的巴西放寬了環保政策，使得近期森林開拓面積驟增，恐將逆轉此一趨勢——而且每年有大片先前經過開拓的雨林地帶遭到棄置。這些土地通常會因水土流失而退化，以及因放牧牛隻踩踏而被壓實[32]。目前該處次生雨林的物種數量，遠遠不及先前原生雨林的豐富度，而且尚需數十年，甚至數百年才能有長足的增長。但這畢竟是一個開端。

總體來說，全世界三分之二以上的森林[33]現今都可歸屬為「自然再生」林。在遭到我們拋棄而自生自滅的土地上，這樣的轉

變猶如耶穌重生，拉撒路（Lazarus）復活。

§

　　儘管有如經濟發展階段的「森林轉型」期是個新概念，但耕地遭到大規模棄置並非史無前例。歷史上曾有多個時期（受到詛咒、遭逢戰亂，或是爆發滅世疫情的時期），農地成批遭到棄置，時間長達數十載，或甚至數個世紀。透過對這些時期的研究，論年代多麼久遠，我們或能（艱難地）開始梳理出土地棄置、碳固存、氣候等因素間的脈絡關係。

---

28 'Global Forest Resources Assessment' 2015, Food and Agriculture Organization of the United Nations (FAO), Rome, 2015. 請注意：此篇論文發表時間較Song等人的〈Global land change from 1982 to 2016〉早三年，其指出一九九〇年至二〇一五年間，全球森林覆蓋率下滑了百分之三。兩者結果的矛盾可能是研究方法不同所致。Song等人的研究結果是基於三十五年間的衛星數據得出，發表在頗具聲望的期刊，並被譽為「歷來針對土地用途變遷最為全面性的論述」（*Independent*, 10 August 2018），因此我認為應具有充分理據。

29 原注：每年約縮減五百五十萬公頃。

30 P. Meyfroidt and E. F. Lambin, 'Global Forest Transition: Prospects for an End to Deforestation', *Annual Review of Environment and Resources*, 36(1), (2011), pp. 343–71, doi:10.1146/annurev-environ-090710-143732.

31 R. A. Houghton, D. L. Skole, C. A. Nobre, J. L. Hackler, K. T. Lawrence and W. H. Chomentowski, 'Annual fluxes of carbon from deforestation and regrowth in the Brazilian Amazon', *Nature*, 403(6767), (2000), pp. 301–4, doi:10.1038/35002062; also Hecht et al., 'Trees have already been invented'.

32 譯注：造成土壤通氣透水性下降，難以支撐植物生長。

33 約落在百分之六十八，據此計算如下：全世界的森林大多為天然森林（百分之九十三），而大多數的天然森林都屬於「其他天然再生林」（百分之七十四）。資料來源：http://www.fao.org/3/a-i4793e.pdf。

自十三世紀開始，蒙古軍征戰各地，造成二千萬至四千萬人殞命。在征伐期間，成吉思汗及其後裔橫掃中國、中亞，最後侵入東歐，在所到之處發動戰役、大開殺戒、圍攻都城，抑或肆意破壞。蒙古鐵騎迅猛冷酷，不僅將各個王國徹底摧毀，更對孤軍抵抗之眾施以極其凶殘的暴行。（一位十三世紀的使節曾記述行經一座「雪堆」[34]，卻發現這座雪堆全是蒙古軍攻占中都[35]時「遭屠人民的屍骨」；道路「因為流淌屍油而變得油膩黝黑」——處處布滿血跡，需要三天的時間才能穿越血染之地。）

尾隨蒙古軍征討而來的是瘟疫與飢荒；在美索不達米亞與阿富汗，有數百年歷史的灌溉系統遭到蒙古部族摧毀。一些估計數字顯示，由於數百萬人民逃往南部[36]，華北地區人口銳減百分之八十六。在一篇於二〇一一年發表的論文[37]中，由卡內基科學研究所（Carnegie Institution for Science）全球生態部（Department of Global Ecology）科學家茱莉亞・彭格烈茲（Julia Pongratz）率領的國際研究團隊，試圖量化前述事件的影響。他們估計因這些事件而遭棄置的土地面積達十二萬平方英里，並且大膽主張再生的植被中約半數都是森林。據其估算，森林再生可能從大氣中吸收了相當於七億噸的二氧化碳，足以造成大氣層碳濃度下滑。[38]

之後沒多久，歐亞大陸就降臨了第二場災禍，亦與蒙古人有關——黑死病。在十四世紀初的某個時點，一種詭秘的病症開始席捲中亞地區。最初，病患會有如染上了流行性感冒。很快地，皮膚底下會突然冒出類似膿瘡的腫塊（淋巴結腫脹成李子的大小與形狀），然後像腐爛的水果般裂開。病患會發燒到神智不清，並且口渴難耐，自己跳進噴水池及公共蓄水池裡。鮮血從病患的

鼻子流出，從他們的口中噴湧出來。

截至一三四七年，克里米亞半島繁忙的卡法港（Caffa）已遭蒙古部族包圍數月之久。圍城是蒙古人慣用的戰術，然而這次在城牆外卻爆發了一場疫病。一位名為加布里爾‧德‧謬西（Gabriele de' Mussi）的公證人記述道：「看呀！某種惡疾橫掃全軍……日日都有成千上萬人染病身亡。彷彿萬箭從天而降。39」

遭遇挫敗的蒙古軍展開了最為駭人的報復：「他們命人將屍體放入投石機……堆積如山的死屍40就這樣被投入城內，城內的基督徒躲無可躲，也逃無可逃。」這場瘟疫已破牆而入，城內旋

34 Minhaj ud-Din Juzjani, *Tabakat-i-Nasiri*, translated by Major H. G. Raverty, 3rd reprint, Asiatic Society, Kolkata, 2010, p. 965, quoted in Timothy May (ed.), *The Mongol Empire: A Historical Encyclopedia*, vol.1, ABC-CLIO, Santa Barbara, p. 219.

35 原注：今日的北京。

36 K. G. Deng, *China: Tang, Song and Yuan Dynasties, The Oxford Encyclopedia of Economic History*, J. Mokyr (ed.), Oxford University Press, Oxford, vol.2, (2003), pp. 423–28, cited in William F. Ruddiman and Ann G. Carmichael, 'Pre-Industrial Depopulation, Atmospheric Carbon Dioxide, and Global Climate', *Interactions Between Global Change and Human Health*, Pontifical Academy of Sciences, *Scripta Varia* 106, Vatican City, (2006).

37 J. Pongratz, K. Caldeira, C. H. Reick and M. Claussen, 'Coupled climate–carbon simulations indicate minor global effects of wars and epidemics on atmospheric CO2 between ad 800 and 1850', *The Holocene*, 21(5), (2011), pp. 843–51, doi:10.1177/0959683610386981.

38 原注：此數字相較於今日排放的規模仍不算高，約是每年經由全球石油消耗所產生的數量。其他研究人員（如Simon L. Lewis與Mark A. Maslin在二〇一五年三月十二日號《自然》期刊發表的〈界定人類世〉〔Defining the Anthropocene〕專文所述）則認為彭格烈茲等人的估值過於保守。

39 Quoted in M. Wheelis, 'Biological Warfare at the 1346 Siege of Caffa', *Emerging Infectious Diseases*, 8(9), (2002), pp. 971–5, https://dx.doi.org/10.3201/eid0809.010536.

即一片混亂。

熱那亞與威尼斯商人經由海路逃走，沿著海岸線拚命前行，在所有著陸補給地點散播疫病。在西西里島的墨西拿市（Messina），碼頭上的人驚恐地看見十二艘大帆船滿載著已死或垂死的水手，這些水手的身體青瘀腫脹，帶著流膿的瘡口，手指、腳趾、鼻子都因為壞死而發黑。這些死亡之船，以及其他類似的船隻，將疫病帶到科西嘉島、熱那亞、馬賽、威尼斯——再從這些地方繼續散播至比薩、佛羅倫斯、羅馬、巴黎、倫敦……

黑死病宛如一股永不停歇的浪潮席捲了這座大陸41，每天以約二・五英里的速度向北蔓延。在三年內這股浪潮即侵入了北極圈，一路上的染疫者中，每五人就有三人身亡。據估計，在短短幾年慘烈無比的疫情中，歐洲約有百分之四十的人口喪命。約五分之一至四分之一的聚落已成荒村。42莊稼無人收割。作物在田地裡腐爛枯萎。法國圖爾奈鎮（Tournay）聖馬丁修道院（St Martin's）的院長在一三四九年曾記述「無主的牲口在田地、城鎮、荒地四處徘徊……穀倉與酒窖洞開，房宅空無一人。」他描述道，橫跨整個大陸，田地都無人耕種43，照管田地的農民與勞工都已喪命。這是一幕淒涼的景象，而且往後的幾十年間都不會改變。

在一四四〇年，也就是將近一個世紀之後，利西烏斯主教（Bishop of Lisieux）發現有一塊從羅亞爾河（Loire）延伸到索姆河（Somme）的廣袤荒地44，到處「叢生著刺藤與灌木」。演替的過程已然啟動；灌木叢林與森林正在收回舊有領地。如此一來，一座森林可望在約五十年內收回一片棄置的田地。現今德國許多的森林45都是在此時期長成。

　　彭格烈茲衡量災變所致碳匯量 46 的作法，是建構在美國古氣候學家威廉·拉迪曼（William Ruddiman）的理論基礎上。拉迪曼在二〇〇三年主張，人類活動開始影響全球氣候的時點，可能較先前假定的還要早數千年。他在提出此主張的論文中，假設人類活動開始影響大氣結構的時間應可遠溯到八千年前，始於農業時代的開端（而非一般認為的，從工業革命以降）。因此，人類凋零（用最直白的話語來說）以及農業萎縮的時期，應可從大氣紀錄中觀察得知。

　　而首先引起拉迪曼注意的是黑死病。令他感興趣的是時機的巧合。對南極冰芯（其在冰層所構成的資料庫中儲存了被困在冰中幾千年的微小氣泡）分析的結果顯示，約在黑死病疫情期間，大氣二氧化碳濃度莫名大幅下滑（出現百萬分點濃度〔parts per million，即百萬分之一〕約負五至負十的異常現象）。拉迪曼認為，如以下條件成立，即可解釋碳濃度驟降的原因，那就是當時

40 Whelis, 'Biological Warfare at the 1346 Siege of Caffa'.

41 C. J. Duncan and S. Scott, 'What caused the Black Death?', *Postgraduate Medical Journal*, 81(955), 2005.

42 Williams, 'Dark Ages and Dark Areas: Global Deforestation in the Deep Past'.

43 Quoted in Francis Aidan Gasquet, *The Great Pestilence*, Simpkin Marshall, Hamilton, Kent & Co., London, 1893 (republished by the Gutenberg Project, 2014), p. 51.

44 Michael Williams, *Deforesting the Earth: From Erehistory to Global Crisis*, University of Chicago Press, Chicago, 2003, p. 136.

45 出處同注44。

46 W. F. Ruddiman, 'The Anthropogenic Greenhouse Era Began Thousands of Years Ago', *Climatic Change*, 61(3), (2003), pp. 261–93, doi:10.1023/b:clim.0000004577.17928.fa.

有一百四十至二百七十億噸的碳從大氣中抽離，被在新近棄置農地[47]上生長的新生林固存起來。（供比例參考：全球的森林目前估計共固存二千九百六十億噸的碳[48]。）

在黑死病的肆虐終告平息後，世界的另一端卻有另一場疾病風暴將於十五世紀末來襲，災情之慘烈，為歷來之最。一四九二年十月，哥倫布登上了西印度群島。在踏足該島之際，他開啟了一道水閘，從而促發新舊世界間一場湍急的生物交流，史稱「哥倫布大交換」。

在此之前兩相隔離的生物群相互混合，開啟了不折不扣的全球化時代。菸草、番茄、馬鈴薯等作物引進了歐洲；甘蔗、咖啡、小麥傳進了美洲。然而並非所有事物的引入都是有意而為。有些像是黑鼠、蚯蚓等（搭上「乾壓艙物」的便車）是乘船偷渡而來。而有些如病原體等，卻是依附在旅人的身上偷渡進來。在舊大陸常見的疾病，一個接一個，以可怕的速度在美洲原住民族群中蔓延開來，其中包括天花、麻疹、水痘、腺鼠疫、瘧疾……（反之，橫渡大西洋的水手則是將梅毒帶回去，傳給他們的家人。）

若說黑死病的規模令人恐懼，那麼這場疾病風暴完全是另一回事。據信從哥倫布於一四九二年登陸，以至一六五〇年這段期間，在哥倫布到來前的原有美洲人口[49]將近九成都已滅亡——只有六百萬人得以存活下來。（當時這座大陸想必是空盪無比，因為今日居住在相同地塊上的人口超過了十億人。）

在某些地方，死亡率甚至還要更高。西斯班紐拉島（Hispaniola，屬於西印度群島）一四九二年的人口約是一百萬；五十年後，只有少數幾百個受盡苦痛的島民[50]還活著。據著名地

理學家威廉・鄧尼凡（William Denevan）所言，這「或許是人類歷來最龐大的滅頂之災」51。歷史學家稱之為「大滅絕」（Great Dying）事件。

在此之前，美洲已孕育出許多前哥倫布時期的先進文明。以亞馬遜古陸（Amazonia）為例，早期的歐洲探險家在一五四二年記述，在某些地方，河流成了一條繁忙的幹道，河道兩岸環繞著各部族所建立的稠密聚落。據傳教士加斯帕爾・德・卡發耶（Gaspar de Carvajal）52記載，有一座城鎮「綿延五里格（league，即現今十八英里），房屋櫛比鱗次，沒有任何空隙」53（供比例參考，曼哈頓島的長度是十三・四英里）。這座大城由一位稱為馬基帕羅（Machiparo）的大首領統管。卡發耶寫道：「這是令人嘆為觀止的景象。」那裡建有「宛如皇家要道」的道路和防禦工事，他們還一度造訪山頂一座莊園，裡面陳設的瓷器餐具以及枝狀大燭台「都

47 出處同注46。

48 The State of the World's Forests 2018: *Forest Pathways to Sustainable Development*, Food and Agriculture Organization of the United Nations (FAO), Rome, 2018.

49 W. M. Denevan, 'The Pristine Myth: The Landscape of the Americas in 1492,' *Annals of the Association of American Geographers*', 82(3), (1992), pp. 369–385, doi:10.1111/j.1467-8306.1992.tb01965.x.

50 出處同注49。

51 出處同注49。

52 H. C. Heaton (ed.) and Bertram T. Lee (trans.), *The Discovery of the Amazon: According to the Account of Friar Gaspar de Carvajal and Other Documents*, American Geographical Society, New York, 1934, p.198. 同書第四十七頁編者注指出，在十五世紀時，一里格等於三・六六英里。

53 David Wilkinson, 'Amazonian Civilization?', *Comparative Civilizations Review*, 74(74), article 7, (2016).

上了釉並塗飾各種色彩，顯得燦爛奪目，使他們大感驚奇」。54

後來的探勘中都絲毫未見這些失落之城的蹤影，沒有尋得「白亮耀眼」的大道以及廣場、運河，因此這類的記述都被斥為無稽之談。儘管還是有人奮勇地尋找「黃金國」（El Dorado），或是「失落之城 Z」（Lost City of Z），或隨你喜歡怎麼稱呼這些地方，這些城市此後就不復得見了。反之，茂密黝暗的雨林卻是不斷擴張，將整個探險隊伍吞沒其中。

然而，近期的發現在好幾百年後證明了卡發耶所言不虛：研究人員在進行航空測量時，利用雷射感測器仔細察看掩蔽在森林中的土地，結果顯示，在先前認為從未有過人煙的區域，遍布著綿密的道路、屋舍及金字塔形建築，是由在亞馬遜雨林深處迄今未知的文明所建造。這些區域有具備防禦工事的村落、花園城市、規模巨大的土木工程，以及（值得關注）一片稱為「亞馬遜黑土」（Amazonian dark earth）的人造土壤，因含有木炭、肥料、堆肥而養分充足，當地人民遂得以在熱帶稀薄貧瘠的土壤上從事耕作。

就其他地方而言，在美國西南部及墨西哥地區，原住民社群建造了水壩與灌溉渠道，並種植大量玉蜀黍、可可豆和水果，而在今日的佛羅里達州，早期的西班牙探險家記載該地「有廣大的田地，種植著玉米、豆子、南瓜及其他蔬菜……分布四處，一望無際」；印加人將安地斯山的高地築成梯田55，並建造複雜的排水及灌溉系統。雖然昔日的農耕活動遠不如現代農業密集，但研究人員估計，繼後哥倫布時期疫病大流行之後，農業的瓦解56及火災管理的失控，致使至少五千萬公頃的土地回復成森林、多樹木的大草原或草場，因而在一個世紀的時間內吸收了估計約

五十億至四百億噸的碳量。

　　如同大多數關於氣候模型建立的問題，以及甚至幾乎所有久遠的歷史事件，碳固存量的估算結果往往存在爭議。不過，我們確實知道，約在上文所討論到的各個時期，氣候正在變遷。儘管起始日有所爭論，不過約從十五世紀開始，或許遠從十三世紀起，一直延續到十九世紀，歐洲與美洲經歷了一段偏冷的時期，稱為「小冰河期」。

　　有些人認為小冰河期的到來，與太陽活動的變化及火山爆發有關（後文章節將有討論）。但拉迪曼指出碳固存應是（而且或許是最為）重要的因素。也許這三項因素都各有影響力；無論如何，森林大規模再生似乎確有可能對大氣產生重大影響。大氣二氧化碳濃度約在一六一〇年達到最低點，距哥倫布首次開啟新舊世界間的門戶約經過一個多世紀，此一時機與廢棄田地演替的時程相符，因為這些田地需要五十至一百年的時間才能達到碳儲存量的高峰。

　　當美洲早期的歐洲移民踏入一片看似廣闊原始且人煙稀少的

54 H. C. Heaton (ed.) and Bertram T. Lee (trans.), *The Discovery of the Amazon*, p. 201.

55 W. E. Doolittle, 'Agriculture in North America on the Eve of Contact: A Reassessment', *Annals of the Association of American Geographers*, 82(3), (1992), pp. 386–401, doi:10.1111/j.1467-8306.1992.tb01966.x.

56 Simon L. Lewis and Mark A. Maslin, 'Defining the Anthropocene', *Nature*, Vol. 519, (2015), pp. 171–80; see also A. Koch, C. Brierley, M. M. Maslin and S. L. Lewis, 'Earth system impacts of the European arrival and Great Dying in the Americas after 1492', *Quaternary Science Reviews*, 207, (2019), pp. 13–36, doi:10.1016/j.quascirev.2018.12.004.

荒野，對他們來說，此處彷若上天屬意的荒蕪之地，等待著他們
開墾。他們扮演起英勇的角色，與野性難馴的大自然相對抗。而
即使時至今日，大眾文化仍存留著美洲舊日是一片原始荒野（猶
如純淨伊甸園）的意象：在此可見野鹿敏捷地躍過高高的草地，
疾速穿越無窮無盡的森林。但如今越來越明確的是，這片「原始
森林」大部分定然是於較新近的時期再生而成。這些殖民先驅所
頌讚的田園秘境，事實上是劫後重生之地。

在前蘇聯地區，土地棄置的近因迥然不同：是政治因素，而
非疫病所致。然而，最終的結果卻是極為相似：土地經歷棄置、
再生階段，從而發揮碳匯作用的模式。當然，就目前廢棄農地所
占面積而言，包括全球同時間的棄置量，其規模可謂前所未見。

§

愛沙尼亞，傍晚時分。我們在漸暗的天色中向內陸地區駛
去，穿越遼闊的沼地與沒有圍籬的田野，這些景色展現的正是大
地處於演替中期階段的粗獷面容。幼樹成圈聚生在一起；灌木與
矮樹叢沿著溪流及邊緣地帶簇生。

我們經過一連串用白磚砌成，有著陡斜屋頂的長型大倉庫。
這些倉庫就像是一艘艘太空船似的，在鄉野中顯得有點突兀。皮
爾文問道：「你想去看看嗎？」我們於是在路邊停下車來。

我們順著一條兩旁盡是枯萎雜草的小徑，來到最近一座巨大
倉庫的前方。這裡有數間飼養乳牛的大棚屋，裡面沒有牛隻，大
多數的設備也已移除，但還留下一些老舊的飼料槽與隔板。天花
板不高且帶有橫梁，由兩排水泥柱支撐，使內部感覺上像是一間

開放式辦公室。昔日有乳牛站著等待擠奶的舊隔欄，裹上了一層薄薄的地衣或水藻。寬闊的木頭拉門已脫離了鉸鏈，以極其誇張的角度懸吊著。

在後面的一間房間，我發現光禿禿的地板上有一張破舊的稻草墊，墊子已經撕裂開來，散落出裡面的填料。在角落的碎玻璃中，丟著大約十來個皺巴巴的火柴盒和香菸盒，此外還有幾段管線，以及一個看起來像是用來裝處方藥的空盒子。顯然不久前有人一直棲身在這裡。我退身出來，把門關上。

這一大片磚廊與另一片磚廊之間的庭院，已長滿了高度及肩的開花雜草，如今已經結籽，而庭中有幾株細長的樺樹，其金黃色的葉片已翩翩飄落在地。裡面平靜無風，帶著一絲涼意。

我曾偶然間接觸到一個概念：「草食活動殘影」。和眾多科學概念一樣，其意義既淺顯又富有詩意。悠閒吃著草葉的動物即使在離去良久後，還是會殘留牠們活動的足跡：例如土壤因為有了糞肥而富含養分，未被攝食的植物會逐漸取得優勢地位。這是先前活動的遺跡。如他人所說，是一種生態記憶。

我們返回車內，正要離去之時，我感覺到那些殘影似乎在牛棚內流轉不息。溫熱的車身兩旁起了一層白霧。而在外頭，當景色從車窗流轉而過，我也看見了舊日牧場的殘影，以及未來將會現身的森林。這些影像齊齊越過沖積平原，朝海濱的方向直奔而去。

4
核災之冬：烏克蘭，車諾比

一九八六年四月二十六日。凌晨一點二十三分。

天空宛如一片黑色天鵝絨，點綴著一顆顆繁星。當東方的兩道閃光照亮了天際，莉波芙·柯娃勒夫絲卡（Liubov Kovalevska）正在普里雅特市（Pripyat）家中的臥室裡。這些閃光也許是閃電。又或者是流星。頭頂上隆隆作響，像是雷聲[1]，或是噴射戰鬥機的聲響。不過聲音還沒大到真的讓她清醒過來。到了早上，她就會忘記曾經有過這回事。

但是天空中出現了一道亮光。正在觀看這幕景象的人，很快就會瞧見一道火柱從廠房的殘骸中升起，煙囪發出火紅的光亮，牆面迸裂開來；廠址上方及周遭的天空熱氣蒸騰，渲染著鮮豔的色彩：紅色、橙色、天藍色相互輝映。一名工人說道，那是血紅的顏色。不，他更正自己，是彩虹[2]的顏色才對。這片色彩之奇特與瑰麗著實超乎了他的想像。

之後，當天色已亮，一群居民聚集在鐵道橋觀看反應爐起火燃燒。那天是個溫暖的春日，但這樣的天氣有點反常：因為有一波熱浪來襲。盛開的花朵沉甸甸地垂掛在枝頭，樹上的葉片仍在萬里無雲的天空下緩緩舒展。人們在戶外裸著肩膀。但無時無刻，都有無形的輻射塵從遠遠的高處如雪片似的落在他們身上，接連不斷地飄落在他們毫無遮掩、渾然不覺的頭頂上。

午後不久，就有裝甲車及頭戴防護面具的人員進駐到街道上。這時可以逐漸感受到，有某件事出了差錯——而且是很嚴重的差錯。究竟出了什麼事，似乎尚無人知曉。又或者其實是：尚未有人願意吐露真相。酷似消防車的車輛，開始將某種肥皂液噴灑在建築物上，接著同樣噴灑在路面上。白色的泡沫在路旁的排水溝聚集成泡泡堆。孩童互相丟擲成團的泡沫，就像是在丟雪球一樣。

隔天，收音機公告普里雅特市居民必須撤離家園，通知他們收拾重要文件及換洗衣物，然後到街道上集合，那裡會有公車載他們撤離。

於是他們就此離去，預計在三天後返回。

$\mathcal{S}$

這座公寓空無一人，裡面空氣清冷，一點風都沒有。公寓有種潮濕、汙濁的味道，略帶著泥土的有機氣味。冬日斜陽的光束穿透冰霧，從窗戶照射進來。

曾做為臥室的房間如今已空無家具，地板一片狼藉，末端上翹，七零八落，像是破散在海灘而逐漸消退的波浪。這些還留在原地的木板相當柔軟，踩在上面感覺很有彈性。在對面的牆上，

1 Iurii Shcherbak, *Chernobyl: A Documentary Story*, St Martin's Press, New York, 1989, p. 55.

2 Youri Korneev, quoted in the documentary *The Battle of Chernobyl*, dir. Thomas Johnson, 2006.

薄荷色壁紙正以迷人的姿態滑落到地板，如絲綢般從灰泥牆面滑行而下，堆聚在牆腳。窗戶雖然上了鎖，但玻璃已不見蹤影。地板有一塊滲入雨雪的半圓區域，上面濕漉漉的，長滿了青苔。

我離開公寓的房間，爬上樓梯間，從各個敞開的門口探頭察看。鳥巢安穩地築在各種意想不到的地方：保險絲匣裡、書架上、書桌抽屜內都是築巢地點。小株的蕨類植物在潮濕的角落裡生長。油漆以千奇百怪的方式剝落、脫離、捲曲，最後化為粉末。腳下踩過的磚石與玻璃嚓嚓作響。鋪在樓梯上的地氈從踏板處分段脫落，又濕又薄，既像一顆爛蘋果的皮，又像一具屍骸的皮囊。我手握著搖晃不定的扶手。在爬了三段樓梯後，最終還是因為心生膽怯而止步。

我對於能在此處隨意進出感到十分驚訝：從當地居民撤離一直到我來訪為止，在這中間的某個時點，這座城市的每一道門似乎都被卸下鎖釦，向外大開。活動天窗保持著推開的狀態，成為名副其實的死亡陷阱，儘管有些已經被向著光線延展而出的細瘦翠綠枝椏堵住。交纏緊繃的藤蔓將外牆捆綁起來，強行穿過破碎的窗戶。照理說，這座城市禁止外來的訪客進入破敗的建築——士兵會駕著軍用休旅車在街道上巡邏，取締違規的人士——但實際上，一旦你從門口隱入迷宮般的空房間，就不可能被抓到，不過我不確定他們是否真的有心要抓人。

在斯波提夫納亞街（Sportivnaya Street）的中學校舍，禮堂的鑲木地板已經支離破碎；一間教室課本散落一地，深及腳踝，課桌椅沿著遠處的牆面堆放，形成了一道雜亂的路障；在樓上一處過道，浸滿水的灰泥從凹陷的牆上重重掉落，六吋長的白色鐘乳石從水泥板間的接縫下方垂滴下來。完好無損的窗戶因堆積水

垢而變得模糊不清。在灰泥脫落處底下可見一堆根結盤據，狀似一層編織稀疏的粗麻布。入侵這座城市的新生森林將道路弄得凌亂不整，它們的根莖在柏油路面下方大肆伸展，仿若在床罩下伸展的肢臂。

這片區域如今七成都是森林。普里雅特市成了樺樹、楓樹、白楊木的領地，隨其葉子飄落，柏油碎石上也積了一層厚厚的落葉，若非枝頭掛著槲寄生的綠色球體，樹皮薄薄覆蓋著一層粉芽黑盤衣（mustard lichen），它們的枝椏本是光禿一片，黯淡無彩的。低處叢生著相互纏結的灌木，綴飾其中的繽紛紅點是已經熟軟的紅色玫瑰果。常春藤在其根部間蜿蜒穿行。公寓大樓聳立在一片綠海之中，有如一座座水泥島。樹木挨靠著大樓佇立，群擠在門口，遮擋住窗戶，緊貼著牆壁生長。眼觀這些建築令人感到不太自在：會強烈感受到個人空間受到侵犯。小樹從高層的陽台陡然傾身而出。蔓生植物爬上路標，在走投無路之下，於上緣笨拙地保持平衡。它們的姿態似乎都非常迫切，彷彿爭先恐後地要逃離高漲的洪水。

有種高亢尖銳的聲音從森林某處傳出，就在不遠的地方。聽起來像是一道沉重的鐵門正隨著老舊的鉸鏈轉動著。或是有強風貫穿了金屬管。過了一會兒，我驟然想起：我以前在截然不同的環境下聽過這種聲音。是駝鹿。牠們是不會傷害我的。話雖如此，這樣的叫聲還是讓我緊張不安。牠們就近在咫尺。我們處在牠們的地盤上。我覺得自己好像走失的孩子，在荒野中到處遊蕩，隨時都可能遇險。即使是身在此處，在這座城填的中心。

§

就在車諾比核災事故發生前兩個月,蘇維埃烏克蘭(Soviet Ukraine)的能源部長還向新聞媒體保證,當地的核電廠極為安全。當局已估算過相關數據,他表示:核電廠反應爐熔毀的機率3是萬年一遇。眾人也認同,使用核電似乎是明智的取捨。只要承擔相對微小的風險,有生之年就可永享潔淨、有效的能源。

在鐵幕的另一側,美國人也正在進行類似的估算。他們的態度略加謹慎:根據其最新的估計,一座核電廠核心嚴重損毀的機率是每年萬分之三。或許機率仍然偏低,但幾年前賓州三哩島(Three Mile Island)核電廠即發生過部分爐心熔毀事故,由此可見事實的真相是,核災事故可能而且勢必會發生。事實上,若是將多座核電廠多年的「累計」風險加總起來,核災風險便會顯著攀升。以一百座反應爐4在二十年間的風險計算,任一反應爐熔毀的機率就會提高到百分之四十五。

就全球而言,自首批反應爐在一九五四年建成以來,根據國際核子和輻射事故分級(International Nuclear and Radiological Event Scale,簡稱INES),至今已發生過兩次七級(最高等級)核災。最近的一次是二〇一一年日本福島核廠災變,當時因地震及其引發的海嘯造成冷卻系統故障,繼而產生爆炸,致使三座反應爐部分熔毀。此一事故由於極其嚴重,日本當局一度考慮撤離整個東京的居民,而且現今仍劃有一百四十平方英里的禁區。

而在核子反應爐之外,尚有許多其他地點因為發生輻射汙染事件而遭到強制隔離。譬如一九五七年,位於俄羅斯烏拉山的馬亞克核電廠(Mayak)有一個核廢料槽發生爆炸,遭輻射塵汙染的雲層估計飄移了八千八百平方英里的距離。5汙染地點附近三十八平方英里的區域,現今依然劃為「輻射禁區」,禁止任何

民眾進入。6華盛頓州的漢福德區（Hanford）原是生產鈽的廠
區。在第二次世界大戰期間，此處大舉生產核武燃料，導致大
量（六十八萬五千居里〔curie，放射性強度單位〕）的放射性碘7
洩漏到當地的環境中。漢福德區及其方圓五百八十六平方英里的
禁區至今依然封鎖，並儲存著超過五千萬加侖的高濃度放射性廢
料，目前已知，有數個廢料儲存槽已外洩至少十五年之久。

　　但車諾比是汙染程度最嚴重的地點。雖然廠內第四號反應爐
的爆炸威力遠低於投到廣島的原子彈，但其釋放出的核微粒估計
比廣島原子彈還高出四百倍，原因在於毀損的反應爐內儲存了數
量龐大的核燃料。爆炸後幾小時內隨即有兩人喪生。事件發生後
的前幾天，另有二十八人死於輻射中毒，當時共有一百三十四人
因罹患輻射病而住院治療。據估計，有二十萬名至該區清理善後
的「清理人員」暴露在高輻射劑量下，其至少是國際上可接受的
每年最大輻射劑量的五倍。

　　周遭環境的各種生物都受到影響，所出現的徵狀通常相當怪

3 Soviet Life magazine, February 1986, cited in 'Odds of a meltdown "one in 10,000 years" Soviet official says', Associated Press, 29 April, 1986.

4 'The Next Nuclear Meltdown', *New York Times*, 8 May 1985, A, p. 26.

5 原注：Commissioner Greta Joy Dicus, U.S. Nuclear Regulatory Commission, Presentation to the joint meeting of American Nuclear Society, Washington, D.C. Section and Health Physics Society, Baltimore-Washington Chapter, January 16, 1997.

6 原注：Fred Pearce, 'Exclusive: First visit to Russia's secret nuclear disaster site', *New Scientist*, 7 December 2016.

7 C. M. Heeb, 'Iodine-131 releases from the Hanford Site, 1944 through 1947', US Office of Scientific and Technical Information, Oak Ridge, TN, 1993.

異或恐怖。懷孕的動物因胚胎在體內溶解而流產。離廠區四英里遠的馬匹因甲狀腺破裂而死亡。整片松樹林被燒灼成鏽紅色，在松針掉落後倒地死去。淡水湖的蠕蟲從無性生殖變成了有性生殖。

在普里雅特市民初步撤離後，整個區域即封閉起來：該區域面積達一千六百平方英里，比英格蘭的康沃爾郡（Cornwall）還要大，涵蓋兩座大城及七十四個村莊。這個地方有幾個不同的名稱。官方名稱的直譯是「疏散區」（Zone of Alienation）。其他人亦稱之為「死亡地帶」。這裡是地球上輻射量最高的環境。

這些偏遠之地之所以含有高量輻射，是人類愚蠢傲慢，與魔鬼進行交易的後果。雖然這些地區顯然受到嚴重汙染，但同時愈發明顯的是，死亡地帶絕非一片死寂。

$

一條輪溝深陷的道路穿越了茂密的灌叢帶及空曠的牧場，沿路長滿了被風雨壓得半倒的銀色草莖，而在這條道路一英里外，坐落著帕里什弗村（Paryshiv）。這裡大多數的木造建築都已破敗不堪：接縫處崩裂、牆壁外傾；有些甚至無遮無蔽，一覽無遺，屋頂的茅草腐爛發臭，屋梁也裸露出來。總體來說，看起來就像是一陣颶風剛剛吹掃而過。

伊凡・伊凡諾維奇（Ivan Ivanovitch）的小屋就稍微堅固一點：用磚頭搭建，牆面以白色石灰粉刷，屋頂架設浪板，上面覆蓋著一層雪。前門漆成明亮的青綠色，窗框則是天藍色，不過邊緣的漆色正逐漸脫落。窗戶後面鬆散垂掛著繡花的網眼窗簾。屋前的庭院是一片硬泥地。搖搖欲墜的外屋之間高掛著金屬線充

當曬衣繩。這裡的一景一物都處於年久失修狀態，但並不令人生厭。幾隻黑色的母雞在我雙腳間穿梭啄食。

伊凡諾維奇因年紀大了而彎腰駝背，所以身形比我矮小。他身穿一件破爛的棉襖，腳上踩著一雙特大號的黑色短筒靴，並戴著一頂帽子，把兩片連帽耳罩綁在頭頂上方。他看到我們似乎非常興奮，用烏克蘭語滔滔不絕地說個不停，我只能面帶微笑，趁著嚮導魯蜜拉可以插嘴翻譯時，在適當的地方點頭稱是。魯蜜拉說：「他很寂寞。」他的妻子十八個月前去世了。直到不久前，村裡還有五個鄰居。現在只剩下兩個。所以他很喜歡有人來訪。我可說是非常幸運；區內的居民並不是個個都那麼好客的。

伊凡諾維奇說，他已故的妻子瑪麗亞是在這座村莊長大，一生幾乎都在這一帶度過。他來到車諾比市的這個地區是為了從事警衛工作，也加入了一座集體農莊。在核電廠發生事故後，他們和其他所有人一樣，被安排遷居到別處：伊凡諾維奇一家被安置在基輔郊區的臨時住所。他們被告知「很快」就能回去了。

所以他們就這樣等待著歸期。那是一段煎熬的日子。他們擔憂被自己遺留在帕里什弗村的牲畜，努力探查近親和故友的去向。當時的境況與慣常的生活實在差異太大。所以，在一九八七年，也就是核災後僅僅一年，縱使報紙仍屢屢報導災區的各種危險，他們還是決定返回家園。

返家之路一開始相當艱辛。他們和其他上千名非法返家的「samosely」（字面的直譯是「自主移居者」）一樣，必須徒步走回老家，之後還得隨時躲避在禁區內巡邏的士兵。不過，伊凡諾維奇說，因為警衛與他熟識，所以沒有特別刁難他們一家人。嚴格說來，他們待在老家是違法的，但二○一二年，烏克蘭政府宣

布，將默許非正式居民（幾乎全是年長者）待在禁區，甚至還派遣健康訪視員定期探訪，並發放年金給他們。禁區內仍有供電，但沒有自來水。伊凡諾維奇很自豪地告訴我們，他甚至還有一台電視，儘管這台電視顯然已經壞掉一陣子了。

他們幸好是住在帕里什弗村。由於核災輻射汙染是呈「豹斑狀」分布，所以他們的土地汙染沒「那麼」嚴重。伊凡諾維奇一家人養牛養雞。他們還種菜，雖然野豬會闖進來把菜拱走。

還有其他野生動物闖進來嗎？我問道。他笑了起來，兩手舉起一攤，這個姿勢不用翻譯也知道意思：想問什麼動物就說來聽聽吧！有狼嗎？他回答：當然有。還非常之多。他用手比向高聳在他房宅四周有如要塞般的圍籬，這是他為了防堵狼群而架設的。他會聽到狼群用粗啞的聲音，在孤寂漫長的黑夜不斷嗥叫。他說在幾個月前，房子近處的田野裡經常可見一頭母狼照料一群幼崽的身影，他每天早上都可以看到牠們在晨曦中奔跑。

實際上，禁區內充滿了各種野生動物。沒人確切知道在事故一發生後，究竟有多少動物死亡，不過一般的假定是，在受創最嚴重的區域（如樹木成排燒焦折斷的紅色森林〔Red Forest〕），輻射量足以在幾小時或幾天內殺死現場的每一隻哺乳動物。但經過幾季的更迭之後，這裡卻開始出現顯著的生態復育跡象。各種動物再次現身：包括猞猁、野豬、野鹿、駝鹿、河狸、雕鶚等，種類數之不盡。許多物種都極為罕見，這些物種的數量雖然在蘇聯其他地區不斷下滑，卻在占了禁區大部分面積的森林與廢棄農地找到庇護之所。十年後，禁區內每種動物族群的數量都已至少增加為兩倍。截至二○一○年，野狼的數量已增加七倍。[8]而至二○一四年，在睽違一個世紀後，車諾比首次發現了棕熊的蹤跡。

反應爐周遭的環境顯然已神奇地恢復生氣，儘管該地的汙染即使至今日仍深具危害性。此種轉變可視為一場富有啟發性的思想實驗已然成真。如洛夫洛克所主張，或許野生動物的「意外現身」暗示著，讓人類主動趨避（所趨避的危險越令人恐懼、捉摸不定越好），可能是阻止人類侵擾自然保護區最有效的方法。

其他類似的例子或可包括波多黎各的別克斯國家野生動物保護區（Vieques National Wildlife Refuge）。這是一個面積廣達一萬八千英畝的熱帶仙境，擁有一片生物發光（bioluminescent）海域，當中蘊含了如綠蠵龜、西印度海牛等稀有物種。此外，該區還有茂盛的森林，除了是一百九十種鳥類及九種蝙蝠的棲地，同時也劃設為隔離區，因為其在成為美國海軍加西亞營地（Camp Garcia）的時期，有極大量的砲彈、凝固汽油彈、低濃度鈾（depleted uranium）彈藥、生化武器投擲在此後並未成功引爆。這裡的大片土地依然被列為超級基金汙染地（Superfund site）9，因此禁止訪客進入。

科羅拉多州的洛磯山軍工國家野生動物保護區（Rocky Mountain Arsenal National Wildlife Refuge）昔日是一座化學兵工廠，負責製造沙林、芥子毒氣等各種化學武器。一九八六年，人們發現當時屬於瀕危物種的白頭海鵰在該地築巢，之後這片區

8 T. G. Deryabina, S. V. Kuchmel, L. L. Nagorskaya, T. G. Hinton, J. C. Beasley, A. Lerebours and J. T. Smith, 'Long-term census data reveal abundant wildlife populations at Chernobyl', *Current Biology* 25(19), (2015), R811–R826. doi: 10.1016/j.cub.2015.08.017.
9 譯注：超級基金是美國聯邦政府設立之基金會，旨在整治環境汙染問題。

域便劃設為野生動物保護區。保護區內也可見草原犬鼠、騾鹿、老鷹、貓頭鷹、郊狼等在廢棄的田地裡築窩，這些田地自第二次世界大戰以來即受到封鎖，因此不斷失序向郊區擴張的丹佛市區無法侵入其內；保護區如今有三面都與丹佛市區相鄰。近來該區重新引入了犛牛，而儘管一般仍認為危險的化學物質還持續淋溶洗入地下水，各種野生動物的狀況似乎都還算安好。漢福德舊廠區周圍的緩衝區情況也是如此；環繞汙染地點的高莖灌木草原亦成了白頭海鵰、大藍鷺、白鵜鶘、豪豬的棲地，在二〇〇〇年被列為美國國家紀念區。

不過洛夫洛克還進一步提議：我們也許可以「選擇」汙染大地，讓周遭自然而然形成禁區，用這種倒行逆施的方式來保護環境。他思忖著，或許「應該將少量的核電廢料10存放在熱帶森林，以及其他需要可靠力量保護才能免遭貪婪開發商摧毀的棲地」。

所以：車諾比究竟是飽受輻射汙染的荒原，還是安全的避風港？答案是兩者兼具。在核災發生後沒多久，游離輻射量隨即大幅飆升。然而，從中釋出的放射性元素有許多都處於極不穩定的狀態。它們會自我毀滅，有時幾秒內即滅失，有時則是經過數週才消失。就對健康的影響而言，核分裂最令人懼怕的產物是碘-131，可以輕易被人體攝入。碘-131會積聚在甲狀腺，於該處釋放有害的 β 輻射，破壞周遭的肌肉，造成甲狀腺損壞，或在暴露劑量較低的情況下引發癌症。（在白俄羅斯、烏克蘭、俄羅斯等地罹患甲狀腺癌的孩童中，至少有四千例都是因此種放射性同位素的作用而罹癌。）

但是碘-131的半衰期只有八天，這表示其放射性在第一個

月內即衰減成原始含量的十四分之一，並在之後持續以相同速率
遞減。截至一九九〇年代中期，禁區內的總輻射量已較事故剛發
生後降低了一百倍以上。現今在禁區的大部分區域，輻射量已
滑落至相當於一般人在搭機、受到宇宙射線照射，或接受醫療診
斷掃描時可能暴露的劑量。今日主要引起擔憂的是放射性同位素
銫-137與鍶-90，兩者半衰期大約都是三十年，而且容易被植物
吸收，繼而進入食物鏈。因此，禁區內的動植物本身也變得具有
放射性，其所暴露的輻射量過半都是來自內部，也就是從其本身
的體內散發出來。禁區內許多農產品（蘑菇、莓果、魚、野豬肉）
都被視為過於危險，不宜供人食用。然而，這些動植物未必就因
此元氣大傷而無法「生存」。

會積累輻射之處[11]包括：地衣、池塘綠藻層、蝸牛殼與淡菜
殼、樺樹液、真菌、木灰、人類的牙齒。

放射性銫與放射性鍶的輻射，需要再經過二百七十年的時間
才能衰變至相對安全的濃度。長期暴露在少量輻射下的影響尚不
甚明朗，也一直是科學界各方爭論不休的議題。以法國巴黎第
十一大學安德斯・佩普・穆勒（Anders Pape Møller）教授及美國
南卡羅來納大學提摩西・莫梭（Timothy Mousseau）教授為首的
科學學派向來直言不諱，其已對世人發出警訊，指出禁區內的動

10 James Lovelock, 'We need nuclear power, says the man who inspired the Greens', *Daily Telegraph*, 16 August 2001.

11 一般讀者可參考以下著作概括瞭解車諾比核電廠地區野生動植物所受影響：Mary Mycio, *Wormwood Forest: A Natural History of Chernobyl*, Joseph Henry Press, Washington, D.C., 2005.

物族群出現了多不勝數的可怕病變：燕雀眼睛產生白內障症狀，以及燕子身上出現白化現象及發現腫瘤的比率都提高了。他們表示，在汙染最嚴重的區域 12，蝴蝶、蜘蛛、蚱蜢、蜂群都消失無蹤，而傾倒的樹木和落葉 13 分解的速度緩慢到令人憂心。只要砍下一棵樹，便可發現核災所留下的深刻烙印：在災變之前，樹木的年輪間距寬疏，色澤蒼白；但在災變後，木頭變成了橙色 14，其年輪因為生長緩慢而緊密排列在一起。據他們主張，整體而言，在汙染最嚴重的區域動物數量較少，而且該處的動物壽命較短，生存條件也較惡劣。

其他科學家大多抱持著較為慎重，甚至是審慎樂觀的看法——有時與前者的研究發現直接相牴觸。例如，喬治亞大學詹姆士・畢斯利（James C. Beasley）博士所組成的研究團隊，利用遙控錄影機記錄下禁區內十四種大型哺乳動物 15 的狀態，結果發現，即使在汙染極端嚴重的區域，牠們的數量分布也未受到抑制。類似的研究 16 發現到野豬與齧齒類動物的數量並未減少，可見牠們長期暴露在輻射環境下所展現的驚人韌性。換言之：雖然輻射對牠們完全無益，但人跡消失所帶來的助益，事實上遠甚於輻射造成的傷害。甚至還有一個學派（雖然並非主流派別）主張低量的輻射可能甚至是有益的，可透過刺激 DNA 修復或免疫反應，使生物更能耐受損傷與疾病。這就是所謂的「輻射激效假說」（hormesis hypothesis）。

野生動植物已集體返回禁區似乎已是不爭的事實。通過第一個檢查哨才沒多久，我就看見了三頭麋子（一動也不動地站在一座白雪覆蓋的涼亭下，左右鼻孔各冒著呼氣後凝結成的白霧），感覺到此地充滿生氣，萬物欣欣向榮。伊凡諾維奇發現有野豬

和狼群隱身在長草地裡，他以前從未在同樣的地方見過牠們的身影。然而，要估量實際的損害並非易事。我們無法得見的是胎死腹中、發育不良、發生基因突變的生命，牠們尚未為人發現便已死去，並遭到其他動物捕食。而就算我們可以找到一些樣本，例如我在亞諾夫（Yanov）火車站看到的雙頭松樹，其軀幹扭曲變形，主枝相互緊縛，彷若一對和自己手足交戰的連體雙胞胎，這些個體也無法告知我們箇中詳情。

　　基因突變和癌症一樣，都可能自然發生：問題在於發生的「頻率」有多高。在核災發生後的前幾年，醫療保健服務單位嚴陣

----

12 關於其研究發現的精闢總結可見於：T. A. Mousseau and A. P. Møller 'Genetic and Ecological Studies of Animals in Chernobyl and Fukushima', *Journal of Heredity*, 105(5), (2014), pp. 704–9, doi:10.1093/jhered/esu040.

13 T. A. Mousseau, G. Milinevsky, J. Kenney-Hunt and A. P. Møller Highly reduced mass loss rates and increased litter layer in radioactively contaminated areas, Oecologia, 175(1), (2014), pp. 429–37. doi:10.1007/s00442-014-2908-8.

14 T. A. Mousseau, S. M. Welch, I. Chizhevsky, O. Bondarenko, G. Milinevsky, D. J. Tedeschi and A. P. Møller 'Tree rings reveal extent of exposure to ionizing radiation in Scots pine *Pinus sylvestris*,' *Trees*, 27(5), (2013), pp. 1443–53, doi:10.1007/s00468-013-0891-z.

15 S. C. Webster, M. E. Byrne, S. L. Lance, C. N. Love, T. G. Hinton, D. Shamovich and J. C. Beasley 'Where the wild things are: influence of radiation on the distribution of four mammalian species within the Chernobyl Exclusion Zone', *Frontiers in Ecology and the Environment*, 14(4), (2016), pp. 185–90, doi:10.1002/fee.1227.

16 詳細資料可參見：T. G. Deryabina, S. V. Kuchmel, L. L. Nagorskaya, T. G. Hinton, J. C. Beasley, A. Lerebours and J. T. Smith (2015). 長期調查數據顯示車諾比有大量的野生動植物族群。*Current Biology*, 25(19), R824–R826. doi:10.1016/j.cub.2015.08.017. 有篇耐人尋味的專文討論到此一領域的研究結果缺乏共識：N. A. Beresford, E. M. Scott and D. Copplestone (2019). 'Field effects studies in the Chernobyl Exclusion Zone: Lessons to be learnt'. *Journal of Environmental Radioactivity*. doi:10.1016/j.jenvrad.2019.01.005

以待，準備面對可能在當地大量湧現的白血病例及古怪病症。人們將各類雜症一概歸咎於核微粒的影響：媒體報導了生來有各種殘缺的畸形兒，將他們的照片刊登出來；大眾心中的悔疚傾洩而出，促使各界人士成立救助這些畸形兒的慈善機構。但根據世界衛生組織及聯合國的資料，就對健康的影響而言，只有甲狀腺癌（大多數可治療）及白內障病例數小幅增加的情形，可以明確判定是輻射所致。而其他的病症，無論狀況多令人痛心，都尚未有較明確的事證可以證明是輻射所造成。17

同時，要斷言其他病症「不是」由輻射引發也很困難。許多人依然對這些國際組織的樂觀結論及其引用的數據存疑18；迄今尚未有任何大規模的長期流行病學研究可以釐清這個問題。

無論如何，核能汙染所造成的心理影響非常重大。受汙染影響的居民普遍會出現各種零星的不適症狀，稱為「車諾比症候群」（Chernobyl Syndrome）。有人認為上述症候群是心理壓力所造成。而不管成因為何，這些症狀都會誘發實際的疾病與痛苦。十一萬六千名被迫遷居的民眾，以及另外二十七萬名住在受影響地區的居民，都因為一九八六年的事故遭受重大精神創傷。許多人失去了家園及支援網絡，有的人則是因為販賣來自受影響地區的農產品變成非法行為而失去收入來源。整體來說，相較於暴露在輻射中的危害，與貧窮相關的「生活形態疾病」及欠佳的心理健康狀態，對受影響社區造成了遠遠更大的威脅。

恐怖謠言四處散播、欠缺可靠資訊，以及當地人不斷編造迷思等因素，也造就了「麻木聽天由命」的心態。在此心態下，受影響地區的居民認為反正不管怎麼做，自己最後都難逃病魔，因此會選擇輕率過活：諸如酗酒或濫用藥物、大量吸菸，以及明知

　　一幅巨大的彩色玻璃圖像成了整個房間的焦點，占滿了最遠處的牆面：西邊有一輪明月升起，掛在電光藍與緋紅色澤的天空；東邊則有一顆烈陽，被紫、橙、金色交織的光環圍繞。在這中間有四位猶如神祇般的女子凌空而起，身穿簡素衣袍，雙峰各有杯狀物遮掩：她們是四季的象徵。「冬天」一手撒落雪花，同時吹奏另一手握持的細長鮮紅色喇叭；「春天」播撒狀如郵包的細小種子，眼睛望著點點星辰；「秋天」手持帶有黃色葉子的樹枝，向下撒落雨水。「夏天」將一隻脫離軀體的手擱在她的肘部。這道簷壁飾帶（frieze）乃是使用數千片彩色玻璃精心拼貼而成，然而如今許多玻璃片都已破碎，彩片散落在地板各處，恍若一顆顆寶石。踩過這些碎片時會嘎吱作響。

　　我走到外頭，下了幾道台階，就在此時，我口袋裡輻射劑量計的聲音，無緣無故從偶爾發出的背景卡嗒聲，變大為劈啪作響的白噪音，接著超載發出了警報——這是一種雙音警報聲，音色和音高都似乎刻意要令人緊張不安。我的腎上腺素猛然上升。我脫口說出：「發生什麼事了？」雖然如此驚慌有點尷尬，但我還是克制不了自己的情緒。面對靜默無聲、無臭無味、無影無形的危險，我心中十分焦慮不安。我好比被蒙住雙眼，處在滿是有毒匕首的房間裡。「到底發生什麼事了？」

　　魯蜜拉揮手讓我不要慌張。她說「是輻射熱點」。情況一經判明，我的恐懼立刻煙消雲散，就好像得知重大醫療診斷的結果，可能有時會如釋重負。她用手指向最底層的台階；從反應爐所在區域歸來的清理人員，會在此踢掉靴子上的泥土，脫下外衣，然後搭乘停在前面的小型巴士。（這些小型巴士因為嚴重汙染而無法保留，之後會掩埋在鋪砌一層混凝土的大型集體埋葬

場。）這些人員遺留下的塵土帶有微量輻射，至今仍未消失。

我把我的輻射劑量計移到看似熱點中心的上方：一塊覆蓋著腐葉土壤的混凝土板，看著數字不斷攀升。數字最後停在每小時十五·八二微西弗（microsievert），約是背景劑量的一百倍。魯蜜拉突然伸出手來搭在我的手上：她手裡拿的劑量計更大，看起來也更專業。上面的讀數並不一樣，比我的還要高。她聳肩說道：「它對鉋的反應較大。」雖然我不明所以，卻覺得自己心生嫉妒。我問道：「我可以借用一下嗎？」於是我接過這個不斷鳴響的裝置。我一走開，聲音就靜了下來。我的心也放鬆了下來。

天空白雲繚繞，一片明朗，令人無法直視。空氣紋絲不動。我順著階梯而下，走到咖啡館的私人碼頭，從該處眺望覆蓋湖面的冰層。弧狀的冰層十分平滑，我往上面丟了一塊石頭也沒有碎裂。我此刻心中所想的是：過往是如何在現今留下印記，這些印記俯拾皆是，但感受最為真切的莫過於此處。此時此刻，我在這裡盲無目地地遊走，用劑量計照亮前方的道路。

§

禁區內到處都是熱點。有時這些熱點會用小小的單柱式黃色警示牌標示，其三角形的牌面繪有紅色的三葉形輻射符號，也就是國際通用的游離輻射示警標誌。這些警示牌豎立在禁區各處，標示出應避免踏足之地。確切來說，這些地方並不危險，但不宜久留。

在市區範圍內，我們經過位於路旁的另一個熱點。我問道：「我們可以在這裡停車嗎？」司機聳了聳肩。我下車走到警示牌旁

的路肩，持續跨步前進，直到聽見劑量計發出顫音。滿目望去是一大片茂密的叢生禾草，從薄薄的一層積雪中鑽探出來。草地沒有牛羊啃食，也未經修剪。松樹幼木林立在中間空地的邊緣上，周圍是發出絲絲光亮的樺樹——上方交織紅褐與紫紅色澤的細薄枝幹，與閃爍微光的銀灰色樹身相互輝映。離地約一英尺處披著一層縹緲的白色薄霧，正靜待消散的時刻到來。雪已經開始下了起來。厚重的雪花以極緩慢的速度落在我的髮梢和頭頂上。

我閉上雙眼，感受碰觸著我臉龐的冰冷手指，想像輻射淹漫過我的身軀，讓我沉浸在一道只能抽象感知的波流中。輻射的存在要靠信念去感知。我認為，在課堂上瞭解這個概念是一回事。能否毫不設防，用全身去領受又是另外一回事。用全身領受需要進入某種奧秘的心境；這種心境是我所不熟悉的。我把自己交付出來，交託給這股能源所隱含的更大力量。我感覺各種界限模糊起來，變得渾茫難辨。伽馬射線穿透我的身體，繼續往別處直射而去。

約莫一分鐘後，我走了開來，聽到警報減弱成劈啪聲。我沒有感覺到任何異樣。我想：我應該是心無所懼。

第二部

・　・　・

留居者

5
枯萎病：美國密西根州，底特律市

這座教堂是紅磚建築，結構厚實穩固，外觀予人舒心之感，屋頂的傾角下及窗戶上方的拱弧都帶有裝飾設計。教堂的外部造型簡約俐落，屋頂的排水系統和瓦管漆塗成鮮紅色，透出優雅的格調。然而，本應顯示禮拜時間的標示牌已從牆上脫落。帶有葉片的樹枝夾雜著各種秋日色調，羞怯地倚靠在砌磚上，或是俯伏在通往厚重木門的石階上。

只有這些細節能透出一絲不尋常的氣息。但不消多久，也就不需要探究太多細節了。對於眼光敏銳的人來說，建築物正面就好比用噴漆大剌剌地寫著：「屋已敗朽，歡迎憑弔。」我猜有些地方說不定真的會如此昭告大眾，只是不至於如此直接了當。

無論如何，這棟建築是真的頹敗不堪。繞到後面，穿過雜草叢生的庭院，可以看見大門對外敞開。

§

是否可能有這樣一座教堂，在踏入之時——無論該處如何遭到褻瀆，無論你上次高聲禱告是多久之前——不會因身處莊嚴之地而感受到一股冷肅之氣？這裡就是這樣一座教堂：其溫煦的暖意從窗戶流淌進來，化為一道道明淨的光束；滿溢在斑駁的灰泥

粉飾牆裡；存在於撒落在地板燒焦碎屑上的淺灰色灰泥滑石粉末裡。

　　教堂的天花板是一個龐大的曲面，如一個巨大桶子的內側般帶有嵌條。不過其邊角的牆壁上緣有的是一片紅色的裸磚牆，有的則成了燒黑的木炭，這是因為教堂曾經失火，火苗熄滅前延燒到了該處。

　　我踩著之字形的步伐沿著新娘走道前行，經過兩旁排得歪七扭八的靠背長椅。這些沉重的長椅有的已經像是精疲力竭般崩塌在地磚上。而在我右側，告解室破爛的紅色絲絨布幕從掛桿上垂落下來，上面留有髒汙雨水從地板往上浸滲的漬痕。

　　在此上演過的人生篇章彷彿歷歷可見：包括眾人過往經歷頓悟、信仰危機時留下的情感印記，以及出席各個喪禮、受洗禮、堅信禮、成年禮的片段。為這些篇章配樂的樂譜已飄落在地，如落葉般積聚成潮濕的紙堆。傾覆在地板上的平台鋼琴已經沒了琴蓋、音板和所有琴弦。大多數的白鍵也都不見了，黑鍵則是歪斜地垂掛著，長長的木頭擊弦機制裸露在外，彷若一根根已經燒盡的火柴。

　　教堂高聳的半圓形後殿覆蓋著鮮豔的米黃色澤，外緣因油漆脫落而呈現銅綠色。後殿中央處有一尊鴿子塑像，身軀環繞著一圈宛如太陽的巨大光暈，並且鍍上了金層。陽光從屋頂的一個小圓孔照射進來，如聚光燈般投射在祭壇旁的地板上，燦爛耀眼。我跨進這道光束，讓自己感受聖光的洗禮。

　　我走進位在庭院另一端的舊天主教學校，穿過光影交錯的幽暗迴廊。從敞開的大門可以通往兩側的教室：其中一側的教室鋪設了挑高的天花板，裡面寧靜空盪，朦朧的光亮透過外面的藤蔓

灑照進來。藤蔓隨風擺動不定，彷如在海上逐浪漂浮。另一側的教室則是凌亂不堪。天花板的瓷磚堆積在地板上，疊到膝蓋的高度，其已彎曲變形的支桿就在齊眼處危險地低垂搖盪。

樓下一間教室的黑板上還留有用粉筆書寫的漂亮草寫字，是最後一堂課的教學內容：「打字前務必先設定好邊界。」上面寫著日期：一九八三年十一月。這是一幅荒涼的景象。但是在此處，在底特律這個城市，並不算罕見。

底特律是一個人口萎縮的城市；偌大的市區只住著不成比例的少量居民。它曾是美國第四大城市，但過去七十年來持續衰敗，陷入了日暮途窮的境地，人口已減少了將近三分之二。

此種現象實質上意味著，當你駕車穿越市區，會發現疾駛而過的街道，有時甚至是整個街區，都處於看似解體的狀態。數以萬計的房屋空置無人，分崩離析；瓦片如熱糖霜般從屋頂向下融化；鋪貼整齊的仿磚瓷磚崩落下來；腐朽的建築好比被拔了牙齒，留下邊緣鋒利的缺口。

這股衰敗之風的起點與終點似乎劃有明確的界限。一邊的街區可能乾乾淨淨，維護良好；是眾人夢寐以求的生活環境。而在只相隔幾條街的另一邊，穿過一團從路邊陰溝格柵冒出的蒸氣，映入眼簾的卻是有如惡夢般的相反場景。這邊的空氣似乎較為潮濕，天空也較為幽暗，建築物不知為何感覺像有鬼魂出沒。屋頂凹陷中空，牆壁傾塌在一起。各種植物從屋頂的缺口竄擠出來，留在屋內的葉片緊貼住玻璃。壞掉的椅子和破舊的嬰兒推車堵住了掩映在蔓生草坪中的小徑。有種若有似無的東西在蔓延。在這裡，它有個名稱：枯萎病。

枯萎病：在底特律某些地區的街道上，林立著遭到棄置，而

且確確實實正在衰敗的房屋。枯萎這個近乎詩意的字詞，就是用來形容此種衰敗現象。有些房屋為了防止有人闖入，門窗都釘上了木板，看來頗令人不安，彷彿屋子的雙眼被遮蔽起來。在比較體面的街道上，則可見一些建築矗立在藤蔓之中，被包覆得密密實實。整體來說，一般認為底特律有超過八萬筆房地產（主要是房產）處於空置狀態1。有的釘上了木板，有的門戶洞開，還有的被非法占屋者當成暫時棲身之所，他們會在沒電也沒有自來水的屋內搭營。

然而，還有其他房屋（五年間達一萬九千棟2）被市府拆除而夷為平地，唯一能證明這些房屋曾經存在的，是殘留在空地上的地基，以及被遺忘的藍圖上所繪製的平面圖。如今，衰敗的街道不斷延伸，街區一個接一個變得空空盪盪。曾是人們養兒育女、幼兒誕生及跨出人生第一步、領養老金的長者們在門廊度過悶濕夏夜的地方，全都化為烏有。留存下來的只有空地，有時在毗連的街區空地可達數十塊之多。這些土地被稱為「城市大草原」（urban prairie）。

要探訪城市大草原，必須沿著一條沒有標示的道路前行，路面通常已變形或龜裂，狀如瓷器上的裂紋。途中會經過似乎已休

---

1 二〇一九年九月美國郵政數據，as reported by *Drawing Detroit*, 'Detroit Vacancies Decline Over Long-Term, Slow Uptick Recently in Numbers', 11 November 2019. Available online at http://www.drawingdetroit.com/detroit-vacancies-decline-over-long-term-slow-uptick-recently-in-numbers/.

2 Corey Williams, Mike Schneider and Angeliki Kastanis, 'Analysis: Detroit will be toughest US city to count population for 2020 Census', Associated Press, 12 December 2019.

耕的田地，而這些田地已形成一片草長過膝，散發金澄色澤的平
野。在該處，過往鋪襯在大地之上：觀賞用的樹木與灌木（昔日
花園的殘影）緊密叢生在一起，宛若廣袤荒原上的小綠洲。消防
栓意外出現在偏僻處；孤寂的街燈獨自佇立，靜默地守著長夜。
四處偶爾可見獨自矗立，承受著強風吹襲的房宅：可能是一棟排
屋，或有時是與相鄰房屋切割開來的半獨立式排屋。或可稱之為
「城市大草原上的小屋」3。

　　總體來說，在底特律一百三十九平方英里的面積中，有
二十四平方英里以上的區域都是空置的4——比曼哈頓的面積還要
大。有人認為空置面積甚至多達四十平方英里。

　　這座城市是一塊用各種布料草草縫製而成的拼布，有的地方
針腳粗糙，有的地方卻鑲飾了珠寶。一邊有著摩天大樓、美術館
及一座熱鬧的公園。但拐過一個街角，另一邊卻是緊緊簇擁在一
起的狹窄聯排住宅，屋宇彼此局促地挨靠著，門廊已四處崩散。
沒了輪胎的破車用磚頭墊著，船頭破了洞的船隻擱置在陸地上。
柔和的秋光叮噹作響般地穿透織就成一張柔軟地毯的落葉，而隨
著樹木泛上各種深淺不一的紅彩，這張地毯的色澤也漸次變得或
濃或淡。楓樹如熾熱的火炬般燒得火紅，與彷彿覆上一層絲絨的
地面相映成輝。葉子轉為金黃色的白楊樹哆嗦地佇立著，在空地
映照出一片光亮。若是駕車經過一棟又一棟的空屋（已被燒得汙
黑一片），可以瞧見屋內有手電筒的光亮在移動。

　　這是因為底特律雖然棄屋問題嚴重，但終究不是一座空城。
底特律人口中所說的枯萎病，是一種並非全然具體的現象：它也
表徵著一種行為模式。這種行為模式在遭到遺棄的處所蔓延開
來，使棄置的狀況更趨惡化。枯萎一詞意味著破碎的窗戶、傾斜

的門廊、掉落的橫梁，同時也意味著棄地影響人類心理的種種面向。

§

底特律疾速崛起又痛苦殞落的始末錯綜複雜——這座城市經歷了人口的出逃，也逐漸邁向再生之路——不過用赤裸裸的數字即可快速勾勒出整體的脈絡。在一九○○年，也就是底特律第一家汽車製造廠開始營運的一年後，該市的人口還停留在二十八萬五千人。到了一九五○年，拜汽車業全速起飛之賜，人口已爆增至一百八十五萬人之多。然而這座城市隨後即陷入衰退之境。

隨著工業浪潮消退，各汽車大廠紛紛捨棄中央廠房，改在市郊設立小型工廠，之後更將生產線遷至海外，勞工與資金也隨之外移。這座過度倚賴單一產業的城市萎縮速度非常之快。底特律的人口從一九五○年代的巔峰一路節節下滑：從一百八十五萬跌至一百五十萬，接著滑落至只有一百多萬，之後再降至七十一萬三千人。根據最近一次的人口普查，在二○一九年，底特律人口只剩下六十七萬人。迄今尚留在這座城市的是市民曾經居住的房屋、做禮拜的教堂、子女曾就讀的學校，還有他們工作過的廠房。

帕卡德汽車廠（Packard Automotive Plant）龐大的廠區，面積共達三百五十萬平方英尺，就位在東格蘭大道（East Grand

---

3 譯注：名稱近似著名小說《大草原上的小屋》（*Little House on the Prairie*）。
4 Detroit Future City, *139 Miles: Detroit Future City*, Inland Press, Detroit, 2017, p. 71.

Boulevard）半英里外。廠區由蜂巢狀的建築群組成，有些地方達五層樓之高，如今徒留空殼，令人不勝唏噓。我曾經由密西根州人道協會（Michigan Humane Society）的兩名調查員陪同，在十月一個下雨的午後進到廠區。此行的目的是要尋找流浪狗的蹤跡。我們進去的方式和所有人一樣：鑽過空心磚牆的一個洞口。進去之後，出現在我們眼前的是光線昏暗的曲折廊道和坑道，以及迷宮般的建築。建築內空間開闊，裝有玻璃鏡面，地板到處滲漏著水滴。

伊莉絲與戴夫嚴陣以待，身著黑裝，並穿上防彈背心；我小心翼翼地跟在他們後面，走進一個庭院。院子裡各種色調的幼苗緊緊攀附在托梁與窗台，以及掉落成堆的磚石上，於凸出混凝土塊的鋼筋間蜿蜒穿行。我們經過各個貨物裝卸區，裡面塞滿了垃圾，活像被垃圾填滿的游泳池（破損的條板箱、空瓶子、小塊的金屬片、塑膠桶、破舊的毯子等，任何你想得到的東西都丟在裡面），接著步入一道發出響亮滴水聲的黑暗長廊。戴夫的手電筒所照射出的弧狀光束穿過薄霧，在我的視網膜留下殘影。在這道光束的照明下，我們謹慎地踏過宛如沙礫的碎玻璃，這些玻璃都已經粉碎得像是細小的砂糖。

帕卡德汽車廠曾是全世界最先進的車廠，聘雇的員工一度高達四萬人，卻在一九五八年停止營業，如今成了都市中的一座廢城；混凝土柱如古老的紀念碑般折斷傾倒。在室外，各種附屬建築間的狹道空無一人，了無生氣，像是另一個時代街景的拙劣仿作。

在西邊八英里處的美國汽車公司（American Motor Company）舊總部也處於類似狀態。總部占地雖然僅約帕卡德汽車廠區的一

半，卻依然是一棟宏偉的建築物，涵蓋三層樓高的複合建築群，位於最前端的是優雅的黃磚牆辦公大樓及一座裝飾藝術風塔樓。

這裡完全無人看守，可以任意進入。我爬上大理石台階，穿過石雕拱門，踏入主管辦公室。裡面的護牆板已鬆落，像紙張一樣捲曲在邊角；花瓣大小的油漆薄片從鑲嵌木板的天花板剝落，掉在這些板子上。升降梯每轉動一下就發出令人不安的磨擦聲。

順著一道長廊可以走到殘破不堪的舊會議廳。這些廳室彷如劣質科幻恐怖片的場景：伸縮鋁箔通風管從天花板散落出來；橙色的管材蜿蜒在天花板，總長應該有好幾英里；看似棉花糖的碎屑（其實是石棉絕緣材料）四散在地板上。每件物品似乎都碎裂成細小的殘片，紛雜散落在地面。

有一段時期，這個建築群是當地一名廢品商所有。這名廢品商聲稱要把這裡改建成兒童之家；然而由始至終，他都只是在拆除內部物品來變賣。（他後來因違反與石棉相關的環保法規而入獄。）搜刮廢棄物品的行為也許是底特律棄屋生態系統中最重要的元素。一旦有建築物空置下來，通常在大約二十四小時之內就會有搜刮者闖進，開始如剔骨去肉般從中刮取任何有價物品。

我曾造訪我所居住的群島內的一座島嶼，沿著島上一條偏僻的單行道步行，途中發現一隻剛被碾斃的兔子。兔子的雙眼依然明亮，毛皮柔軟乾燥。兩隻正在細察屍體的渡鴉發出急躁低沉的叫聲，警告我不得靠近，然後就撲向了屍體：牠們的嘴喙像兩把小摺刀，輕剪幾下便俐落地將兔肉從骨頭剝割下來。兩小時後渡鴉離去，冠小嘴烏鴉接收了剩下的屍骸。牠們像蝴蝶一樣拍動翅膀，讓已經去了肉的骨頭從兔毛中露出來，上面只剩下一丁點的殘肉。兔屍已成了一具俯伏在地的骨骸，而骨骸所在處不久前還

躺著一隻軀體仍然溫熱的動物。接下來將進行的是細部刮除作業
（由埋葬蟲、蛆蟲擔當此責），最後細菌會興奮地將已微不可辨的
痕跡清除殆盡。

我走在美國汽車公司總部的廊道上時，心中浮現的便是這番
場景。另外還有這個詞：「建物生命週期學」（domicology）。要
研究建物生命週期，首先必須體認到建築物確實有生命週期。誠
如劇作家約翰・韋伯斯特（John Webster）所寫：

> 但萬物皆有終了時：
> 教堂與城市一如凡人亦生病害，
> 自如凡人必有一死。5

雖然相較於大部分建築，這些建築群是以更有計畫的方式受
到拆解，但此種拆解過程會在這座城市進行上萬次。甚至正當我
離開這棟老舊的建築時，還可以聽到他人（陌生人）的聲音迴盪
在走廊。這是一種細緻的清理過程；拾荒者進駐建築物，在各種
廢料殘屑中挑挑揀揀。他們目的明確、有條不紊、行動快速、充
滿渴望。這些人主要在夜晚行動，利用超市的手推車來運送物
品。只要踏入底特律任一棟廢棄建築，必會發現他們總是（永遠
都是）先你而至。

這些通常無家可歸或接近無家可歸的搜刮者，就像是小嘴烏
鴉6，必須仰賴建築的衰亡維生，從而加快建物衰敗的過程。在人
口較稀疏的地區，此種過程可能耗時數個月，或甚至數年之久。
首先被拆解的是火爐、暖爐、水塔，以及各種布線、管路系統。
接著是裝設在防水山形屋頂末端的鋁板。很快地，建築物便衰敗

到無法修復的境地7，屋體也（透過迂迴的路徑）重新回到資源循環之中，以一磅〇・四五美元的價格變賣出去。

　　但即使搜刮者已滿載而歸，上層建築物的骨架仍會遺留下來，成了聳立在城市天際線的龐然大物。以上只是底特律兩棟虛有其表的建築，儘管骨架已被刮取得乾乾淨淨，卻仍佇立在原地，徒然等待著可能永遠不會到來的新生契機。它們正一點一滴地碎裂崩塌。或許已再生無望。

$$\mathcal{S}$$

　　在底特律，人們已可敏銳地分辨出棄置屋宅的各種不同樣態，就好比能夠辨認出森林中的不同樹種。無人居住與有人居住的屋宅差異在於：房屋的面容了無生氣，內部的空氣帶有一種停滯感。那麼，無人居住與遭到棄置的屋宅又有何差異？窗簾拉起，門廊信件成堆、搖搖欲墜（緩慢崩解結構的下層），門窗和台階覆蓋著一層薄薄的塵垢，這些都是兩種屋宅常見的特徵；但

---

5 John Webster, *The Duchess of Malfi*, Act V, Scene III, Methuen & Co., London, 1623 (1969), p. 159, lines 16–18.

6 譯注：以腐屍、垃圾等為食，是自然界的清潔工。

7 史考特・霍金（Scott Hocking）是底特律一位裝置藝術家，主要利用從廢棄工業區蒐集而來的材料塑造出美麗複雜的作品，例如在密西根中央車站內用碎大理石塊雕塑出一顆蛋，在一間工廠的地面用塗刷了雜酚油的木地板塊砌出一座金字神塔。他對於這個夜間的地下產業有極為有趣的描寫及講述，參見：https://www.detroitresearch.org/pictures-of-a-city-scrappers/，以及'Scott Hocking: Not Your Average Scrapper' by Jim McFarlin, *TBD Magazine*, Detroit, Michigan. July 2017.

棄置屋宅另有一種極其衰敗的樣貌：散發著萎靡不振的氛圍，堅固的梁柱變得虛軟，濕氣日漸加重，腐敗氣息逐步滋長。這是不死之身的蒼白面容。

我認為從一座城市的觀點來思考棄屋問題是相當有啟發性的。而思考的重點在於一棟屋宅是否具備了某些確切的特徵後即可視為棄屋，即使同時位於人煙聚集的區域，或甚至有人居住亦然。為管理之便，底特律市方不得不制定出該市專有的一套定義：一棟房宅如要歸類為棄屋，必須「無人居住」，並且展露出市方所稱的「枯萎病的外顯跡象」8。

枯萎病已是城市衰敗的同義詞，而該詞源自芝加哥社會學派（Chicago School of Sociology）的論作。該學派的研究方法在二十世紀初深具影響力，並且十分倚重生態模型。據其觀點，城市的運作模式與任何生物群體的發展模式並無二致。城市也有生命週期，會隨著時間推移循著某些可預測的方式逐步演變。研究員賦予了生態用語嶄新的意義：例如，鄰近地區經歷了「演替」（外來者迫使既有居民遷往別處）並「遭到入侵」（各種文化群體相互取代）。

倘若一座城市經歷突如其來且具有負面影響的人口變動，研究員可能會以流行病學或甚至是病理學的用語來形容之：彷彿某種傳染病、社會性的疾病攻掠了這座城市，造成枯萎與衰頹的現象。「枯萎病」本是始於十六世紀的農業用語，當時用來統稱作物突然嚴重凋亡的現象（《牛津英語詞典》對該詞的定義是「任何源自大氣或起源不明，致使植物突然枯萎、斷折或毀壞的有害影響」），後來成了廣受使用的描述符語。枯萎病是極為鮮明的意象，在腦海縈繞越久就越發恐怖：枯萎病可以是黴菌、菌類植

物、黑痘病，使翠綠光亮的葉子變得腐壞；枯萎病也可以是黑斑症，在田地到處肆虐，造成土壤中的馬鈴薯腐爛變質，除了發出霉味及裂開，還會布滿凹洞、發黑，在最糟的情況下變成一團發出惡臭的液狀物。

因此，所謂城市枯萎病指的是一種社會與經濟層面上的萎靡氣氛，如瘴氣般飄盪在街道各處，從窗戶或門下的縫隙悄悄鑽入。這股萎靡之氣像流行性感冒一樣在街區快速傳播。在某些地方更是有如瘟疫般蔓延。

此意象一旦深植心中，便很難不對底特律最衰敗的情景做此聯想：諸如屋頂凹陷、橫梁焦黑、雨水在地面積成水窪等，這一切都是枯萎病的表徵。光是步入那些幽暗且顯現病態的建築（煙囪傾倒，玻璃窗格破損未修）就會令人心神不寧。而一想到枯萎病，更是會令人感知到新增的一層危險：不只是荒廢的建築或是潛伏在建築內的無家者所造成的人身危險，還包括這些建築可能觸發的「有害影響」，彷彿枯萎病會附著在衣服纖維裡，跟隨著我們返家。

但的確不假的是，研究結果顯示「枯萎病」並不只是一種隱喻。城市的棄屋「是」有傳染性的，這是因為一條街上若是有一棟房屋處於廢棄狀態，鄰近的房屋就更可能同樣遭到棄置。空屋數只消小幅增加，即會促使房價大跌[9]；在超出一定程度後，屋主砸錢維護無法保值的房產就不再符合經濟效益，同區房屋的價值

---

8 Violet Ikonomova, 'Despite demolition efforts, blight spreads undetected throughout Detroit's neighborhoods', *Metro Times*, 14 November 2018.

也會開始減損。空置的屋宅（及其方圓一百公尺內的房屋）發生火災的風險也較高。

此外，正如空屋會吸引加快衰敗進程的搜刮者，衰敗本身也會誘發犯罪行為。此種情況不只發生在底特律。針對費城及德州奧斯汀市的研究發現，犯罪率在有空置建築的街區會突然飆升10，特別是就暴力攻擊而言。空屋是逃犯或吸毒者，或從事賣淫以及其他無數犯罪行為的最佳掩護場所。據美國聯邦調查局統計，底特律是全美空屋率最高的城市，也是全美暴力行為最嚴重的城市11。在底特律的棄屋發現死屍的頻率約是一個月一具；這些屍體被藏在垃圾箱或放火燒毀；受害者或被槍殺、勒死或遭到虐殺。

底特律在二〇〇〇年至二〇一〇年之間的空置建物增加了一倍；破敗不堪的隔板屋長滿了有著羽狀複葉，綽號「貧民窟棕櫚樹」的臭椿；狐狸、野雞、負鼠已在城市大草原過膝的草地裡建立家園；鷹隼在廢棄摩天大樓的屋頂上築巢12，河狸收回了河岸的棲地；郊狼夜晚在市區的西邊嗥叫。無論就自然地貌的恢復，或野生動物回歸自然棲地而言，野化過程都一直在進行著。

§

不管我去到哪裡，「枯萎病」一詞總是會在談話中頻頻出現。枯萎病不停流竄在我們之間：無形無影，卻又無所不在。它掌控了人心，並且緊抓不放。枯萎病是美國人發明的詞彙，我以前從未在此背景下聽過這個詞，然而，我也開始可以看見枯萎病的形影，它正如幽靈般悄悄流竄在各棟屋宅之間。當地人提到枯

萎病的模樣，就好像一般人提到夜晚潛伏在走廊的惡靈似的。枯
萎是個不容爭辯，但也不甚妥當的說法；這個隱喻的確恰如其
分，然而若用在一個活生生的社區，卻是充滿了挑撥意味。儘管
許多人都可無礙說出這個詞，我在他人面前還是無法開口直言。

　　我每次聽到這個詞，心中就會想起我曾進行的一次訪談，地
點在我的家鄉蘇格蘭，對象是一位公衛研究員。我在一間飯店
內的酒吧與他見面（裡面氣氛優雅，空盪幽靜，只聽得到玻璃
杯互碰的清脆響聲），想訪問他對於城市衰敗及相關隱患的研究
心得。我從未動筆寫下原定的訪談文，但還是會想起訪談的內
容——他的研究發現，他說過的話語。我從中瞭解到的事實是：
格拉斯哥市（Glasgow）居民的壽命比其他城市的居民都來得
短。住在格拉斯哥市的人比住在利物浦或曼徹斯特或貝爾法斯特
（Belfast）的人都要短命——四座城市都是去工業化的英國城市，
歷史、人口結構及陷入凋零的模式也都相似。格拉斯哥居民短壽
的現象不分社會階級，而即使在調整不健康的行為後，他們的壽

---

9 Allan Mallach, *The Empty House Next Door: Understanding and Reducing Vacancy and Hypervacancy in the United States*, Lincoln Institute for Land Policy, May 2018, p. 19.

10 W. Spelman, 'Abandoned buildings: magnets for crime?', *Journal of Criminal Justice*, 21(5), (1993), pp. 481–95, doi:10.1016/0047-2352(93)90033-j, and: C. C. Branas, D. Rubin and W. Guo 'Vacant Properties and Violence in Neighborhoods', ISRN Public Health, 2013;2012, 246142, doi:10.5402/2012/246142.

11 'Crime drops in Detroit, FBI's most violent big city; search your community's stats', *Detroit News*, 30 September 2019.

12 原注：據報導，除了其他大樓外，鷹隼也在底特律李廣場（Lee Plaza）飯店的屋頂築巢。

命還是比預期來得短。格拉斯哥居民壽命偏低，沒人真正知道箇中原因。這位研究員稱之為「超額死亡」（excess mortality）現象，即是一般人較熟知的格拉斯哥效應（Glasgow Effect）。

　　一名作家曾在二〇一二年大膽寫道：「彷彿有一道有害的霧氣，在夜晚從克萊德（Clyde）（河）升起，最後被沉睡中的格拉斯哥人13吸入肺裡。」換言之，那即是「源自大氣或起源不明」的「有害影響」。但倘若枯萎真是一種病，一種廣及整個城市的病，那麼或許可能有治療的方法。

　　二〇一四年，由底特律三位重要地方領袖擔任主持人的總統專案小組發表了以下聲明：「一顆惡性腫瘤若只是移除一部分，並無法根絕問題。同理，街區及整個市區的枯萎病灶，若只是清除一部分或增加清除量，亦無法根絕問題。因為除非和治療癌症一樣，將整顆腫瘤移除，否則枯萎病灶還是會發生。14」他們公布了一份底特律屋宅的詳細清單，當中分析了各街區內「每一條街、每一塊地」的狀況，另外還呼籲應拆除四萬棟荒置或破舊的建築。他們的指示既明確又務實：找出枯萎病灶，消滅感染源。如此一來，這座城市或可望拔除己身病灶，就如同一名園丁可能會修剪一株樹或灌木，期盼經過冬天大刀闊斧的修剪，這些樹木能在春天來臨時蓬勃生長，煥發新貌。

　　該專案小組強調，要消除病害必須採取目標明確的行動，因為資源有限，問題又根深柢固。他們反覆重申的要點，也是我在有關底特律的討論中經常聽到的論點：各個街道與街區可能會通過一個「臨界點」，在越過此點之後，就會枯萎敗壞到無法拯救的地步。最後只能切除、截除、連根拔起，以遏止病害傳播，挽救大局。這是相當艱難的決定，但確可收到實效。他們引用了蘇

格拉底的名言：「孩童害怕黑暗，情有可原；人生真正的悲劇，
是成人害怕光明。15」

　　從某種層面來說，他們只不過是從已在這座城市流傳多年的
民間智慧汲取對策，並且公開宣揚。在底特律於二〇一三年宣告
破產的前幾年，市區街道已無人清掃，路燈也未亮起。在這段治
理欠佳的時期，地方上自動發起了各種行動。約翰・喬治（John
George）16原是一位保險業務員，他在一九八八年開始參與社會
運動，因為當時在他自宅後面的一棟棄屋成了吸食買賣古柯鹼的
毒窟。他號召了一群鄰居，與他們一起用木板將這棟房屋封死。
自此之後，他所創建的組織「底特律疫病剋星」（Detroit Blight
Busters）逐漸壯大，在三十年間已拆除了超過九百棟棄置的房
屋（涵蓋區域包括了喬治的出生地：惡名昭彰的布賴頓穆爾社區
〔Brightmoor neighbourhood〕），並用木板封住或重新油漆了另
外數百棟。

　　湯姆・納多內（Tom Nardone）是當地一位深具風采的企業
家，他看到破產的市府打算關閉市公園來節省開支的報導後相當憤
怒，決定親自採取行動來解決問題。他在墨西哥城（Mexicantown）
邊吃著墨西哥夾餅邊對我說道：「這根本就不合理。這樣做就意
味著他們不會再派人去修剪草地、清掃垃圾。我每天開車回家的

13 'No city for old men', *Economist*, 25 August 2012.
14 Glenda D. Price, Linda Smith and Dan Gilbert, 'A Message from the Chairs', in
　Detroit Blight Removal Task Force Plan, 27 May 2014.
15 出處同注14。
16 Clare Pfeiffer Ramsay, 'Who Ya Gonna Call?', *Model D Media*, 25 October
　2005.

途中會經過一個小公園，在經過時我忽然想到，該死，我可以自己來割草啊！所以我就買了一台割草機。」

他和一群「中年車迷」（這是他對共事志工的親切稱呼）組成了「底特律割草幫」（Detroit Mower Gang）。他們照料的範圍除了公園以外，還包括全市廢棄學校內的運動場、操場，以及各種空置的土地與荒地。

眾人很難不被他的熱情、旺盛的活力和強大的行動力所感染。

用完午餐後，納多內開車載我到一座建於一九六〇年代的自行車競賽館。這座混凝土建築已是雜草叢生，但幾個月前納多內他們才重新清理過供社區使用。他自豪地帶我到車道四周走走，給我看社群媒體上孩子們騎著自行車競賽、表演後輪平衡特技的照片。我認為館場感覺很正常。和任何城市的任何運動場沒有兩樣。但他們的成就正在於此。在一座遍布荒地和城市大草原的城市，只要有修剪整齊的綠色草坪，就象徵著所在地還是井然有序。

納多內累積的心得是：任何類型的植被只要割過三次，就會變成草地。他很得意地說：「這些草地看起來就像我們刻意種出來的。」這是一種逆向的演替。芝加哥學派應該可以從中獲得某種啟發。

§

康斯坦絲・金恩（Constance M. King）這一生幾乎都住在底特律北端（North End）社區這棟漂亮的淡黃色隔板屋裡。她出生後，父母帶她回到的家便是這棟房子——她說自己是「一九四九年出生在密西根州的底特律市」**17**。

　　當時北端是一個環境良好的街區。整個奧克蘭大道（Oakland Avenue）商店林立，都是「黑人經營的好商家」。有藥局、雜貨店、魚市場、禽舍、鞋店。有薩克斯第五大道（Saks Fifth Avenue）百貨公司。有頂點酒吧（Apex Bar），藍調歌手約翰・李・胡克（John Lee Hooker）一九四三年就是在此舉辦首場演奏會。另外還有費爾普斯酒吧（Phelps Lounge），詹姆士・布朗（James Brown）、比・比・金（B. B. King）、伊特・珍（Etta James）等樂人歌手都曾在此表演。金恩家的街道有整排連綿不斷的房屋，住著工薪家庭，他們在此養兒育女，總是把草坪修剪得整整齊齊。

　　可惜街區後來沒落了，金恩感嘆道。一戶戶人家陸續搬走，隨後入住的是短期的租戶。房子變得破敗不堪；有時還遭到本身的租戶破壞。「許多學校都被拆掉了。這裡已經沒剩下多少孩子。」周遭毒品氾濫，還有一堆吸毒的人。在附近走動已經不再覺得安全。

　　金恩結了婚之後便搬到外地去。但這段婚姻並沒有維持很久，她很快就搬回老家，此時街區的環境正不斷急劇惡化。她的母親亡故了，接著她的兄弟遭到射殺，事發地點離老家只有幾條街的距離。儘管如此，她還是捨不得離開。「在我的兄弟遭到殺害後——」她停頓了一下，繼續說道，「我覺得有必要開始注意自己的安全。」她不再到鄰近的地方購物，不走路到商店，開車出門也不會下車。可以逛的商家其實也所剩不多了。

---

17 Constance M. King, interviewed by Ellen Piligian on behalf of the author, December 2019.

　　但這裡是她的家園。當地一座教堂曾向各家戶提出用幾千美元收購他們的房子；買進之後準備另做他用。但金恩無法狠下心來賣掉房子。「我看到我的家人努力打理環境——我母親在我父親去世後開始打理一切——讓他們的房子維持在良好的狀況，這是我們的棲身之處……除非真的無能為力，否則我們絕不會讓房子淪落到被變賣的境地。」

　　此外，她和鄰居熟識。這些鄰居會照顧她。隨著她上了年紀，鄰居在冬天會幫她剷除車道的積雪。不過她認識的鄰居越來越少。街道逐漸變得一片空盪盪。在她住家旁的一戶鄰居於一九九〇年代搬走。但是金恩始終用心地照料鄰屋，總是將草地修剪整齊，讓門廊維持整潔，「我可能會在窗戶掛上一些窗簾或舊布，如果有人經過就會以為還有人住在那裡。」換句話說，就是讓鄰屋只保持空置狀態，而不致變成棄屋。

　　之後有一天，有人闖進來，發現這是一棟空屋。「我開始聽到吵雜的聲音，然後：砰砰砰！他們正在拆牆壁。」現在鄰屋已淪為一片空地。

　　金恩的房子與其他三棟房子相連。這四棟房屋恍如要逃離高漲的洪水似的簇擁在一起，兩旁的邊緣都是大片開闊的草原。略往北處是三間式樣相同，並肩而立的房屋。外側的兩間相當整潔，草坪上堆滿了孩童的玩具，但中間的房子只剩一個扭曲發黑的空殼，下排的窗戶被木板封住。在道路的盡頭盡立著兩棟被群樹包圍的木屋，它們從枝椏間往外張望，彷彿迷失在一座森林裡。

　　從金恩的觀點看來，枯萎與其說是一種病，不如說是一種無上且不分對象的毀滅力量，好比一場緩步來襲的海嘯，或是必須加以對抗防堵的洪水。她說道：「我是如何看待出現在我家附近

的枯萎病？我認為枯萎是人人憎惡的病狀。我覺得枯萎就是指所有事物正遭到摧毀的現象。」

金恩每天都會悉心照料住家，防止枯萎病入侵。她也曾照料鄰居家，直到鄰屋灰飛煙滅。但她表示，最近掃街車又開始開進這裡了。這裡已經很多年沒掃街車開進來，從她十幾歲以來就沒見過了。北端的情況正日漸好轉，她一直知道最後一定會有轉機的。「我現在只等著北端完全恢復元氣。」

這裡縱有時代的浪潮來襲，但她相信漲潮之後必有退潮時。

§

之後，在離去前，我鑽回車裡，在市區各處漫無目的地行駛。

街道在車窗外流轉而過；街景從繁忙轉為幽靜；從高樓大廈轉為帶有喧鬧、田園氣息的城市大草原。我橫跨州際公路，穿越一排工業倉庫，到達位在市中心西側的德爾雷區（Delray）。

我突然認出了這個地方。納多內先前曾帶到我這裡看一座他割過草的公園。不過我們到達時，卻發現這座公園已經不見了。事實上，幾乎整個街區都不見了：所有的房屋、公園、土地都經過清理，準備重新開發，在上面建造通往加拿大的一座新橋基底，以及環繞橋梁的廣場。我穿行在幾條道路上，所經過的土地如今已成雜草蔓生的荒原，被這些道路切割成方塊狀。在荒原上，微小的樺樹苗從小糠草與野麥間哀怨地抬起手來。形容枯槁的電線下垂彎曲，有些大半都已被藤蔓纏住。

我轉進一條小路，路面已碎裂並布滿裂紋，綠色植物穿過這些裂縫，形成宛如接受金繼修復術（kintsugi）[18]後所產生的線

條。這裡受到棄置的時間更久：兩旁已長出喬木，簇擁著廢棄的電線桿。路上的草木十分濃密，擠進了車道，緊挨著車身的兩邊。我瞧見前面有一艘遊艇被丟棄在路中央或拖拉至此，擋住了我的去向。一陣不安感突然襲來，讓我不禁發顫。我把車停下，以最快的速度掉轉回頭。

我繼續駕車前行，來到一排遭到棄置的凌亂建築，在一個十字路口旁停下來。在我左邊是一棟獨立的巨大正方形建築，背靠著一道色澤怪異又不自然的青綠色河流。而越過這棟建築，可以望見重工業區楚格島（Zug Island）暗黑及瀰漫反烏托邦氛圍的輪廓：島上火炬氣熊熊燃燒，高聳的煙囪冒出濃煙，煤炭堆成小山。車道已經被擋住。擋在最前面的是一輛被撞毀的卡車，其破裂的車窗上還貼著塑膠薄膜。接著是一道歪曲的橙色網子及一張薄板，上面用血紅色的噴漆噴上「請勿進入——犯罪現場」的字樣。

這整個衝擊性的場面——狂亂的字跡、恍如《魔戒》虛擬地域魔多（Mordorian）地區的背景、顯無警察在場的境況——讓我的心狂跳不已。我腦海浮現了「枯萎病」，第一次感覺到這個字詞恰如其所。我感覺到枯萎病從四面八方包圍而至。我想離開這個地方。

我心中納悶：為什麼會有人想待在這裡？然而，就是有人願意留下來。（有位居民曾告訴當地一名記者：「雖然一切都變樣了，但這裡是我們的家園。我們的家就在這裡。[19]」）

研究人員發表首篇關於「格拉斯哥效應」的論文後，當中未解的謎團引發大眾諸多揣測。令研究人員苦惱的是，這項未知的因素很快就自行作用，成為格拉斯哥居民早逝現象（其早逝機率

較一般預期高出三成）的直接肇因。這真是一個相當吸引人的謎團，我對那位公衛研究員也是如此說道。

不過我可以從他的表情看出，他不太苟同我對這個謎團表現出的盎然興趣。他駁斥道，謎團的存在對這座城市沒有任何助益。無論如何，有一篇即將發表的新論文 20 已大致分析出該地居民早逝的原因。其中一個因素是居住地點鄰近棄置荒廢的土地，研究人員認為這些地帶與暴力、汙染、心理健康欠佳有著關連性。另一個因素就比較難詳細說明了。

這個因素就是：格拉斯哥在二十世紀時大肆拆除貧民窟及推動「都市更新計畫」，因而元氣大傷。受到建築大師勒‧柯比意（Le Corbusier）的理論及其烏托邦理念的啟發，格拉斯哥鏟平廉價公寓，以高樓大廈取而代之，並將年輕力壯的族群送到實驗性的衛星「新城」。研究人員指出，這些措施撕裂了格拉斯哥的「社會結構」：亦即支撐居民，為其提供安定力量的生活環境。此一情況造成居民心情頹喪、健康耗損。「絕望病」（diseases of despair）21隨之蔓延。

以追求進步之名拔除「不良」區域的結果，就是造成這座城市四分五裂。

---

18 譯注：用金漆修補破損陶瓷的日本工藝，裂縫修補後反而會形成優美的金線。

19 John Carlisle, 'Is this the end of Delray?' *Detroit Free Press*, 11 December 2017.

20 David Walsh, Gerry McCartney, Chik Collins, Martin Taulbut and G. David Batty, 'History, politics and vulnerability: explaining excess mortality in Scotland and Glasgow', Glasgow Centre for Population Health, May 2016.

21 譯注：如藥物濫用、酗酒、自殺想法與行為等。

　　對抗枯萎病的計畫在美國也有一段久遠、動盪的歷史。現代主義建築根植於一個理念，那就是若一處環境嶄新有序，居住其中的群體也會轉變成相稱的面貌。而要創造此種環境，主事者需要有遠見之人相輔。（柯比意如此寫道：「城市的設計至關重要，不能交由市民為之。」）

　　然而遠見的實踐，往往犧牲掉最貧困弱勢的族群。而在底特律，被犧牲掉的是非裔美國人。在一九五〇年代至一九六〇年代，他們在無力抵抗的情況下，被迫離開位在黑土低地（Black Bottom）、天堂谷（Paradise Valley）等地區「有枯萎病灶」的住家，遷至標榜高樓及銳利結構設計的「建案」住宅。一個個街區整個被抹除，以騰出空間興建混凝土屋宅，但縱使這些建築是新蓋的，舊有的問題依然存在。甚至倍增。（對於未來在柯比意所規劃的城市中生活的市民，一位評論家如此評述：「這些人都是可憐蟲！他們在這場急劇的變革、在此種組織架構、可怕的一致性下會變成什麼模樣？……這一切足以令人因『標準化』而不住作嘔，令人渴望無序的狀態。22」）亨利・福特（Henry Ford）曾說過，他不會為全世界所有的歷史付出一分一毫23。但我們可以從他的世代中得到許多啟發。如果現代主義追求的目標是促成社會的復興，那麼其目標並未達成。在高樓大廈中可以明顯發現到，某種深切、無形、深奧，長久以來一直存在的事物已消失無蹤。感覺像是聽到衣服撕裂、布塊扯破的聲音。世人應慎防這樣的城市被截斷手足，或連根拔起。

　　我想起了微笑著把舊布掛在已搬走鄰居窗戶上的金恩。我想起了用木板將自宅後方房屋封死的喬治。我想起了照料公園草坪的納多內。我穿過栽種在空地上的社區花園。我看到空盪建築的

側面布滿各種色彩紛呈的壁畫。在這種種景象中，蘊藏著無言的
訊息：這就是家園、這就是家園、這就是家園。

　　如果枯萎症狀可以醫治，治療方法就在這裡。再割除兩次，
它就會變成草地。

22 *L'Architecte*, Paris, September, 1925. Quoted p. 133, *The City of Tomorrow and Its Planning* by Le Corbusier, translated Frederick Etchells, Dover Publications, 1987 (original translation: 1929).
23 譯注：福特認為活在當下才重要。

6
無政府的動亂時代：
美國紐澤西州，派特森市

　　故事是從一次野餐開始的。時間是一七七八年七月十日。美國獨立戰爭正打得如火如荼。喬治・華盛頓將軍、年輕的拉法葉侯爵（Marquis de Lafayette），以及華盛頓的高級副官亞歷山大・漢彌爾頓（Alexander Hamilton）剛打完蒙茅斯戰役（Battle of Monmouth）正在返回軍營的路上——這是一場不分勝負的苦戰，因熱衰竭而死的人數與戰死的人數一樣多。就在此時，他們無意中發現了一道壯觀無比的瀑布。

　　瀑布水氣橫飛，水流穿過崖壁的狹小裂隙，從七十七英尺高的豁口直沖而下，落入底下的大水池，「狂暴的水流在池中歸於沉靜，如明鏡般熠熠發光，」1當晚一位副官在其日記中如此寫道。他們看見峽谷內濺起一道細緻的水花，「宛如一縷薄霧」2，隨著微風飄散開來。

　　在近處一株橡樹向外開展的枝椏底下，將軍和他的隨從一邊坐著享用露天午餐，一邊從該處欣賞瀑布的壯闊景色、穿透升騰水氣的一彎彩虹所散發的七彩光芒，以及水流猛烈撞擊所發出的轟隆聲響。他們吃著牛舌、冷火腿肉，喝著用泉水稀釋過的蘭姆酒，而泉水是取自從橡樹底部「無比歡快地冒出」3的一道冷泉。眾人想必都會同意，這是路上最愉快的一段插曲；在經過多個月

來的焦慮與奮戰後，終於可以稍事放鬆一下。

不過令漢彌爾頓印象最深刻的，不是清澈的水流（由二十幾條孕育著鱒魚的溪流匯聚而成），也不是河邊生意盎然，開滿了野花的草地，而是瀑布浩蕩磅礡的力量。在戰爭勝利後，接下來的幾年間，華盛頓及其他開國元勳著手重建美國的經濟，此時美國已背負了數百萬美元的債務。美國製造業先前受到殖民地法嚴格打壓始終未能發展，但如今美國已擺脫束縛，漢彌爾頓於是回想起那些轟隆作響的瀑布。

詩人從瀑布中看到的是壯麗的景致、隱喻和自然奇觀，漢彌爾頓卻是看到了大量的潛在能源徒然流失，未經利用；多達二千匹馬力的能量就這麼白白溜走。瀑布所隱含的強大動能足以提供工廠及發電機運轉的動力。

一七九一年，漢彌爾頓成立了可謂首家的公民營企業，委由該企業將帕賽克河大瀑布（Great Falls of the Passaic River）周圍森林中的空地改頭換面：改建成一座「國營廠區」。山坡內部因而鑿建出溝渠、輸水道、水壩、閘溝，以將從瀑布傾瀉而下的急流導引至渴求能源的工廠，而位在河岸邊的是美國首座預定工業城的街道。這個城市就是紐澤西州的派特森市（Paterson）。

正如歷史學家理查‧布魯克喜瑟（Richard Brookhiser）所形

---

1 Quoted in Arthur S. Lefkowitz, George *Washington's Indispensable Men: Alexander Hamilton, Tench Tilghman, and the Aides-de-Camp Who Helped Win American Independence*, Rowman & Littlefield, Lanham, 2018, p. 178.

2 Bernard Christian Steiner, *The Life and Correspondence of James McHenry*, The Burrows Brothers Company, Cleveland, 1907, p. 22.

3 Arthur S. Lefkowitz, *George Washington's Indispensable Men*, p. 178.

容，派特森市是「資本主義的伯利恆，美國現代化的起點」4，而市內所有製造廠、織布機、鍋爐房、機械工廠所代表的意義，遠比這座城市本身還要宏大。派特森市寄託著美國創造新未來的夢想──這個新未來無論是好是壞都勢將誕生。它是美國製造業的發源地，但之後也見證了其最終的衰敗。

§

我是在網上發現惠勒（Wheeler）的。他是一位知名的城市探險家，我讀到他描寫紐澤西州底層社會的散文詩時，有種發現同好的悸動。「我喜歡探究腐壞的混凝土和有毒廢棄物，」他寫道。「我的目標是探尋老舊的工廠、破爛的車輛、廢棄的油輪、被淹沒的船隻……公路不為人知的陰暗面、下水道系統汙穢的底部……被世人遺忘的地帶。」5我料想我們或許有一些共同點。

惠勒開著一輛閃亮的全黑皮卡車，穿著黑色軍靴、黑色戰鬥褲和黑色連帽上衣。他緊張時習慣不時用上衣的帽子蓋住他的平頭。我們在瀑布附近停下車來，駐足在前，張口注視著以每秒二萬加侖的水量傾洩至深谷的水流；這道瀑布宛如一頭咆哮的猛獸，雖然與一七七八年時一樣令人驚嘆，但如今已被細小散亂的管道及混凝土橋基所箝制。如威廉‧卡洛斯‧威廉斯（William Carlos Williams）在他的長詩巨作《派特森》中所寫：「過去在上頭，未來在下頭／而現在正傾瀉而下。6」

離這裡不到一百公尺處是舊時的黑人聯盟（Negro League）棒球場。這座棒球場已經棄置了二十年，柏油地面已破裂開來，邊緣長出銀白色的雜草，一排排細長的樹木從看台上冒出來。我

們低身從圍牆的一個洞口鑽進去，走到棒球場上。那裡有一塊
酒瓶綠記分板，黝黑的嵌板已模糊汙損，俯瞰著棒球場殘留的痕
跡，彷彿在等待下一場比賽開打。我們穿過圍網的另一個缺口，
到達一條陡峭泥濘的小徑。這條小徑往上通到一道岩壁，從該處
可眺望河的對岸，以及位於城市中心的工業廢墟。在我們正前方
立著幾座造型典雅的圓柱型磚造煙囪，從下方的林冠突兀地竄
出，我在林間瞥見了煙囪底邊崩塌建築的焦黑殘骸。

在全盛時期，帕賽克河為派特森三百五十家工廠提供電力，
而這些工廠雇用的員工數達到四萬人。派特森先是經歷了一番
榮景，接著陷入了頹敗：它先是成為「美國的棉花之城」，然後
在極短的時間內發展成全世界的火車頭製造重鎮。塞繆爾‧柯
特（Samuel Colt）在這裡造出了第一支連發手槍，約翰‧霍蘭
（John Holland）則是在此測試了他的第一艘潛艇。各種工業在此
更替不休；這個工業區屢屢敗落，又屢獲新生。派特森最後一次
捲土重來約莫是在十九、二十世紀之交，這次它重生為「絲綢之
城」，市內的紅磚工廠經過改建，設置了織布機及染料間。

我們腳下這塊雜草叢生，面積達七英畝的土地，蘊藏著工業
史上的一段重大歷程——在這塊土地上有舊紡織廠所形成的廣大
建築群、柯特昔日在此設立的槍枝製造廠，以及已破舊空置，

4 Quoted in Peter Applebome, 'Paterson, the Yellowstone of the East?', *New York Times*, Feb 12 2006.

5 Wheeler Antabanez, *Weird N.J. Presents: Nightshade on the Passaic*, Weird N.J., Bloomfield, 2008.

6 William Carlos Williams, *Paterson (Revised Edition)* , New Directions, New York, 1946–1958 (1995), Book III, Part III.

曾提供這些工廠動力的輸水道。但這片區域如今已架起圍籬，隱藏在世人視線之外。現今眾人所稱的聯合紡織印花公司（Allied Textiles Printing）舊廠區幾十年來幾乎無人照管，自生自滅，可謂是強有力的時代象徵，從中可窺見美國製造業的沒落、曾依賴其維生的社區，以及工業時代在更廣大層面留下的遺毒。

一九四五年市政府徹底破產。水道乾涸，工廠紛紛關閉，雜草叢生。換言之，工業的浪潮已經退去，派特森的市民也陷入生計無以為繼的困境。現今該市十五萬的居民中，將近三分之一都生活在貧窮線下，失業率是全國平均值近兩倍，而且幫派暴力猖獗。該市每年會發生約二十起凶殺案；在二〇一九年四月，七小時之內就發生了四起槍擊案。毒品隨處可見，取得也相當容易，尤其是海洛因。

惠勒和我在峭壁上輕聲細語，以免吵到搭建在我們正後方的營帳：那裡有一張可能已在這裡搭建了幾個月的破舊單人帳，以及一張輕便的折椅——椅子已經褪色，似乎正在眺望這整座城市，視線越過斷垣殘壁，橫跨派特森繁華已逝的方格街道，直達曼哈頓清晰可辨，炫耀著財富的閃亮摩天大樓。

我們離開此地，讓帳篷的主人重享寧靜後，沿著一條滿是垃圾的小徑前行，穿過萊爾大道（Ryle Avenue）上的廢棄紡織廠，再跨越到河的對岸，尋找進入主要建築群的道路。我們經過了老舊的和諧紡織廠（Harmony Mill），這座廠房目前已是慈善組織救世軍（Salvation Army）的倉庫。我們是從一座下方水道已經乾涸的混凝土吊橋走到這裡的。在橋底圍起的欄杆間，有人放置了一張接縫已經爆裂的床墊，以及一個帶著水印的枕頭，還試圖架網封住入口。

我在探尋荒地的過程中，首先會注意所到之處是否渺無人煙：這似乎是荒地的先決條件。但在我所探訪的每個地方，幾乎都可發現這些「荒漠」依然有人居住——居民主要是無法適應環境的人士或中輟生、邊緣族群等，在紐澤西州的派特森市尤其如此。我從中得到的體悟是：人也可能被棄之不顧，任由其命運、自身的悲慘境遇擺布。此種境況利弊互見：有些人會選擇永遠或短暫地脫離社會，從而享有自由；而受到拋棄的另一層意涵就是：不受道德制約。

但自由也伴隨著危險。我們一旦脫離一般人常走的道路，無論原因為何，便有迷失方向的危險。更糟的是，他人還可能找尋不到我們的蹤跡。如要思忖自由所帶來的益處與惡果，最佳的地點莫過於這座城市：派特森，美國資本主義的發源地。

§

惠勒非常熟門熟路。我們低身鑽過一個缺口，走上位在舊艾塞克斯紙廠（Essex Mill）後方的一條林道，到達一處凌亂的莊園。在此可以看到四座舊廠房及二十幾棟小型附屬建築的殘垣敗瓦掩映在林間。

這條小路沿著一條舊水道的邊緣而行。水道底部已經變得硬實乾涸，堆滿檸檬色、淺綠色、黃褐色等猶如彩屑的落葉。我們繼續前行約一百公尺後，經過一間看似棚屋的小屋子，正面無門對外大開，內部一片黑暗。我在這片幽暗中看到幾個大小不一的條板箱與木板放置在一起，用來分隔內部的空間。正當我們費力朝這個昏暗的空間張望時，惠勒解釋道：「這是遊民的營地。」

裡面沒有任何動靜。

棚屋後面的壕溝滿是垃圾，堆到了小腿高度。裡面有空飲料瓶、食品包裝紙、噴霧罐、塑膠啤酒杯、一隻沒了鞋帶的運動鞋、一台嬰兒車，還有幾十個可以重新封上，看起來像是裝過海洛因或快克古柯鹼的小袋子。這些是遊民靠著撿拾廢棄物、購買特價酒品勉強度日的生活痕跡。

我繞過一個丟在土裡的皮下注射針頭，又經過一連好幾間的小水泵房，每間崩毀的方式各有不同：第一間是被一株倒下的樹砸毀，空心磚散落一地，彷如散落在育兒室地板的雜物；另一間則是被燒毀，屋椽像煤灰一樣漆黑，變得凹凸起伏，因耐受不住烈火的高溫而爆裂。

我們找到了柯特昔日的槍枝製造廠，廠房屋頂已經塌陷，暴露出內部的結構，但牆壁依然挺立著，一座磚砌的煙囪以勝利的姿態聳立在廢墟之中。斷垣殘壁裡長滿了樹木以及蒼翠葉茂的矮樹叢。這是一種奇妙的美麗景象：紅色的裸磚映襯著染上紅暈、展現秋日風情的葉片——它們往高低處上下延伸，繁盛似錦。另外還有五角星狀的嬌小野花，以及結著莓果的樹木。莓果有鮮紅色，也有琥珀色，從帶有斑點的樹葉間向外窺看。一路上毒藤（poison ivy）隱蔽地現身，向外界伸出危險之手。斑駁的光影在地面上跳動起舞。

每一處的表面都畫滿了塗鴉，就連樹皮也無法倖免。塗鴉層層堆疊在這些表面上：舊畫已經褪色，被新的塗料覆蓋。夾雜萊姆色與芥末色的渾圓字母，與線條鋒利，以粉紅及靛藍色繪成的人手圖案交疊，在這些圖樣之上是清晰工整的白色銅版體（copperplate）文字，整幅拼貼畫爬滿了常春藤。

　　我跟著惠勒進到這個地方的幽暗深處，實際踏入廠內——眼前所見是一間極大的輪機房，屋頂已經塌陷，一根根巨大的橫梁向內旋轉，擱在一排金屬梁的托肩上。我覺得自己彷彿站立在某隻動物龐大的胸腔內，而這隻動物仍苟延殘喘，呼吸著最後幾口氣；一個外觀怪異的冷卻系統及一大堆管道，構成了牠的血管與神經。再過去不遠處，一道可能有兩、三層樓高的牆壁已幾乎全倒，只剩下上方單薄的磚造拱形結構搖搖欲墜，由底下一根細長的金屬管支撐著。多葉的攀緣植物從裂口垂降而下，如飄揚的旗幡般在微風中搖曳。

　　隨著我們往建築群更深處走去，漆塗在廠房牆壁的畫作也更形虛幻。在牆面所構成的廣大畫布上，一個長著精靈耳朵的骷顱頭張開大嘴，露出了一道門口，門後是一個被當成垃圾場的房間，各種家庭垃圾堆到及腰的高度，包括濕透的衣服、油漆罐、塑膠袋、烤盤等。一位藍皮膚的女子噘起沾了酒漬的嘴唇，向我們翻著白眼。一條風姿綽約、透著綠玉色澤的美人魚抬起一根手指，為我們指引前進的方向。

　　威廉斯在苦思《派特森》詩句之時，曾向一位與他通信的詩人，即年輕的艾倫・金斯堡（Allen Ginsberg）透露，他真正想要做的是「實地探訪，挖掘出派特森宛如真實『煉獄』的面貌」[7]。身在這座舊廠房的內部，我不知道是否已經目睹了這一面。我小心翼翼地踏入內部一個黑暗的封閉空間，裡面陰沉沉的，積了一

7　Paul Mariani, *William Carlos Williams: A New World Naked*, Trinity University Press, San Antonio, 1981 (1990), p. 419.

英寸深的汙水。水坑裡丟著已經打開的空瓶子，是用來裝處方止痛藥的塑膠瓶。

但金斯堡也身在派特森，他從自己在過往信件所稱的「同一座破舊之城」向威廉斯招呼致意。他已經體悟到應該深愛自己的故鄉。「派特森只不過是個需要憐憫的悲情老爹，」他在給威廉斯的回信裡如此寫道。「……我想說的是，」他繼續講述，帶出他的主題，「要描寫派特森不用像米爾頓一樣下地獄，這座城市也是一株滋養心靈的花朵。」8

$\S$

我們雖然還沒瞧見任何人，但是並非無人在旁。我感覺到這座暗黑煉獄的居民就身在此處，偶爾還可以聽見不遠處細嫩的樹枝被踩斷而發出的劈啪聲。我們不只一次突然撞見臨時搭建的住所：例如有居民在一間破敗不堪的外屋上方掛了一塊破爛的防水布充當簡陋的帳篷，或是在舊儲物櫃內搭好一個藏身處，再用一張黑黝黝的粉紅色被褥擋住入口。外頭的地面上散落著一堆雜亂的衣服和物品：一張白色的塑膠花園椅；一個附有輪子，拉鏈已經爆裂的廉價行李箱；一張斷成好幾截的皮革扶手椅。我別開眼睛，不想窺探。我們繞過營地，穿越另一道門口，然後匆忙地離開這個飄著尿臭味的地方。

我們走過一條黑暗的隧道，見到一道光束照射在一簇發黃的草地上。就在我們近處，有個人影突然從一片陰暗中出現，大步向我們走來。他是一名西班牙裔男子，頭髮兩側剃光，但頭頂留著蓬亂的長髮，往後紮成馬尾。他的顴骨與手臂都有灰藍色的刺

青。他無聲向我們點頭致意，然後就消失在廢墟裡。

惠勒說道：「我想我認識那傢伙。」我回答「是喔」，有幾分懷疑。我們於是尾隨這名陌生男子走到一個巨大的瓦礫堆上，裡面有板條、磚塊、厚塑膠布、石板、變形的金屬梁、瓦楞板、破地毯塊等，接著再走到上方一個露天平台，在那裡可以看見光線穿透生鏽瓦楞屋頂中的一個個小孔。平台的地板滿是積水，因混入水泥粉塵而呈現乳狀，映照出牆壁的所有顏色。這名男子正坐在一個台階上捲一根大麻菸。對於我們的出現，他似乎並不感到訝異。

「馬洛，」他說道。那是他的名字。

他將捲好的大麻菸舔了舔封好，和其他人分著抽。在距離拉近後，我可以看清他身上的刺青圖案：他的臉部離我最近的一側，刺著兩個與眼睛齊高的音符，沿著髮線則是有一道手針（stick-and-poke）刺青。他見我正在端詳，就把其他的刺青指給我看：他左邊的太陽穴刺著一道閃電，是邪惡的標誌；一隻耳朵的後方刺著舵輪；一邊的顴骨刺著一個船錨。他的指關節有一個顛倒的十字架，腰部有三個小點構成的三角形9。他解釋這三個點象徵「Mi vida loca」，是西班牙語「我的瘋狂人生」的意思。他一邊的二頭肌上用歌德體刺著「MS-13」10字樣。他察覺到我的

8 Quoted in William Carlos Williams, *Paterson*, Book V, Part I. 譯注：英國詩人約翰·米爾頓（John Milton）在他的史詩《失樂園》（*Paradise Lost*）描繪了地獄的景象。

9 譯注：為代表幫派兄弟，或聖父、聖子、聖靈三位一體的圖案。

10 原注：MS-13是一個惡名昭彰的犯罪集團，大部分成員來自薩爾瓦多，或與該國有淵源。

表情後露齒而笑。「我不是這個幫派的成員。只不過是……刺著好玩罷了。」我回他：「是這樣啊。」我不知道該不該相信他。

馬洛到廢墟來是為了抽大麻菸。他說，像這樣一個地方沒有人會來找你麻煩，令人相當安心。這裡支撐著勉強稱得上是一個社群的團體：一個非常鬆散的社群，裡面的成員總是突然出現或無預警地消失。光是待在這裡便足以表明彼此間有著一定的共同點。「我和我的女友是在這裡認識的。」馬洛說道，給我們看他手機上的一張相片：是個漂亮的金髮女子，看起來像是有毒癮而瘦成皮包骨，頭髮挑染成不同顏色，臉上紋著刺青。

馬洛說道：「她很有魅力。但她有一些……問題。」他的說話聲漸漸小到聽不見。最近她又開始染上烈性毒品11。馬洛是不碰那些毒品的。烈性毒品會讓她任意妄為，做出瘋狂的舉動。他們兩人正在冷戰。馬洛說，有時候情侶會讓彼此墜入毒癮的深坑。他往後指了指帳篷的方向：掛著起皺的防水布、垃圾成堆的地方。「但我不會一起跌落深坑。」他會在這裡等女友把問題解決後回來。

馬洛抽完大麻菸後就跟著我們一道走。在這個高處的平台上，屋頂的面板已從支撐點滑落，無法遮蔽風雨，凋落下來的葉子覆蓋在土壤上形成了保護層。蕁麻、矮櫟及看似雪灌叢的植物從地面長出，排列成整齊的四邊形，像是一片為了銷往市場而栽植的蔬果園。我們從建材廢料堆上走下來，在腐爛的地板邊止步，從該處可見一道綠灰色的河流快速地穿過地下室。

惠勒跨步站到河面一根生鏽的金屬梁上，俯身檢視這棟建築地基上的裂縫。我靜默地看著他。在這樣的地方提醒他注意危險是沒有用的。這樣的舉動自是有危險性。但對惠勒來說，危險性

正是吸引他一探究竟的因素之一。

離惠勒成長的地方不遠處，有一間廢棄的療養院，是他和其他叛逆的青少年可以自在徜徉的場所。他們在那裡一起砸窗戶、抽菸，「表達自我」。療養院是他們在這個充滿束縛的世界中發洩情緒的地方。馬洛說，他對這個地方也有同樣的感受。他的童年不是很愉快：他出生在薩爾瓦多，被一對美國夫婦領養，他從未有過歸屬感。他的兄弟在軍隊及軍中的常規生活裡找到慰藉；馬洛則是反其道而行。「我無法忍受權威。」

這個空間（儘管既骯髒又破爛）對惠勒與馬洛來說，都代表著他們在別處無法得到的自由。英國作家喬治・蒙比奧特（George Monbiot）曾寫到「心靈回歸荒野」的現象，而我在這一片混亂與汙穢之中所感受到的，正是相同的現象。社會的各種無言期待及規範，無論多微小或多重要，在此種無序無主的邊緣地帶都不復存在。生活在這裡是為了拋棄某樣東西，但也是為了爭取某樣東西。

處在城市環境中，踏進廢棄的空間可以讓我們有恍如脫離街區之感。在這個空間可以隱去身分、享有綠地的救贖——沒有公園或花園內固有的秩序和無所不在的人群。城市裡的廢墟給予心靈的感受，好比遁入一座黑暗的森林，或攀登一道崎嶇的山峰，我們可能會出於相似的理由想要尋求同樣的荒野氣息。立於崩塌的廠房及高聳漆黑的煙囪之中（它們是工業巨頭所遺留下的骨骸），我感受到心靈的搖曳與萌動；壯美的光影從我頭頂掠過。

---

11 譯注：或稱硬性毒品，如海洛因等，大麻則屬於軟性毒品。

　　從這個角度看來，裝毒品的小袋子、沾血的針頭、被噴漆的樹木，甚至是汙穢的營地所象徵的，可能並非一個衰頹的社群，而是極端無序狀態所賦予的自由。（如美國作家阿內絲·尼恩〔Anaïs Nin〕所說：「混亂可以滋養出思想的沃土。」）

　　「自由有兩種。」如在瑪格麗特·愛特伍（Margaret Atwood）撰寫的《使女的故事》（*The Handmaid's Tale*）裡，麗迪亞嬤嬤（Aunt Lydia）對不得不聆聽她說話的聽眾所說的：「一種是隨心所欲，另一種是無憂無慮。**12**」在基列（Gilead）這個新建立的神權國家，見習使女被賦予「無憂無慮」的自由：免於淪為玩物、免於遭逢特定危險。在麗迪亞所稱的「無政府的動亂時代」，亦即先前的時代「現代」，「人們隨心所欲、任意妄為」。而我想最能清楚體現這份「隨心所欲」的，莫過於在柯特的槍枝製造廠舊址周圍恣意生長的荒草野木。此種自由一目瞭然，清晰明確，沒有任何權威需要對抗。

　　身處此地可以體驗到一種原始又摻雜恐懼的激動感。在沒有護欄的地方尋找安全的通道，會令人感到緊張興奮；在極端的境況下依個人自由意志行事，會令人感到更自主自立。但沒有正常社會的規範與約束，各種「可能性」會大到令人迷惘。你會心想，我可以做任何事。我可以成為任何人。沒有人能制止我。於是我們很快就會意識到，綁定我們身分的綱紀是多麼薄弱。或許只有在沒人規範我們應做之事的地方，我們才能認清真正的自我。

§

　　一、兩個小時後，我們開始自動往來時的道路走去。在一面

牆的每塊石頭上，都有一小幅色彩各異的塗鴉：有橙色、天藍色、鮭肉色、芥末黃等。順著這條路（不過是住宅區裡一條穿過灌木叢的殘破小路），我們經過了一棟荒廢的建築物，其窗戶與地板都已塌陷，從上方可以望見地下室裡一堆凹凸不平的破瓦殘礫。

馬洛說，才幾週前，他就在這裡經歷了有生以來最可怕的事。當時他正與幾個也在這一帶閒晃的熟人消磨夏日的夜晚。這些人大多是毒癮很重的毒蟲，是他在附近認識，平時會一起開開玩笑的人。其中有一名年輕男子彎下身來吸食海洛因，接著整個人就屈膝往前倒下。這名男子已經吸毒過量，就這樣在他面前倒地不起。「這一幕太可怕了，」他回想道，臉色看起來有點蒼白。

他身旁的這些毒蟲很快就反應過來，往這個人的口袋搜刮東西。然後他們就快步躲到灌木叢裡去了。馬洛繼續說道：「我不能就這麼袖手旁觀，眼睜睜看著那傢伙死掉。」馬洛一向看不慣警察的作風，一般情況下是如此，但是……他的說話聲越來越小。馬洛隨即打九一一求救，一輛救護車抵達現場。但為時已晚。這名男子沒能撿回一條命。

在我們腳邊一節低垂的樹枝底下，有一段醫用導管及一個撕開而且已經發皺的白色無菌包，是急救護理人員遺留下來的物品。過了一會兒後，馬洛說道：「我們之後曾在這裡為他守靈。還立了一塊墓碑……」他找了找，但這塊追悼亡者的石碑已經不見了。也許是被某個不知道，或不在乎石碑所代表意義的人撞

---

12 譯注：譯文取自陳小慰所譯《使女的故事》（天培出版）。

倒，掉到裡面的瓦礫堆上了。

「該死！」我說道。「你還好嗎？」馬洛浮現不確定的表情，只輕哼了一聲回應我。經過一陣靜默，他向我們道別，然後消失在灌木叢裡。

惠勒沉默不語。聽完馬洛的敘述，我感到心煩意亂：除了有感於這些癮君子淪喪的道德，也是因為站在高聳的壁架上，想到從上面跌下去有多深，令我感到一陣眩暈。獲得這種「隨心所欲的自由」的確可以令人感到自在暢快，但在此同時我們也會失去防護機制、可以為我們擔責之人以及安全網，兩相對比之下，做這筆交易瞬間顯得失策。

在出去的路上，惠勒與我遇見了這片廢墟的另一個居民，是一名女子。她看起來有點蓬頭垢面，一臉素顏——不過這樣的面容在此並不罕見。她穿著一件繫有腰帶的長大衣，手臂下夾著一個破舊的手提袋，顯然是下了班準備回家。

我開口想打聲招呼，但她用充滿惡意的眼光瞪著我，很明顯是因為我出現在她的地盤而感到不快，於是我一句話也沒說。在怒視我們最後一眼後，她爬上樓梯，向我們先前經過、掛著防水布的棚屋走去。

我們沿著輸水道走回街上。在經過第一間正面無門的棚屋時，我看到入口處已經放了一塊高度及腰的板子，用來擋住我的視線。

§

沿著帕賽克河畔而立，有如龐然大物的工廠廢墟，可能是該

地區過往工業榮景最顯著的遺跡，但除此之外，還有其他潛藏的遺害。我已經親眼目睹的貧困、毒癮問題是其中兩個。還有另一個是水中的毒害。

這座城市的染坊、鍋爐房、鑄造廠、屠宰場都會產生廢棄物，也都使用同樣的方法來處理這些廢料。為工廠提供電力的河流，也充當工廠的廢水管。在工業時代剛開展時，似乎可以合理假設，這些廢水一旦排放並順流而下，可能就會全部流入大海，然後消失無蹤。染坊會先將染液倒入染缸加熱，然後再將要染色的絲束浸泡在染液中。這些染缸內的染液會透過牆內直接通往河流的輸送管排放出去；地方上傳聞，根據帕賽克河的顏色13就可以判斷當天是星期幾。

> 河面半是紅水，半是蒸騰的紫水
> 從工廠排水口，隨熱氣噴湧而出，
> 旋轉流動，汩汩冒泡。14

當地原住民萊納佩人（Lenape）所熟知的潺潺溪流是鱒魚的棲地。而這些溪流很快就變成一團混水，滿溢著人類排放的廢水、工業化學物，以及其他任何需要處置的物質。一八九四年，

---

13 Chris Sturm and Nicholas Dickerson, 'The Power of the Passaic: Paterson's Birth and Rebirth Along the River', *Ripple Effects: The State of Water Infrastructure in New Jersey Cities and Why it Matters*, New Jersey Future, Trenton, 2014, p. 41.

14 From William Carlos Williams, *Paterson*, Book I, Part III.

一名去到該地的紐約記者驚恐地察覺,「一大片汙水」正排放至帕賽克河,使這道河流變成了「一堆骯髒、漆黑的液體」,將蘸了河水的紙張染黑。他循著「腐爛物所發出的一股惡臭」,發現大瀑布原址底部的水潭堆滿了數百條的死魚,這些是「游到瀑布後……因碰觸毒水而暴斃」的鱸魚15。

到了一八九七年,汙水管理委員會16的報告指出,每天有七千萬加侖的汙水排放至派特森大瀑布(Great Falls of Paterson)下方的帕賽克河(「超出其吸收能力」17),此汙水量就相當於帕賽克河總流量的三分之一。漁場全數遭到摧毀。報告並指出,製造廠發現河水太過髒汙,甚至無法做為鍋爐的水源。魚兒從河裡消失,哈里森市(Harrison)上百棟河濱地區的房宅因為河流的惡臭而遭到棄置。

截至一九一八年六月,河水已積聚過多含有如石油、雜酚油、油酸等油質的工業廢料,這些物質結合在一起,形成了浮在水面的一道厚膜,河流因而起火燃燒。《紐約時報》(New York Times)報導,火舌急速蔓延到整個河面,「宛如一場爆炸,連警衛的頭髮和眉毛都被燒焦了」18。這場火延燒了數小時,所幸後來潮水轉向,將整片火團挾帶入海,河畔的房屋才免於全遭火舌吞噬。

到了威廉斯的時代,這條河如他所稱,已是「整個基督教世界最汙穢的水坑」19。或許確實如此。不幸的是,未來還會出現更糟的景況。

15 Anon., 'Turned white paper black: polluted Passaic water that Jersey City drinks,' *New York Times*, 26 August 1894, p. 17.

16 'Report of the Passaic Valley Sewerage Commission upon the general system of sewage disposal for the valley of the Passaic River, and the prevention of pollution thereof', Passaic Valley Sewerage Commission, John E. Rowe & Son, Newark, NJ, 1897.

17 N. F. Brydon, *The Passaic River: Past, Present, Future*, Rutgers University Press, New Brunswick, 1974; cited in Victor Onwueme and Huan Feng, 'Risk characterization of contaminants in Passaic River sediments, New Jersey', *Middle States Geographer*, 39, (2006).

18 Anon., 'The Passaic river fire,' *New York Times*, 6 June, 1918.

19 William Carlos Williams, *In the American Grai*n, New Directions, New York, 1925 (2009).

第三部

· · ·

長遠的陰影

7
物競人擇：美國史泰登島，亞瑟基爾海峽

　　再往南至帕賽克河的入海口有一處遺址，對我來說，它象徵著工業時代綿長難解的遺害。我租了一輛車往下游而去，順著二十一號國道行駛。這條公路沿著帕賽克河畔蜿蜒前進，通往紐瓦克灣（Newark Bay）。一路上高低起伏，曲折不平；平滑如雕塑般的一條條支道短暫交會後又分離開來。

　　這裡的土地開發相當密集，舉目可見高速公路、主幹道上的購物中心、廣闊平坦的停車場，構成了紐澤西州典型的單調景致。我從派特森轉進帕賽克郡，再進入紐瓦克灣的上游地帶——雖然一個個聚落在我的地圖上是分開標示的，但俯看之下卻像是交融在一起。我想就規模而言，也許可以用「都會圈」來形容這個地方。或者可以稱之為「大都會」。我最後決定用「都市擴張」（urban sprawl）[1] 來形容眼前所見的現象。這個詞可以表達出此地的構成形態，公寓大樓、建築工地、貨倉遍布四處的模樣，以及狹小的屋宇如何以突兀的姿態湧現，填補了各座場館、碎石堆、倉庫之間的空隙。

　　此景讓我想起了羅伯特・史密森（Robert Smithson）的作品。著名的地景藝術作品《螺旋防波堤》（*Spiral Jetty*）就是這位雕塑家與地景藝術家所創作。我非常喜愛他的作品，當中探討了衰敗與破落的概念，並對「非場域」（non-site）[2] 有違拗常理的

探析。史密森就出生在帕賽克郡，早年生活在河對岸的盧瑟福區
（Rutherford）。我發現他的作品就如四處延展、輪廓難辨的聚落
般，與派特森的詩人之間存在著相互交融的關係。而他們在生活
中也有交集之處：威廉斯曾是史密森的小兒科醫師；如同威廉斯
（以及金斯堡），史密森以自己的方式致力於找出獨特的「美式」
藝術創作手法。

　　史密森結束羅馬之行返回美國後，在紐澤西州「恍如迷宮
的混亂景觀」中，看見處處都是「永恆之城」3的扭曲倒影；他
之後描述其不斷建構與解構的狀態顯現出一種「近乎沃姆斯式
（Vorhazian）的時間流逝感」4。為此，他在一九六七年於美國當
代藝術雜誌《藝術論壇》（Artforum）撰寫了一篇深具影響力的
文章，標題是〈帕賽克紀念碑〉（The Monuments of Passaic）。
他於文中描述了在帕賽克的一場工業遺跡之旅，造訪處包括公路
橋、抽油井架、停車場、有巨大坑洞的建地等，如導遊般對所見
景象讚嘆不已。

　　他指出，建造的過程與毀滅的過程極為相似：「那些零度的
全景似乎包含了逆起的廢墟（ruins in reverse），亦即所有終將建
成的新築體（construction）。此種廢墟正好與『浪漫的廢墟』相

---

1 譯注：或稱都市蔓延，都市透過主要道路向外無秩序延伸發展的狀態。
2 譯注：為呈現「場域」（site）的媒介，例如藝術家在野外探索的地點為
　「場域」，展示探索成果的空間為「非場域」。
3 譯注：羅馬別名。
4 'Oral history interview with Robert Smithson', Smithsonian Archives of
　American Art, 14–19 July 1972. 譯注：沃姆斯（Worms）位於德國法蘭克福西
　南方，為歐洲最古老城市之一。

反，因為建築物不是在建成後才淪落為廢墟，而是在建成之前就已如廢墟般立起了。5」

他由此想起了小說家納博科夫（Nabokov）的觀察所得，也就是未來只不過是「舊事物的倒轉」；他認為無序擴展、雜亂無章，以及已建、未建築體的各種狀態，共同形成了一種「熵」（entropy）6的結構。此種包羅一切的瓦解與衰敗概念令他深為著迷，也促使他遠赴礦坑、石灰礦場、雨林（已覆滅的猶加敦〔Yucatán〕文明舊址所在處）雕鑿作品。

他後來的這些作品，許多都是受到我當前所見的景色啟發：錯落不齊的城市景觀，而在這幅景觀上的破洞，形成史密森所見的紀念性缺口，代表著「成片被遺棄的未來的記憶痕跡」7。此處的地景的確猶如被遺棄的未來所呈現的景象：荒廢的工廠及倉庫唐突地沿著河濱而立，白色與淡藍色的隔板屋簇擁在橋梁與高架道路的足踝間，堆疊至一百公尺高的廢棄貨櫃俯視著其下的一切，而在西邊，太陽正逐漸沉落。

§

低潮時刻。清晨。我站在亞瑟基爾海峽（Arthur Kill）的海岸線上。這是一座潮汐海峽，帕賽克河的河水在經過紐瓦克灣後，由此流淌入海。

地面感覺像沼澤一樣濕軟，很不踏實，上面散落著啤酒罐、藍色瓶蓋，還有零散的細塑膠管，想必是從貨船上掉落下來的。乾鹽草與米草密集地生長在一起，空心的草莖已然乾燥，變成有如成熟大麥的金黃色。紫色的花序在微風中閃閃發光。在一段窄

小的潮汐帶可見被海水壓平的蘆葦癱軟在地上，宛若油膩的頭髮。遠處閃耀著泥褐色光澤的前灘夾雜了海水與腐敗的氣味，散發出一股濃濃的惡臭。

這是值得一看的景色。在前方，離岸邊只有幾公尺處，有一百或上百艘船隻的殘骸從微妙湧動的海水中浮現。這片殘骸被黎明玫瑰色的光芒照耀著，呈現鏽紅色，如妖似魔，恍若一道幻影：這些從海水深處湧起的大批屍骸，是昔日工業殘存的魂魄。

若是瞇著眼看，我可以辨認出這些船隻過往的形貌與功能。在最近處筆直豎立著的可能是一艘拖船：小巧厚實，立著一根超大的煙囪。再過去躺著的似乎是一艘駁船：這艘船沉入水中，甲板寬闊，橫梁因鉚釘已毀損而鬆散地叉開。再過去就是一片凌亂。有車駁船、蒸氣渡輪、海軍油輪、消防艇等——它們早已除役，所搭載的技術設備也已老舊過時。我看到一個個開有舷窗的駕駛室，扭曲變形的梯子，也看到腐朽的船身露出內部已經腐蝕的結構。這些景物構成了死亡的紀念碑。

附近一處廢料場的業主多年來將這些船舶拖曳至此堆放，任其遭受風吹雨打。到了一九八〇年這位業主去世時，已經有多達四百艘大大小小的船隻堆積在海岸線，無意間形成了一座海事設計博物館，同時鮮明地體現了人造物體的「內在陳舊性」（built-in obsolescence），這是令史密森深為著迷的特質。

---

5 Robert Smithson, 'The Monuments of Passaic,' Artforum, December 1967, pp. 52–57.
6 譯注：熱力學函數，對物理系統之無秩序或亂度的量度。
7 出處同注5。

　　廢料商的兒子繼承了家業，最近開始動手拆除這座墳場，但顯然還有大量的鬼船留在這裡。我凝視著殘破的船隻：最近的幾艘擱淺在潮間帶上，船肚被海口的汙物染黑，上部的顏色活像凝結的血液。更遠處是虛構島嶼「亞特蘭提斯」的場景：海水有如一面平滑模糊的鏡子，映照出宛如水彩畫的天空，密密麻麻有如尖塔的桅杆，以及形似教堂塔樓的拖船煙囪破水而出，在鏡面留下裂口。

　　這片廢墟的存在（為該地區眾多的船舶墳場之一），體現了在十九與二十世紀間西方各地對廢棄物處理普遍抱持的態度：棄置不管。經過一段時間後，有時這些廢棄物便成了地景的一部分。

　　往北幾英里，就在紐約史泰登島（Staten Island）的海岸邊，坐落著射手島（Shooter's Island）。這裡曾建有一座煉油廠和造船廠（在第一次世界大戰期間雇用了多達九千名的工人），至今已經棄置近一個世紀之久。從空拍照片可以一窺此地走向衰敗的過程8。在一九三〇年代，此地的輪廓依然很鮮明，像是一艘低沉在水中的海軍艦艇。到了一九四〇年，成群擠在其海岸線上的小船似乎已精疲力竭、醉得東倒西歪，碼頭周圍鋪設木瓦屋頂的簡陋隔板屋一間間傾倒歪斜。截至一九六九年，島嶼的西岸已亂七八糟堆滿了船隻的殘骸；防波堤只剩從黝暗深處浮現、狀如殘梗的木樁，而這座島嶼光禿泥濘的面容上，也薄薄覆蓋了一層宛如粗麻布的蓬亂野草。由於此景不堪入目，有礙觀瞻，大約在同一時期，當地一位政界人士建議應該乾脆炸除水中所有的殘骸。

　　不過就在此時，這座島嶼有了重要的生態價值。一九八〇年，有人發現白鷺在島上築巢，而自此之後，該島就成了水禽的避風港，彩鷸、黑頂夜鷺、鸕鷀都在這個破落的地方定居。該島

為保育組織奧杜邦學會（Audubon Society）所有，目前已不對大眾開放，以防止島上的鳥類受到侵擾。雖然這座島嶼隱身在一座個人倉庫後方的水域中，但衛星影像顯示島上矮林叢生，植被茂密，而且杳無人跡，腐朽的船隻在水中隱約可見，船體已爛到只剩下支柱。

再往東去，在康尼島溪（Coney Island Creek）還有另外二十幾艘船的殘骸深陷在淤泥裡。木材已腐朽的客艙緩慢地倒立在泥沼中，框架布滿腐蝕的孔洞，表面結上了泥塊。這些船隻當中雖然有些是捕鯨船，不過大部分都是在滿載貨櫃的大型貨船出現後，因為變得不合時宜而遭到棄置的駁船。國家當局警告，若移除這些殘骸，將會釋放出埋藏在其底下汙泥中的有毒化學物質9。

因為這些汙泥，或更確切而言泥中所含的毒物，才是這個地區過往工業發展所留下的真正遺產。史密森曾問道，帕賽克郡（自然也包括帕賽克河及其周圍無序擴張的市區）是否已取代羅馬，成為新的「永恆之城」。儘管林立在帕賽克及紐瓦克灣下游的倉庫、碼頭、堤岸日益腐朽，可能轉瞬即逝，但這座城市過往的化學記憶痕跡卻可能永存於世。

在十九至二十世紀期間，該地區廣設煉油廠、皮革廠、冶煉廠、製漆廠、化學製藥廠、造紙廠，製造出各式各樣的有毒廢棄

---

8 顯示該島衰敗過程的空拍照片可見於美國國會圖書館（Library of Congress）網站：https://www.loc.gov/item/ny1414/.

9 Jonah Owen Lamb, 'The Ghost Ships of Coney Island Creek,' *New York Times*, 6 August 2006. 紐約州環保署在非公開信函中向作者表示，該署未有移除這些殘骸的計畫，並拒絕進一步推斷汙染物的種類。

物。皮革廠用硫酸來剝取獸皮，用砷、醋酸鉛來保存、漂白皮革，並利用鉻來鞣皮。製帽廠用硝酸汞將毛皮製成毛氈。這些工廠與派特森的染廠一樣，都直接將廢棄物傾倒至河水裡。

之後，這裡的工廠開始生產多氯聯苯（polychlorinated biphenyl），即一般人較熟知的PCB，其是一種油性物質，可做為冷卻劑或潤滑劑，或電氣絕緣體，或液壓液，或用於製造墨水、黏著劑、阻燃劑等，直到一九七〇年代，世人體認到其對人體健康有莫大的影響為止。因瑞秋·卡森（Rachel Carson）的環保文學名著《寂靜的春天》（*Silent Spring*）而臭名昭著的殺蟲劑DDT[10]，藉由攻擊昆蟲的神經系統來殺蟲，也在帕賽克河下游的幾處地點生產。

先前在南下的路上，我繞道經過紐瓦克破落的艾恩邦德區（Ironbound，在當地可見火車車廂在平地的軌道上轟隆行進）[11]去探訪其中一間工廠：位在里斯特大道（Lister Avenue）80-120號的鑽石製鹼公司（Diamond Alkali）舊廠，美國參議員柯瑞·布克（Cory Booker）曾稱其為「紐澤西州最大的犯罪現場」。這間位在里斯特大道的工廠，原本的業務是將牛骨磨碎用以製造肥料，一九四〇年轉變成生產DDT的化學廠，之後又開始製造苯氧基除草劑（phenoxy herbicide）——特別值得注意的是，這兩種化學物質以一比一的比例混合後，即成為惡名昭彰的落葉劑，也就是橙劑（Agent Orange）。

儘管其產品深具危險性，這間工廠似乎仍不顧後果地兀自運轉。工廠一度將極大量受到DDT汙染的廢水排放到河裡，以致退潮時「堆積如山」的殺蟲劑從淺水處隆起，廠方隨即命工人穿防水長靴將大堆的晶體耙平，以免引起注意。這些溢出的物質只

能用（每天多達三萬加侖12）硫酸沖洗掉。

但這個廠區真正的惡名，主要在於苯氧基除草劑製造過程中的一項副產品：戴奧辛（dioxin），其為具有劇毒的化合物家族，即使只接觸極少劑量，無論是任何形態，都會致癌。就對人體的影響而言，戴奧辛會誘發所有類型的癌症，並且阻礙胎兒的成長，對人類免疫系統造成全面性的損害。其中以鑽石製鹼公司工廠所生產的戴奧辛，也就是TCDD13毒性最強。

直到工廠停工多年後，世人才充分瞭解到與戴奧辛相關的大眾健康風險。戴奧辛汙染並沒有真正的「安全」濃度；其是人類已知毒性最高的物質之一。戴奧辛的毒性比氰化物還要高出十七萬倍。美國國家環境保護署（US Environmental Protection Agency）認為，水體中的戴奧辛濃度若達到千兆分之三十一即已汙染過重，不宜飲用。

當局在一九八三年進行檢測，結果顯示鑽石製鹼公司已廢棄的工廠TCDD濃度高得驚人，繼而引發全面的恐慌：紐澤西州州長宣布進入緊急狀態，關閉廢棄工廠附近的大小道路，並派車將十幾名身穿防護衣的聯邦調查員載送到現場，嚇壞了已在當地居住多年，未受到任何防護的居民。鄰近建築物的空調通風口及一

---

10 原注：英文全名為dichlorodiphenyltrichloroethane。

11 Ted Sherman, 'Massive, \$1.7 billion environmental cleanup of Passaic River proposed by EPA,' NJ Advance Media for NJ.com, 11 April 2014.

12 Mary Bruno, *An American River: From Paradise to Superfund, Afloat on the Passaic River*, DeWitt Press, Vashon, 2012, p. 68.

13 原注：英文全名為2,3,7,8-Tetrachlorodibenzo-p-dioxin。

位當地居民的吸塵器內，都發現了濃度較高的TCDD；而在廠區本身，則是發現「巨量」的TCDD：在一座老舊儲存槽下方的土壤中，濃度讀數達到了十億分之五萬一千。

鑽石製鹼公司的工廠遭到拆除，其殘餘物埋葬在一座用陶土密封起來的混凝土墓穴裡，至於廠區及周邊土地上遭戴奧辛汙染的廢料，則是滿滿地裝在九百三十二個貨櫃中再運往他地處理。然而，縱使鑽石製鹼公司的工廠早已停止運作，當局也禁止類似的工廠將腐蝕性的化學物排放至河水中，往昔歲月的紀念物卻依然存在，科學家稱之為「遺留汙染」（legacy contamination）。

不同於日漸崩壞而吸引著史密森的人造物，這些人造化學物沒有內在陳舊性。PCB、戴奧辛及其他「持久性有機汙染物」不會像一般物品一樣腐壞。事實上，它們幾乎是不滅的[14]。尤其是戴奧辛[15]：科學家估計，其一旦積聚在土壤或沉積物中（或生物體內），半衰期至少可達一個世紀之久。一些機構，包括美國農業部在內，甚至形容戴奧辛「幾乎無法被生物分解」[16]。

美國在一九七九年禁產PCB，英國及其他國家也分別在一九八一年、二○○一年跟進。戴奧辛自公認為致癌物後，產量已大幅減少。但已釋放出的戴奧辛將長長久久地存在。

這是那些早已關閉，負責人早已亡故的製造廠，所留下的真正遺產。數十年來，這些汙染物已如淤泥般沉澱下來，層層堆積，以其沉積成片的毒素，刻劃著時光的流逝及人類工業的演進。即便人類有朝一日全數覆亡，它們也將在未來持續留存，成為人類愚行的標記。

它們深具耐心，等待著被挖掘、攪亂、瓦解。一旦從沉睡中醒來，它們將繼續實行恐怖的統治。於是當局陷入了進退兩難的

困境：是否應挖出這些盤據在紐澤西州與紐約水道的鬼船殘骸和
工業時代的骨骸，以及所有類似的遺骸，冒險喚醒禍害之源。是
應該刮除沉積物並予以焚化？或是就這麼置之不理？

§

我從亞瑟基爾海峽的岸邊涉水踏入潮間帶，小腿深陷在後工
業時代的淤泥裡。這些殘骸十分美麗，幾乎觸手可及，但我知道
絕不能游進這片水域。我甚至被告知要提防被濺起的水花潑到，
以免有水滴落到我的嘴裡。

然而，這片水域（雖然有如一座毒潭）涵養著某種生態系
統，儘管這個生態系統自然已是嚴重衰竭。帕賽克河及紐瓦克灣
下游水域曾以牡蠣苗礁著稱，不過該處的環境已在一八八五年遭
到摧毀，因為在工業革命期間「有大量的爛泥、酸性物質、油性
廢棄物被傾倒至水中」17。截至十九世紀末，活躍在這片水域的
大批魚群多半已死亡或遷移至他處——不過尚有少數耐汙的魚種

14 目前已確認，在汙染嚴重的環境中，PCB經過一段時間會出現些許脫氯現
象。研究人員在二〇〇七年發現，微小的厭氧菌脫鹵球菌（*Dehalococcoides
mccartyi*）可能是引發脫氯現象的主因。此一發現，使科學家更可望研發出
可復原生態環境的酵素或生物修復方法。就TCDD而言，焚化是目前最佳的處
理方式，例如用於清理超級基金汙染地。PCB在焚化時會產生戴奧辛。

15 S. Sinkkonen and J. Paasivirta, 'Degradation half-life times of PCDDs, PCDFs
and PCBs for environmental fate modeling', *Chemosphere*, 40(9–11), (2000),
pp. 943–9, doi:10.1016/s0045-6535(99)00337-9.

16 e.g. United States Department for Agriculture's Agricultural Research Service,
'Monitoring Dioxins,' *Agricultural Research*, 49 (1), (2001), pp. 14–15.

殘存，而由於水質已逐漸改善，也有其他魚種悄然回流：包括鰱魚、狗鰔、鱈鱸、鯰魚、狗鯊等。

和車諾比的輻射影響一樣，生活在後工業時代遺毒中的物種，體內也帶著人類作為所留下的印記；隨著時間推移，PCB及戴奧辛的毒素積聚在牠們的皮膚、內臟，以及硬棘線周圍富含脂肪的肉裡，直到牠們的毒性比身處的水域還高出成千上萬倍。

底棲動物，也就是棲居在泥漿與淤泥中，於水體下層覓食的動物，最容易接觸到埋藏在沉積物內的毒物：耐受性強的多毛綱蠕蟲、軟殼蛤、乳突皮海鞘。這些動物當中也包括成千上萬在塞滿淤泥的海床上疾奔的藍螯蟹：此種螃蟹背部呈橄欖色，約人類一個手掌大，腳與腹部的亮藍色澤形成了極佳的保護色。成千上萬隻的螃蟹可以任君吃到飽，而且看起來健康無虞。但單是一隻紐瓦克藍螯蟹，其體內就帶有足以使人類罹癌的戴奧辛毒素。

紐澤西當局在濱海區懸掛警告標誌18，試圖勸阻人們食用這些螃蟹。這些底色為鈷藍色或土褐色的標誌畫著藍螯蟹的圖示，上面有一條筆直的紅線斜斜劃過螃蟹的身軀。

DANGER!
DO NOT CATCH AND DO NOT EAT!
MAY CAUSE CANCER

這個地區住著為數眾多的各國移民，當中許多人生活窮困，仰賴紐瓦克灣提供食物來源。

PELIGRO!

NO LOS PESQUE! NO LOS COMA!
CANCER

有許多人不相信，或不願相信，或沒有餘裕去相信這些警告。這些螃蟹看起來如此肥美，充滿光澤又健壯。蟹肉吃起來更是鮮甜無比。

危險！
禁止捕捉！禁止食用！
癌症

戴奧辛無臭無味。而且當地流傳著一個偏方，那就是若先找出並移除螃蟹身上的綠色腺體（即肝胰臟的部分）再烹煮，就可避免深受毒害。不過這個方法還是有一定的危險性。

위험!
잡지 마시오! 먹지 마시오!
암을

在紐瓦克灣捕螃蟹要是被抓到，會被處以高達三千美元的罰

---

17 Eugene G. Blackford, 'Report on an Oyster Investigation in New York with the Steamer Lookout', quoted in Bonnie J. McCay, *Oyster Wars and the Public Trust: Property, Law, and Ecology in New Jersey History*, University of Arizona Press, Tucson, AZ, p. 156.
18 譯注：以下英、西、中、韓、菲語警告意思均相同。

款。但你若是真的生活貧困，只能在滿布垃圾的工業河口捕食螃蟹勉強度日，也許就會甘冒遭罰的風險。

MAPANGANIB!
HUWAG HULIHIN! HUWAG KAININ!
KANSER

§

　　如果這些魚蟹對人類危害如此之大，那麼魚蟹本身又會遭受何種衝擊？簡短的答案是：視情況而定。而更詳盡的答案，或可幫助我們洞悉自然界是如何因應人類所造成的衝擊，並透出一線希望，讓我們瞭解到在飽受蹂躪的後工業世界裡，生物能如何適應環境以求生存。

　　在繼續說明之前，我應在此強調，PCB與戴奧辛無疑對幾乎所有種類的生物都有可怕的致命影響。目前已觀察到這些汙染物會損害魚類的繁殖力，使其賀爾蒙失衡，並造成嚴重畸形及心臟、肝臟、神經系統的發育問題。

　　「生物放大」（biomagnification）過程使食物鏈頂端的生物遭受到最大的危害。在汙染的熱點，諸如英國與巴西的海岸、直布羅陀海峽、東北太平洋地區等，虎鯨正因PCB汙染而面臨迫近的滅族危機。知名的母鯨「露露」（Lulu）是蘇格蘭西岸海域虎鯨族群的成員，牠在二〇一六年因為遭漁具纏住而死亡。檢驗結果顯示，露露是地球上受PCB汙染最嚴重的動物之一。牠也從未排卵；而在科學家追蹤研究的二十五年間，牠所屬的鯨群完全沒

有新的幼崽19出生。眾所周知，鼠海豚與海豚也是同受影響的動物。在北極圈，研究人員發現有吃海豹、獨角鯨肉傳統的原住民伊努特人（Inuit）遺體20，含有濃度極高的PCB及其他化學物質，因而可視為有害廢棄物。

　　PCB的影響永遠是負面的。環境中若含有PCB，無論數量多寡，只有寥寥可數的物種能夠存活下去。然而，有少數的海洋物種展現了非比尋常的韌性，其中之一便是大西洋鱂魚。帶有銀色光澤及豹斑的大西洋鱂魚，又名加拿大底鱂或泥蔭魚。在一九九〇年代，人們首次注意到牠們生活在帕賽克河及紐瓦克灣的汙水裡。鱂魚是體態嬌小的魚種，以蠕蟲和孑孓為食，其本身也是許多較大型魚類的食物。鱂魚雖然小巧玲瓏，對環境的耐受度卻極高。牠們可以適應淡水或鹹水、溫暖或寒冷的水域，在冬天就乾脆躲進淤泥裡避免受結冰的河水影響。美國太空總署把牠們送上太空，觀察其在零重力的狀態下能否照常游動。（牠們的確可以，而且還在太空中產卵。）儘管如此，在帕賽克河的毒潭裡生存是完全不同等級的挑戰。

　　鱂魚不只在帕賽克河現蹤。牠們還出現在其他的汙染熱點。鱂魚並沒有洄游的習性，所以通常被視為其棲地環境健康的指標物種，堪比礦坑裡的金絲雀21。鱂魚通常對戴奧辛及PCB十分敏

---

19 Damian Carrington, 'UK killer whale died with extreme levels of toxic pollutants', *Guardian*, 2 May 2017.

20 Marla Cone, 'Pollutants drift north, making Inuits' traditional diet toxic', *Los Angeles Times*, 13 January 2004.

21 譯注：由於金絲雀對有毒氣體極為敏感，礦工會利用金絲雀來檢測空氣品質。

感，這些物質會妨礙其胚胎的發育。話雖如此，牠們還是活得好好的。雖然有些出現了魚體承受壓力的徵兆——一項研究發現，在維吉尼亞州伊莉莎白河（Elizabeth River）底堆積著雜酚油的沉積物中棲息的鱂魚[22]，有百分之三十五長有癌瘤——但牠們光是能在這些地方生存，更不用說還能繁殖，似乎就足以令人嘖嘖稱奇了。

二〇一六年，一篇發表在《科學》期刊（Science）的論文[23]詳細闡明了鱂魚的生存之道。由加州大學戴維斯分校領軍的一群科學家，在美國四個受汙染的港灣（包括紐瓦克灣在內）捕捉鱂魚，並將其基因定序。他們接著將這些汙染地的基因組與非汙染地的基因組相比較。結果發現，能耐受汙染的族群都出現了類似的基因適應演化，讓牠們得以生存在通常會致命的有毒環境裡。

在適應已然徹底改變的棲地後，嬌小的鱂魚對於工業汙染物的耐受性，如今已較其他魚種高出八千倍之多。這篇論文的作者群推測，上述演變必然都只在短短的幾十年間發生，因為危害最大的汙染物（如戴奧辛、PCB等）是在一九五〇、一九六〇年代時釋出。鱂魚並不是唯一擁有此種強大適應能力的魚種；魚身呈綠色，帶有斑駁紋路的大西洋霜鱈[24]是一種底棲魚，棲息在受到汙染的哈肯薩克河（Hackensack River，毗鄰帕賽克河，亦在紐瓦克灣入海），其同樣已經演化出一種基因，可以抵禦PCB的有害影響。

整個演化過程想必如下所述：在美國東海岸龐大的鱂魚與霜鱈族群中，有少數個體含有突變基因，對於劇毒的敏感性因而減低。在大多數的情況下，此種突變對族群的未來發展幾無影響；但倘若這些族群是棲息在汙染地附近，顯然就會比同類魚種更具

競爭優勢。

　　牠們更自由自在地呼吸、更有效地繁衍，並且多可生存下來，將突變的基因傳給後代，如此代代相傳。可耐受汙染物的新鱂魚魚種就這樣緩緩成形，誕生於世。我們也許可稱此種過程為「物競人擇」。科學家則稱之為「快速演化」。

　　此種快速演化過程，最先是在英國一個截然不同的物種身上觀察到的：樺尺蛾。樺尺蛾是一種身軀灰白，綴有細緻飾紋的蛾，主要在夜間活動（雄蛾會呼呼地飛轉尋找雌蛾，雌蛾則以具有引誘性的費洛蒙氣味吸引雄蛾前來），但牠們在白天會靜靜地停歇在樹幹或樹枝上。數百年來，此種策略始終十分有效：牠們隱秘且帶有斑點的翅膀，與生長在樹皮上，邊緣有著薄荷色皺褶

22 W. K. Vogelbein, J. W. Fourie, P. A. Vanveld and R. J. Huggett 'Hepatic neoplasms in the mummichog Fundulus heteroclitus from a creosote-contaminated site' (1990), cited in R. T. Di Giulio and B. W. Clark, 'The Elizabeth River Story: A Case Study in Evolutionary Toxicology', *Journal of Toxicology and Environmental Health, Part B, Critical Reviews*, 18(6), (2015), pp. 259–98, doi:10.1080/15320383.2015.1074841.

23 N. M. Reid, D. A. Proestou, B. W. Clark, W. C. Warren, J. K. Colbourne, J. R. Shaw, S. I. Karchner, M. E. Hahn, D. Nacci, M. F. Okelsiak, D. L. Crawford and A. Whitehead, 'The genomic landscape of rapid repeated evolutionary adaptation to toxic pollution in wild fish', *Science*, 354(6317), (2016), pp. 1305–08, doi:10.1126/science.aah4993.

24 I. Wirgin, N. K. Roy, M. Loftus, R. C. Chambers, D. G. Franks and M. E. Hahn, 'Mechanistic Basis of Resistance to PCBs in Atlantic Tomcod from the Hudson River', *Science*, 331(6022), (2011), pp. 1322–5, doi:10.1126/science.1197296.

的灰白色地衣巧妙融合，產生近乎隱形的效果。

　　但在工業革命期間，詩人威廉・布萊克（William Blake）所稱的「黑暗如魔鬼似的工廠」[25]開始將黑煙噴吐到空氣中後，一切都改變了。在曼徹斯特[26]，也就是新興製造業的中心[27]，市區每平方英里每年有五十噸的工業落塵沉積。工廠、房屋、辦公大樓、公園、道路，全都覆蓋上一層厚厚的黑色殘渣。一旦下雨，汙染物即隨著雨水而下：這些汙染物就是會殺死地衣的二氧化硫，以及煤灰。

　　周遭地區的樹木不再綴有地衣，樹皮整個變得光禿又漆黑。靜靜停歇在枝椏下方的樺尺蛾突然變得顯眼無比。

　　這對鳥兒來說是喜訊，對樺尺蛾來說卻是噩耗。不過並非所有樺尺蛾都因而受害。一八四八年，曼徹斯特一位名為艾德斯頓（R. L. Edleston）的鱗翅類昆蟲學家採集到一隻罕見的深色樺尺蛾[28]，是他先前從未見過的。這種蛾即是後來所稱的「黑色型」（carbonaria）變異種，除了頭部兩側各有一個白色圓點外，全身一片烏黑。黑色型樺尺蛾帶有一種突變基因，逆轉了其正常的顏色。通常黑色是極不利於生存的體色，因此黑色型樺尺蛾很快就凋零了。然而如今樹木沾染了煤灰，又無地衣依附[29]，黑色的樺尺蛾於是數量大增。到了一八六四年，艾德斯頓發現，這種之前一直極為稀有的黑蛾，數量已經超過了原種蛾。而截至一八九五年，「黑色型」已占曼徹斯特樺尺蛾總數的百分之九十八。

　　樺尺蛾黑化的故事想必聽來並不陌生；生物課本幾十年來反覆講述著這段演變過程，使得在一九五五年針對此現象撰寫了一篇權威性論文的英國遺傳學家伯納德・凱特威爾（Bernard Kettlewell）成為舉世聞名的研究學者。「黑色型」的崛起恰逢演

化思想興起之時，為達爾文的理論提供第一個活生生的例證，樺尺蛾因而成為國際公認的演化代表物種。

但這並不是正常的演化過程。蛾類黑化及魚類發展出抗毒性之所以值得關注，是因為其發生的速度極為驚人。一般認為物競天擇是艱辛緩慢的過程。事實上，「艱辛」是個不適當的字眼。「艱辛」意味著蓄意往單一方向緩慢行進。而演化過程恰恰相反：全憑機緣巧合。各種基因突變可能消長成千上萬次，才會有一種有利的基因崛起，而即便如此，其通常需要經過數千個世代（若能傳承如此之久）才能成為固定的基因。

在鱗魚、霜鱈、樺尺蛾的例子中，可以見到一股極為強大的選擇力量（來自變遷巨大又飛快的棲息環境），造成族群經歷瓶頸效應30。工業汙染量並非造成快速演化的唯一因素。流行病也會致使族群出現瓶頸效應：整個族群經過篩選，只有適者及天生免疫者得以生存。然而人類在幾百年、甚至幾千年31來，一直是

<hr>

25 譯注：出自其詩作《耶路撒冷》（*Jerusalem*）。
26 Judith Hooper, *Of Moths and Men: Intrigue, Tragedy and the Peppered Moth*, HarperCollins, London, 2002 (2012), ebook location 299.
27 原注：Alexis de Tocqueville on Manchester in 1835: 'From this filthy sewer pure gold flows.'
28 出處同注26，loc. 285.
29 凱特威爾於一九五〇年代進行研究，證明鳥類選擇性捕食的作用。在凱特威爾原本的研究方法遭到質疑後（主要爭議可參見Hooper, *Of Moths and Men*），麥克・馬傑魯斯（Michael Majerus）重新進行研究。馬傑魯斯的研究結果在他本人去世後才發表：L. M. Cook, B. S. Grant, I. J. Saccheri and J. Mallet 'Selective bird predation on the peppered moth: the last experiment of Michael Majerus,' *Biology Letters*, 8(4), (2012), pp. 609–12, doi:10.1098/rsbl.2011.1136.
30 譯注：原本數量很多的族群因種種因素而出現數量銳減的現象。

影響演化的最大單一因素。

　　過度捕撈、捕獵已徹底改變了基因庫，造成魚類身形變小（更有機會從魚網逃脫），大象長不出長牙。（在南非一座國家公園，現今百分之九十八的母象生來就沒有長牙32，而無牙的基本比率理應為百分之二至六。）一般認為，人類的捕食33已使其他物種特徵改變的速率加快三倍。人類本身也正與抗殺蟲劑的昆蟲、抗除草劑的植物、有抗藥性的病毒、具抗生素抗藥性的細菌進行軍備競賽。

　　而各個物種採取了意想不到的形式來快速適應環境的變遷。舉例來說，英國人在花園餵食燕雀的習慣，已在短期內造就出鳥喙較長的雀鳥（更容易吃到鳥類餵食器裡的食物），以及改變黑頭鶯儲存在基因當中的遷徙路線。倫敦地鐵由於環境潮濕，鐵軌下有積水形成的水坑，已孕育出特有種的蚊子。這種蚊子因為與外界隔絕，已無法再與地面上的蚊種雜交。今日所見的倫敦地鐵蚊（與其祖先不同）偏愛的是人血，而非鳥血的味道。34

　　人為造成的氣候變遷，加上伴隨而來的海洋酸化現象，以及全球生態因這兩項因素所產生的改變，也將對全世界動植物的演化產生難以估量的影響。不是所有物種都能跟上這座行星如此飛快的變化。事實上，有充分的理由可以推測，鯡魚尤其幾乎得天獨厚，具有絕佳的適應條件。在不斷快速變遷的世界裡，贏家將會是與鯡魚相仿的物種，具備龐大的數量與多元的基因。一切取決於運氣，換言之，有最多骰子可丟擲的物種，也可望成為運氣最好的物種。

　　人類的工業已然改變，也正持續改變這個世界的面貌。即使我們有朝一日全數滅絕——工廠歸於沉寂；發電機在一陣顫動後

停擺；貨船四處漂流相撞、沉入海底，使沉積物滾滾翻騰——我
們也已驅動多股演化力量，其將持續影響地球上幾乎每一個其他
現存物種的基因組成。這些物種會以我們無法預料，當然也無法
控制的方式更改樣貌、變換形態、改變特質及適應環境，盡其所
能存活下來。

§

在亞瑟基爾海峽的岸邊，一輪紅日正冉冉升起。往西越過廢
車場處，化學道（Chemical Lane）上光滑的灰白色瓦斯儲氣槽朝
天而立，隨著天空變換色澤：從玫瑰色轉變成紫丁香色，從報春
花的淡黃色轉變成勿忘我的花色。

萬物俱止，只有微風低掠過乾鹽草。我踏上前灘，隨即陷入
一片黏稠且緩緩滲出的泥漿。這片泥濘淹過我的腳踝，將我的靴
子吞沒。我的舉動驚擾了一群有冠頂的黑鳥，或許是鸕鷀。牠們

---

31 Stephen R. Palumbi, 'Humans as the World's Greatest Evolutionary Force', *Science*, 293(5536), (2001), pp. 1786–90.

32 Anna M. Whitehouse, 'Tusklessness in the elephant population of the Addo Elephant National Park, South Africa', *Journal of Zoology*, 257(2), (2002), pp. 249–54, doi:10.1017/S0952836902000845.

33 Chris T. Darimont, Stephanie M. Carlson, Michael T. Kinnison, Paul C. Paquet, Thomas E. Reimchen, Christopher C. Wilmers, 'Human predators outpace other agents of trait change in the wild', *Proceedings of the National Academy of Sciences*, 106(3), (2009), pp. 952–4, doi:10.1073/pnas.0809235106.

34 K. Byrne and R. Nichols 'Culex pipiens in London Underground tunnels: differentiation between surface and subterranean populations', *Heredity* 82, (1999), pp. 7–15, doi:10.1038/sj.hdy.6884120.

一飛而起，快速掠過水面。透過沉船鏽痕斑斑的尖頂，我似乎在煙霧間看見一座座煉油廠矗立在天際線上，構成一幅復古未來主義的景象。一艘巨大的灰色貨櫃船悄然無息地滑過環繞著我們的霧靄，氣勢平穩又超然。

此處猶如一座展示廢棄工業的博物館。我覺得仍存留在我腳下這片毒水的任何事物都是極其幸運的——彷若上天眷顧，予以大赦。燈心草間散落著破破爛爛，遭到丟棄的文明產物，有濕透的紙巾、塑膠瓶、購物袋等，以及形狀各異，泛著石油虹彩的水坑；這些水坑註記著毒害這條水道的漏油事件。35

一座巨大且長滿雜草的土丘，將這整幕景象（殘留在我眼中的濕地、腐鏽的船隻）籠罩在其陰影中：這座土丘恍若一件隱形斗篷，所披覆之處曾是世界上最大的垃圾場，而且其依然是史上最大的人造結構之一。弗萊雪基爾斯垃圾掩埋場（Fresh Kills Landfill）是一九八八年「注射器浪潮」（syringe tide）的源頭，當時注射針頭及裝有HIV陽性血液的小瓶子從掩埋場漂流至海中，最後被沖上澤西海岸（Jersey Shore）。現今，和鑽石製鹼公司具有高濃度戴奧辛的廠房殘骸一樣，這座掩埋場也封存在層層的陶土與混凝土之中。

這些受到詛咒，已以我們所知最妥善的方式封存的墳墓，好比我們文化當中的帝王谷（Valley of the Kings）36。它們是我們留給未來文明，供其追想現世人類的紀念碑，而PCB、戴奧辛，以及其他無數隱藏在這些紀念碑內的持久性有機汙染物將會繼續存留下來，而且實質上是永世不滅。毫無疑問，這些物質有許多在人造的地下墓穴不再維持密閉狀態後，還是會繼續存在：它們代表著新一輪的法老詛咒，等待著逃脫的時機到來。

　　然而，帕賽克河及紐瓦克灣下游的變種魚與會致癌的螃蟹，證明了反烏托邦的未來已至。嶄新的生命機制已經啟動。雖然在世界各地與此處相仿的地點，其生態環境已因戴奧辛、PCB 等工業汙染物而遭受重創，但我們從鱂魚與霜鱈的例子可以得知，生命（以及形塑生命的演化力量）是蓬勃不息的。在某些情況下，生命也可逆勢回春。

　　倘若戴奧辛是禍，那麼下述的演變便可稱得上是福。大自然，或更確切而言，是其部分物種，已有能力在原本會致命的環境下存活，並且已可適應這個受到汙損又多災多難的世界，甚至在當中茁壯成長。或許在現存的萬千生命中，只有極小的比例在其基因內藏有如此超凡的能力。思及其他物種的境況，可能會消失或已然消失的生命數量何其之大，難免令人頭暈目眩。還好此番演變開啟了一道細微的缺口，閃現一絲希望的光芒。

　　一九五二年，英國出現大霧霾（Great Smog），或可比喻為一道汙濁的「豌豆湯霧」（pea souper），估計造成四千人死亡，並導致西敏市的工作停擺。此時，國會議員終於確信事情的嚴重性，針對促使黑色蛾現蹤的空氣汙染問題採取行動。為此而新頒布的《清潔空氣法案》（Clean Air Acts）預示了一個新時代的開始，此後全國各地的空氣品質改善，二氧化硫的排放量也大

---

35 原注：一九七九年，二十三萬加侖的原油在此附近外洩，一九九〇年則是有五十六萬七千加侖的加熱用燃油在同處外洩。除此之外，尚有許多其他規模較小的漏油事件發生。在我造訪後不過幾週的時間，又有估計達十萬加侖的柴油溢漏至亞瑟基爾海峽。沾染油汙的鳥類及「焦油球」（tar ball，即經過風化而形成卵石狀的堅硬油球）被沖上岸邊。

36 譯注：埃及用來埋葬法老及貴族的山谷。

減。隨著時間的推移，樹幹上重新長出了地衣。蛾類的選汰壓力（selective pressure）於是出現相應的改變。在鄰近利物浦的西柯比鎮（West Kirby），身兼遺傳學家與鱗翅類昆蟲學家的西里爾‧克拉克爵士（Sir Cyril Clarke），與妻子傅麗達（Frieda）花了三十年的時間觀察到「黑色型」深色樺尺蛾（與空氣品質不良有關聯）的占比直線下降，與此同時，彷似地衣的原生種淺色蛾以更強勢的姿態回歸：一九五九年，百分之九十三的樺尺蛾都是黑色的；一九八五年黑蛾的比例減為百分之五十三。截至一九八九年則只剩下不到三分之一。37

面臨環境的變動，大自然持續不斷地在調適著。在亞瑟基爾海峽這裡，過往工業的遺跡正在海灣裡慢慢鏽蝕。遭到汙染的海水輕輕拍打著沉船殘骸。最壞的情況已經過去，溢漏的廢水管已封起。但這一次，煙霧需要多久的時間才會消散？我在腦海中試算著總和：如果戴奧辛半衰期是一個世紀，且濃度即便只有兆分之一仍可造成傷害……一片黝暗濃密的霧靄在我眼前浮現。

在船隻彼端隆起的圓頂山丘是弗萊雪基爾斯垃圾掩埋場。這座掩埋場已覆土密封，現今長滿了沉寂的雜草，高度及腰，如波浪般泛起陣陣漣漪。天際一片光亮。群鳥在上空飛翔。新一天的黎明已經來臨。

37 C. A. Clarke, F. M. M. Clarke and H. C. Dawkins, '*Biston betularia* (the peppered moth) in West Kirby, Wirral, 1959–89: updating the decline in f. *carbonaria*', *Biological Journal of the Linnean Society*, 39(4), (1990), pp. 323–6, doi:10.1111/j.1095-8312.1990.tb00519.x.

8
禁忌的森林：法國凡爾登，紅色無人區

　　經過連續幾週降雪下霰、夾雜暴風雨的天氣，一九一六年二月二十一日的早晨寒氣逼人，天空一片晴朗。在西方戰線凡爾登市（Verdun）上頭的山丘上，有兩支軍隊在樹木繁茂的偏僻地帶對峙。法軍蹲伏在西側倉促挖成的散兵坑裡，口中呼出的熱氣在上方凝結，形成一層薄薄的霧氣。

　　一切靜止無息。戰壕底部被靴子踩踏出的水坑在經過一夜之後，結成了沾染泥濘的薄玻璃片。士兵們疲憊不堪，為了防備預料中的一場襲擊，早已筋疲力竭。他們並未（或許永遠無法）做好準備。但經過數日的枯等，他們幾乎迫不及待地想要開戰。而在此刻，天空已經發白，他們知道開火的時機很快就會到來。在無人地帶的另一邊，德國的砲隊也嚴陣以待，一如過去九個早晨的每個破曉時分，將彈藥裝填至長射程火砲中。當軍令終於下達，在七點過後的幾分鐘內，他們便已整備完畢。

　　片刻之內，多不勝數的重機槍同時開火，德軍陣線在法軍眼前化為一道跳躍的火牆。一次次遭受重擊的地面開始搖晃，轟隆作響的劇烈震動連綿不絕。砲彈如雨，從四面八方落下[1]，將所及

---

[1] 'like a garden hose', Corporal Stephane, quoted in Alistair Horne, *The Price of Glory: Verdun 1916*, Penguin, London, 1926 (1993), ebook location 1416.

之處全部粉碎，像條水管似的掃蕩著地面的一景一物。

　　這場攻擊持續了九個小時：致命的砲雨不停墜落，未有絲毫停歇。之後，當武器的聲響終於沉寂下來，德軍派遣飛行員駕機至敵後偵察。這些飛行員返回之後滿臉驚懼。他們呈報，戰事已經結束。任務已經完成。敵方無人生還。₂

　　但戰事尚未結束。此次的轟炸只是一場戰役的開端，而戰火將在未來的數日、數週，甚至數月持續延燒。這場地獄之火很快就會變成常態：猛烈的砲雨綿綿不絕，聲響如雷鳴般在胸口與肺部震盪；大地體無完膚，化為一片爛泥與碎土，而凝固的血液、碎裂的骨肉與彈片糊成了一團泥；殘缺不全的屍體堆積在戰壕內，內臟溢出——原本掩埋在一大片汙穢中，卻又被炸開而裸露出來。有人手持步槍努力奮戰，軍服滿是泥巴，他們跪在汙水裡，腳下踩著死者的屍身。有人語無倫次，因為過於恐懼而發瘋；有人沉默不語，由於受到極度驚嚇而倒伏在地，因戰慄而腦袋一片空白；有人則是一臉嚴肅遵從指令作戰。

　　那一年幾乎一直在下雨：雨水以沉悶又令人恐懼的節奏敲打著鋼盔。

　　水汽自肩頭浮現，滲入軍服，流淌在腳趾間。雨水遍地，但士兵們卻沒有水可以喝。他們從填滿彈坑的骯髒水池吸吮水分，喝自己的尿液，從防禦工事的牆面舔取水汽。這種情況持續了三百天之久。

　　從許多層面來看，這裡都是世上最殘酷的地方。這場凡爾登戰役是極端暴力的濫觴，是世上首見的巨型殺戮戰場。雖然之後在第一次世界大戰其他戰役中喪命的總人數更多，但在凡爾登戰役（砲擊在持續了整個夏天後，又延續至苦寒冰凍的冬天），參

戰者身亡的比例最高，分布區域也最集中。據估計，在不到八平方英里的土地上，共有三十萬人死亡，另有四十五萬人遭到毒氣攻擊或受傷。這場戰役至今仍是世界上歷時最長的戰役。

當戰事最後告終，倖存者彷彿從一場惡夢中逃脫，舉目所見是被摧殘殆盡的地景，一片蒼茫不毛的荒野向四面八方延伸，無邊無際。至此，凡爾登山區約發射了四千萬枚砲彈，每平方公尺就有超過六枚砲彈降下。這些砲彈遺留下一片攪騰的海濤，看不見的波流在當中翻湧滾動。步槍的白骨與斷肢從浪潮中凸伸出來。在一九一四年至一九一八年間，這片土壤彷若經歷了相當於一萬年的自然侵蝕。3

在斯潘庫爾鎮（Spincourt）及九座「瓦礫村莊」（亦稱「為法國殉亡的村莊」），遺留在其古老森林中的，只有如墓碑般雜亂插立的樹木碎片；屋宇基石堆疊成的碎石堆；糾結的有刺鐵絲網。這是一片死寂的地帶，好比一隻皮開肉綻、失去所有特徵的動物向各個方向伸展身軀。

但這裡並非全然死寂。在一九一七年夏天，此處長出了一片緋紅色的罌粟花海，軟化了這片破碎土地荒涼空洞的面容。士兵們認為這是希望的徵兆。他們的腦海閃過一個念頭，那就是不論機率多麼渺茫，生命仍有可能綿延下去。

這場戰役結束了，但戰事尚未取得勝利。空氣中瀰漫著腐敗屍體的惡臭。

---

2 出處同注1，loc. 1465.

3 Jean Paul Amat, quoted in AFP article, 'La forêt de Verdun, écrin vert créé par la guerre', *La Croix*, May 2016.

$\mathcal{S}$

　　兩年後，法國當局盤點了整個西方戰線的概況。從與比利時交界的里爾市（Lille），到與瑞士交界的史特拉斯堡（Strasbourg）附近，殘酷至極的大戰已將大地撕出一道裂口：四年來所發射的十億枚砲彈劃破、燒焦了土地，在上面炸出坑洞與凹痕。法國作家亨利・巴布斯（Henri Barbusse）寫道：「在沒有死屍之處，大地本身也像是一具屍體。4」地面景觀如科學怪人般縫補拼湊在一起，其血肉中藏匿著數百萬噸未爆炸的軍火及化學武器，足以再次殲滅一支軍隊。

　　這當中當然也埋藏著屍體。於凡爾登戰死的士兵之中，只有半數得以尋回屍身並確認身分。其餘半數是屍身殘缺不全而無法辨識，或只尋得屍塊，或已消失在泥濘中。大地像流沙一樣將這些屍首吞沒後，地表再度合起，將底下的一切封存起來。

　　雖然這個國家仍處在震盪之中，但還是必須凝聚心思進行重建工作。法國當局已因戰爭陷入經濟困境，所面臨的問題規模也大到令人驚懼，遂制定出一種分類系統來協助重建工作：他們赴受災區勘察，繪製出一系列的地圖，在上面標示據信已滿目瘡痍，無法重建的地區。共有十二萬公頃的土地依此方式歸類，用紅筆塗上紅底，劃設為禁區。

　　在接下來的幾十年間，禁區的總面積大幅減少。法國索姆省（Somme）及比利時境內伊珀爾市（Ypres）的戰場都位於深具價值的農業區，日後便回復成農地。儘管這些地區已成為農地，每年農民在岩石般的地面耕種時，都會挖掘出更多的砲彈及生鏽的

金屬罐，數量多到耕作季節被稱為「鋼鐵收割季」。但在凡爾登附近的土地地勢起伏較大，較為陡峭，也較為偏僻，整個災區大多仍屬禁區。法國植物學家喬治‧斐倫（Georges H. Parent）便曾形容該區是一片「生物荒漠」。

經過一段搖擺不定的時期，當局決定在戰區種植茂密的林木，做為一座活生生的石棺，期望藉以穩定土壤，將埋藏其中的恐怖事物防堵至少一個世代或更長的時間。這片林木變成了一座忘憂林。土地受創最嚴重之處（土壤流失至幾乎可見岩床）種植了黑松，它是少數可以在該處茂盛成長的耐寒樹種之一。這片區域就如此存留至今，稱為「紅色無人區」（Zone Rouge）。

§

於是一百年來，這片土地上長出了一座森林，高聳幽暗，難以穿越，下方的植物捲曲纏結，從中長出荊棘與黑刺李所形成的灌木叢。這是一座禁忌的森林，林中糾結的荊棘木保衛的不是在城堡裡沉睡的公主，而是仍在一層薄土下休眠的恐怖戰爭遺骸。

森林周圍立著告示牌，警告訪客擅闖禁地、偏離指定路線、誤觸戰爭的致命遺留物所隱含的危險。儘管戰爭早已結束，但幾乎每年還是繼續造成更多人員傷亡。戰時遺留的彈藥數量龐大無

---

4 Henri Barbusse, Under Fire, trans. Robin Buss, New York 2003, pp. 5, 7, 138, 248. Quoted in Tait Keller, 'Destruction of the Ecosystem', *International Encyclopaedia of the First World War*, 8 October 2014. Available online at: https://encyclopaedia.1914-1918-online.net/article/destruction_of_the_ecosystem.

比，以致即使靜靜走在特許的路線上，若不注意觀察，仍有可能不小心踩到落葉層中乾燥的砲彈碎片，腐朽的步槍槍管，以及看似光滑小卵石的鉛彈，彷彿早前的士兵就直接放下武器，躺在地上，化身為樹木。既然如此，還不如將那些警告拋諸腦後，跨出安全通道，冒險踩踏在未知的未爆彈上。

林中仍散布著幾株古老的橡樹。這些橡樹已有兩百歲，在激戰中意外飽經摧殘。樹身綁上銅線 5，被鋼條與電絕緣體重重壓著，這是因為軍方過去曾將橡樹當成瞭望塔，或用樹身來支托電線。而士兵們因遠遠背離信仰而有負罪感時，橡樹也有如教堂的尖頂可供他們仰望。橡樹根部間的土地位在堅硬的群峰中，仍被戰壕劃穿——傷口只癒合了一半，劃痕仍在——被彈孔鑿出圓坑，被尋找骨頭的野豬刮得光禿禿的。在接骨木與蕨類植物間，零散可見外觀覆蓋苔蘚而變得柔和的地堡，以及張開烏黑大口的廢棄防空洞。（在洞內：蝙蝠於黑暗中四處移動，發出像紙片扇動一樣的聲音。狀似蒼白手指的鐘乳石如糖霜般滴落到地面。）

並非所有的遺骸都遭到遺忘。我來到杜奧蒙要塞（Fort Douaumont）附近一座大藏骨堂。藏骨堂的英文「ossuary」源自拉丁文「ossuārius」，是納骨罐的意思。這是一座紀念館，用來存放大約十三萬名士兵的骸骨。從窗戶窺看這棟建築的內部，所見到的是一片混沌，是永遠無法清晰辨明的景象。一顆顆頭骨堆疊在一起。大腿骨架像木材般堆放在路邊。人體的關節骨架（球窩關節、肩胛骨、骨盆帶）分崩離析。這些凌亂挖出的遺骨已根據出土地點所屬的戰區分類存放。

銘刻在上方小禮拜堂牆上的是失蹤者的名字。該處迴盪著上百名陌生人的低語，交織成一片悲吟。這群人的臉龐映照著琥珀

色的光芒，似乎透出難以承受的悲痛。若是從前門離開，仰望上
方遼闊的天空，可見天際清澈無雲，彷似漆黑一片，令人難以直
視。而鎮守在高處的石塔巍然聳立，彷彿直達天際。石塔內的亡
靈之燈普照著這些龐大的墓穴，猶如暗夜中的燈塔。就在那一
刻，有五、六隻燕子從鐘樓一躍而起，在空中飄移高飛：繞圈、
翱翔、自在徜徉，引領著靈魂向上昇華。

　　之後再回到黑暗的森林裡，我沿著一條蜿蜒的小徑，穿過已
消失的村落——沃德旺當盧（Vaux-devant-Damloup）殘留的地
基。那裡放置著獻給祖靈的祭品；形體虛無飄渺的屋舍，似乎在
狀如圓柱的樹木間發出微光；石頭尖銳的邊緣覆蓋了一層綠色的
毛氈；水槽自行變身成花盆。鮮紅色的漿果隱藏在光潔的葉子下
方，如餘火般熠熠發亮，灰白色的蝴蝶在光束間翻騰飛舞。

　　這裡的生命潛伏在各種褶皺之中：十五種的蕨類植物在陰暗
處爭奪地盤；在沒有樹木的地方，百里香爬上乾燥的岩石，尋找
可供攀附的處所；積水在彈坑內形成幾窪小水池，裡面潛藏著蠑
螈及多彩鈴蟾。罕見的蘭花沿著邊緣地帶生長。鳴鳥高聲謳歌。
草木呼吸著空氣。身處此地可以立即感受到，能生活在如此廣闊
且無限寬容的世界是莫大的福氣；這個世界既瑰麗又充滿慰藉。
倘若有神存在，那麼祂也許會是一位仁慈的神。

　　但在離這裡不到五英里的地方，樹木卻從未長回來：那是林
間的一塊空地。在橡樹與角樹分開處可以看到一個小圓池，裡面

---

5 Jean Paul Amat, 'Guerre et milieux naturels: les forêts meurtries de l'Est de la
　France, 70 ans aprés Verdun', *L'Espace Géographique*, No. 3, (1987), pp. 217–
　33.

裝著的似乎是灰色礫石，或焦油，或灰燼。這是一塊毫無生機的不毛之地。

此處草木不生的秘密亦與戰後所做出的決議有關。在休戰時期，有數百萬枚未使用的砲彈被堆放起來備用。當時無人確知這些剩餘的大規模毀滅性武器應如何處置。在凡爾登所做出的決議是，盡可能回收軍營內的所有彈藥，並且收集格勒米伊鎮（Gremilly）附近一座農場的化學武器6，總數達二十萬件。這座農場聚集了各式各樣人類用來殘害彼此的凶暴惡咒：芥子毒氣、催淚瓦斯、光氣（phosgene，其有如新割乾草的宜人氣味掩飾著致命的後果）、催嚏毒氣二苯氯胂（diphenylchloroarsine），以及帶有大蒜味的嘔吐性毒劑二苯氰胂（diphenylcyanoarsine）。之後到了一九二八年，軍方終於挖掘了有如亂葬崗的溝渠，將毒劑罐堆在裡面，然後放火燒毀。7這些溝渠因而被稱為毒氣場（la Place à Gaz）。

燃燒過程產生的砷化氫煙霧毒害了這片土地，使其寸草不生。這片土地看起來像是苔原，或融化的柏油：完完全全是一片荒地。在中心地帶，有一片焦油狀的灰燼，黝黑光禿，表面如波瀾起伏的水域般皺亂不平，邊緣蔓生著地衣與苔蘚。再往後可見縷縷細草散落在遠處的夾層中。此外空無一物。即使森林在其周圍生長擴張，毒氣場的季節永遠停留在冬天，春天絕對不會到來。

雖然毒氣場的名稱依然存在，但其由來已遭世人淡忘——與其說是消失在時間的迷霧之中，倒不如說是被集體遺忘。想到當地居民所經歷的一切，這是全然可以理解的事。隨著歲月的流逝，獵人與林務員又偶然發現了這處空地，誤將這片詛咒之地（群樹間潛藏著隱秘的惡意）當成美麗、斑駁的林間空地，認為或

可在此停歇，稍事喘息，在陽光下吃頓午餐。

曾有生意人在空地邊緣搭建了一棟小屋。屋子只有一個房間，鋪設瓦楞屋頂，還有一個小煙囪，以及一扇面對著私家岩石花園的窗戶。在毫無戒心的人眼中，這裡想必是一派祥和之地。相較於遠處的黑暗森林——冬日植被濕冷，景象蕭瑟，有野豬與咆哮的駝鹿出沒其中——這裡必是充滿了安全感。

但這裡一點都不安全。二〇〇七年，德國科學家[8]彼斯·鮑辛格（Tobias Bausinger）、艾瑞克·伯奈爾（Eric Bonnaire）、約翰尼斯·普羅伊斯（Johannes Preuß）等人根據歷史紀錄辨認出這塊荒地，對其土壤進行化學分析。他們在各處發現到，土壤百分之十七的重量來自砷。此外，尚有許多生物學家稱為重金屬的成分：鋅、鉛的比重，各達百分之十三、二·六。在恍然大悟的驚懼中，獵人們終於意識到多年來，他們一直行走或坐在一張毒毯上，還在上面進食。

---

6 J. Forget 'La reconstitution forestière de la zone rouge dans las Meuse,' *Bulletin De La Société Des Lettres, Sciences Et Arts de Bar-le-Duc et du Musée de Géographie*,121–131, cited in Daniel Hubé, '3. La "Place à Gaz" de la forêt de Spincourt: une zone industrielle toxique', Mission Centenaire, 19 April 2018.

7 Hugues Thouin, Lydie Le Forestier, Pascale Gautret, Daniel Hube, Valérie Laperche, et al., 'Characterization and mobility of arsenic and heavy metals in soils polluted by the destruction of arsenic-containing shells from the Great War', *Science of the Total Environment*, Elsevier, 550, (2016), pp. 658–69, doi: 10.1016/j.scitotenv.2016.01.111.

8 T. Bausinger, E. Bonnaire and J. Preuss, Exposure assessment of a burning ground for chemical ammunition on the Great War battlefields of Verdun. Sci Total Environ. 2007 Sep 1;382(2-3):259-71. doi: 10.1016/j.scitotenv.2007.04.029.

§

這些所謂的「重金屬」9許多都對生命體的基本運作至關重要，但數量過多就會產生毒性。植物一旦接觸到受金屬汙染的土壤，就可能出現千奇百怪的反應。

在一九五〇年代，俄國的博物學家納維塔羅瓦（N. G. Nesvetaylova）發現，在堆肥中加入各種不同的金屬鹽，可以使罌粟花開出色彩各異的花朵：例如，添加鋅化合物可以開出檸檬黃色的花朵，而加了硼可以讓葉子變成深綠色。另一方面，加了銅可以長出蒼白、略帶藍色的「鴿子色」葉片。（透過此種方式，渴望成為神仙教母的園丁，可以在杏仁樹下的泥土撒上錳，使其花朵的花冠從白色變成粉紅色；在繡球花的根部灑上硫酸鋁，使其狀如棉花糖的花序變成淡紫色，再漸次轉為靛藍色、淺藍色。）而且這個過程還可混合不同金屬，像女巫一樣調配出獨門藥劑：如釀製藥酒般，將兩種或更多種的金屬鹽10加在一起，花朵便會綻放出意想不到的嶄新色澤，與只添加個別金屬的花朵顏色截然不同。

中東與喀什米爾地區常見的黃鼠狼罌粟（*Papaver macrostomum*）在鋅含量高的土壤中，會長出雙層花瓣，而高加索山脈的點瓣罌粟（*Papaver commutatum*）在加入銅鉬後，斑點的圖案會改變。在礦物含量最高的地區，其深色斑點會拉長到中心點交叉成一個十字（即「x」形的標記），標誌著暗藏在土壤底下的物質11。

在含錳地帶附近生長的植物可能會暴脹成驚人的大小，身形巨大且蒼翠茂盛。硫酸銅或鉻鐵則會致使植物變得矮小。數個世

紀以來，全球各地的探礦者已藉由這些「生物指標」，成功探勘
其下土壤中的礦物。正如以前的探險家會審視環境中是否有柳樹
或白楊，藉以在沙漠中尋找水源，探礦者也會掃視地景是否有顯
現萎黃病症狀的植物。萎黃病相當於植物的貧血症，患病的植物
葉片會變白或褪色，只有葉脈保留較深的顏色，形成極為顯眼的
輪廓。

　　幸運的話，他們還可能發現一旦現蹤就表示周遭藏有珍貴
金屬的植物。舉例來說，早期斯堪的納維亞地區的礦工是藉由
「kobberblomst」（標示銅礦的花朵）與「kisplante」（標示黃鐵礦
的植物）12的引導找到挖礦地點。後者是一種綻放粉紅色花朵的
剪秋羅屬植物，雖然外表看似嬌弱，對環境的耐受度卻是極高，
有時在沒有任何其他物種能夠茂盛生長的地方照樣能夠欣欣向榮。

　　到了公元六世紀，中國皇室已察覺到，喜愛金屬的植物可用

9 原注：「重金屬」是科學家在許多不同情況下所使用的詞彙。即使撇開對
　「超級殺手」（Slayer）或「猶大祭司」（Judas Priest）等重金屬樂團格外
　狂熱的人士不談，我們可能還是會發現有人用該詞來指稱元素週期表中，
　具特定密度（>5g/cm^3）、原子重量（>40）或位置的金屬元素（在過渡金
　屬區內）。然而，一般大眾已慣於用重金屬來泛稱會對動植物產生毒性的
　金屬，包括鈷、銅、鐵、鎳、鋅等。

10 N. G. Nesvetaylova, 'Geobotanical Investigations in Prospecting for
　Ore Deposits', *International Geology Review*, 3(7), (1961), pp. 609–18,
　doi:10.1080/00206816109473622.

11 D. P. Malyuga 'Biogeochemical methods of prospecting' [a translation from
　Russian 1959 publication], Consultant's Bureau, New York, 1964, quoted in H.
　L. Cannon, 'The Use of Plant Indicators in Ground Water Surveys, Geologic
　Mapping, and Mineral Prospecting', *Taxon*, 20(2–3), (1971), pp. 227–56,
　doi:10.2307/1218878.

12 原注：即毛剪秋羅（*Lychnis alpina*）。

來13做為探礦的工具，因此命人編撰詳細的指南，羅列出不同的物種和相對應的礦物，以及與特定金屬相關的表徵。文中的指引讀起來就好像在誦念某種秘咒真言。（「葉……綠梗紅者，其下必多鉛……」）

於是藉由觀察植物的表徵，老練的植物地理學家便可從植物當中搜集到大量複雜的資訊。以尚比亞的銅帶省（Copperbelt）為例，該處至少有二十七種花卉幾乎只生長在遭到銅與鈷汙染的土壤中；這些花的外皮越厚，礦物含量就越高。同樣地，生活在阿爾卑斯山的人，可能會學會觀察三色菫呈檸檬黃色的嬌小花朵，從花色的深淺預測周遭是否有鋅存在以及其濃度高低。在澳洲有兩種植物，包括一種會開花的豆科植物（灰毛豆屬〔Tephrosia〕），以及花瓣細薄的草本植物，旋柱白鼓丁（Polycarpaea spirostylis），此兩者合起來可構成一張標有等高線的地圖：豆科植物盤據在銅礦14的外緣，但在銅含量達到百萬分之二千以上的地方，就把地盤讓給了揮舞著旗幟的白鼓丁。

有些地區的環境因為金屬礦含量極高而深受衝擊，甚至這些罕見的「耐重金屬植物」（metallophyte）也無法生存下去。這些地區草木不生，可能看似一座病懨懨的牧場，在鬱鬱蔥蔥的森林地帶形成狀如痘疤的凹坑。人們在烏拉山與南非不毛之地的下方發現了白金；在俄羅斯的荒瘠地帶則是發現了硼15。關於這些怪現象的民間故事紛紛湧現；北卡羅來納州一處這樣的地點被稱為「惡魔流連之地」，致使該地荒蕪一片的原因尚未有定論，或許在這一帶出現人跡前即已存在。然而，因重金屬汙染極端嚴重而造成土地荒瘠不毛的情況非常罕見。

毒氣場，即凡爾登附近森林中的空地，是其中一個例子。

$\int$

像毒氣場這樣的地方很難問到所在地點。眾人都不太願意分享有關這座「露天砷礦」的訊息。所以我到了凡爾登還是不清楚如何才能找到毒氣場。

某個深夜，在法國一家廉價汽車旅館的房間裡（房內的裝潢是有凸紋的橙色牆壁、嗡嗡作響的螢光燈、方塊地毯，戶外泳池兩旁放著老舊的塑膠躺椅），我彎身坐在筆電前，認真搜尋紅色無人區森林的衛星影像，想要從中推測路程距離，尋找相關標示。最後，我碰巧發現了一處地點，在特定季節從上方俯看，可見森林中有一個像淡紫色指紋般的圖紋，離儲備武器的農場不遠。我立刻就知道已經找到了毒氣場。

隔天早上，我看著GPS導航，慢慢沿道路行駛。抵達目的地附近時，我將車子開到路邊，有意識地倒轉方向，然後將車子停在林木邊緣的灌木叢中，直接快步走進森林裡。沒過多久我就撞見一個軍事風格的圍場：此處用大概八英尺高的普通鐵絲網圍起，底部再加繞一圈圈的有刺鐵絲網。即使要靠近到可以把臉緊貼到圍籬的距離都很困難。有一封護貝的公告信釘在近處一棵樹的樹幹上，用法文寫著「禁止進入該區域」。他們可不是在開玩

---

13 Robert Temple, *The Genius of China*, Prion Books, London, 1986 (1999), pp. 159–60.

14 H. L. Cannon, 'The Use of Plant Indicators in Ground Water Surveys, Geologic Mapping, and Mineral Prospecting'.

15 出處同注14。

笑。

　　我從那裡只能看見樹木光禿禿的背影，它們似乎正被更深處的某樣事物吸引著。我伸著脖子張望，沿著圍籬線探向森林更深處。在彼端，我看到草木分了開來。在這道鐵刺網內有一塊空地：開闊寧靜，罩著如虎紋般的陰影。空地上看似有一個平靜的石灰色池子，其邊緣是一片高高的草叢，灰白色的蝴蝶在草叢間輕快地飛掠撲騰。細小的昆蟲像塵埃一樣在一道道光束中紛飛。坐落在空地邊緣的小木屋開啟著門扉，令人想入內一探究竟。在堅實的軍式風格建築群後方，封存著一片宛如童話場景的小谷地。這片無害的場景與周遭的重重防禦格格不入；我的感官發出警報，使我察覺到在一覽無遺的景色下，隱蔽著令人心神不安的危險氣息。此種衝擊且不祥的情景，令我馬上聯想到的俄國導演安德烈・塔可夫斯基（Andrei Tarkovsky）的偉大傑作《潛行者》（*Stalker*，一九七九年）。這部影片的場景設定在不遠的將來。在屆時形成的反烏托邦世界中，一名被稱為「潛行者」的蘇聯男子，帶領著另外兩名陌生男子進入一個守衛森嚴的神秘禁區。

　　在《潛行者》中，三人躲過警衛的視線，發現荒涼異境「The Zone」是片祥和蓊鬱的美麗之境。潛行者帶著兩名男子繼續前進，潛行在雜草蔓生、茅草及膝的草地之間，繞過被植物侵占的破敗建築，涉水穿過河川與洪流——一路上他不斷地探測前方的路面，每隔幾步就投擲螺帽，以察探暗藏在這片林間空地中的種種無形、未知的危險。

　　我自己開始緩慢地繞著這個圍場轉一圈，來到廢棄木屋的後方。這棟原是伐木工居住的斜頂棚屋已經凹陷，為整齊堆放在後頭、正慢慢腐爛的原木遮蔽風雨。一面白色告示牌的碎片散落在

地上：*IN TERD IT*16。

　　草地呈金黃色，如棉花糖般纖細，在微風中閃閃發光。在空地的中央，一池砷酸鹽灰燼紋絲不動。苔蘚及一簇簇小草從池子邊緣探出頭來，彷彿是從淺灘長出似的，中間則是空無一物。攀緣植物蜿蜒爬過圍籬；強健的常春藤攀爬上空地邊緣的樹木。低矮的樹枝傾靠在縫隙上。各種草木從四面八方逼近，但就是無法進入。因為這裡是詛咒之地。

　　塔可夫斯基認為《潛行者》一片也受到了詛咒。影片的攝製一開始就遭遇波折。先是在塔吉克（Tajikistan）拍片的計畫因為發生地震而泡湯；之後轉赴愛沙尼亞取景，拍攝一年的成品卻在顯影過程遭到毀壞。而隔年，重新拍攝的作業又難以置信地因夏季降雪而延宕。

　　雖然影片終於在一九七九年完成（並旋即獲得好評），但厄運將接踵而至。在片中出演的安納托里・索洛尼岑（Anatoli Solonitsyn）於三年後去世，年僅四十七歲。而再過四年，塔可夫斯基也離世，得年五十四歲。一九九八年，塔可夫斯基的妻子，擔任副導演的拉里莎・塔科夫斯卡婭（Larisa Tarkovskaya）亡故——他們都因罹患同一種罕見的癌症而病逝。工作人員認為原因應是拍攝期間，他們曾長期待在一座冒煙的化學工廠下風處；也曾在耶加拉河（Jägala）深度及膝的河水中穿過有毒的泡沫。

　　樹下的矮樹叢傳來一陣窸窣聲。一頭母鹿從中現身，用口鼻溫吞地推開長長的草叢，一副若有所思的姿態，接著靈巧地穿行

---

16 譯注：碎裂的字母組合起來是法文「禁止」之意。

在一條水聲潺潺的小溪上，而據我所知，溪水中滿是有毒的物質。我跨步走到陽光下，牠隨即僵住不動，與我四目相對了好一會兒，然後轉身逃進禁忌的森林。

§

我此行的目的，是要親眼目睹那些繞著毒灰外圍生長成一圈黯淡光暈的植物。

乍看之下，它們似乎都是可以令人放下戒心的普通植物：上層狀似薄霧的草叢，英國人稱為簇生禾草，美國人稱為「絨毛」草（因為葉面如桃子般長有絨毛），在沼澤地、邊緣地帶、無人照管的荒地經常可見；而有如內層絨毛隱藏在下方的是有粉狀顆粒、形似高腳杯的地衣，粉石蕊（*Cladonia fimbriata*）。兩者都不是什麼奇特的物種。不過這類植物特別適合在原本應有危險性的環境中生存。它們會限制本身對金屬的吸收量，避免金屬在體內蓄積到致毒的濃度。道理非常簡單。

然而，與它們為鄰的是一種柔軟如羽的苔蘚，名為黃絲瓜蘚（*Pohlia nutans*，又稱「點頭線苔蘚」〔nodding thread moss〕，因葉子有多個嬌小的頭狀物而得名）。這種苔蘚採用的是較複雜的策略：它們並沒有將土壤中的金屬阻絕在外，反而門戶大開，將金屬鹽往上輸送到主枝貯藏起來。此種像喜鵲一樣有收集癖好的植物，被稱為「重金屬超累積植物」（hyperaccumulator），目前尚未完全瞭解它們累積重金屬的原因。或許這是一種自衛的機制：將自己變成苦澀的植物，讓食草動物打消攝食念頭。

不過此舉可以發揮相當驚人的作用。舉例來說：喜樹

（*Pycnandra acuminata*）可謂樹中的銀色精靈，生長在新喀里多尼亞（New Caledonia）瀰漫霧氣的雨林裡。樹身若用刀子割開，會流出非常特別的銅綠色乳汁，當中的鎳含量達百分之二十六。在威爾斯後工業時代的礦區，地衣會從其依附的岩石中吸取鐵或銅的成分，在過程當中變成鏽橙色或綠松色（宛如在藝術家工作室揮灑的顏料），使這些金屬難以溶解，因而變得無害。

儘管這類的耐重金屬植物一直是自然成長，在金屬礦的露頭以及如加拿大新伯倫瑞克省（New Brunswick）的坦特拉瑪（Tantramar）「銅沼」等地尋找立足點，它們現今卻更有可能在受到人類影響的地區現蹤。除了尾礦、廢石堆、堆渣場、各式各樣的後工業遺址，這類地區也包括像毒氣場等經歷戰亂的地區。近幾十年來，受到重金屬毒害的土地數量呈指數型成長。[17]目前已知，此類汙染場址[18]在全球共超過五百萬處；光是在中國，受到汙染的土壤面積就超過八十萬平方公里。

近年來，世人對這類植物有更多的瞭解，也更肯定其價值，但由於它們偏愛生長在飽受破壞之地，保育人士在保護稀有奇特的物種時，不免有所躊躇。我曾在威爾斯南部的斯旺西市（Swansea）附近探訪「銅城」（Copperopolis）舊址，此處在十七與十八世紀時建造了多座熔煉爐，形成一個龐大的冶煉中心。在

17 L. A. B. Novo, P. M. L. Castro, P. Alvarenga and E. F. da Silva, 'Phytomining of Rare and Valuable Metals', in *Phytoremediation: Management of Environmental Contaminants*, Vol. 5, (2017), pp. 469–86, doi:10.1007/978-3-319-52381-1_18.

18 Z. He, J. Shentu, X. Yang, V. C. Baligar, T. Zhang and P. J. Stoffella, 'Heavy Metal Contamination of Soils: Sources, Indicators, and Assessment', *Journal of Environmental Indicators*, 9, (2015), pp. 17–18.

冶煉產業衰敗後，鉛、鉻、銅等金屬的汙染，使斯旺西山谷低處呈現一片如月球般的荒涼地景。然而，這片散亂的荒地近來已被認定為「具特殊科學價值地點」，並受到新的環保措施保護，因為此處罕見地聚集了各種耐重金屬植物及地衣，並且據異極礦英文名calamine稱為「卡拉曼草原」（calaminarian grassland）。

不過對這片區域來說，人為干擾反而大有助益；儘管立意良好，一項早期的「整治計畫」因為移除或覆蓋了受到金屬汙染的土壤，導致有星狀花瓣的春米努草等罕見植物的棲地縮減，促使保育人士考慮採用有悖常理的激進管理方式，例如刮除表土，好讓地面「恢復毒性」。

重金屬超累積植物（目前已知約有五百種）因為具備奇異迷人的特質，在科學上有著極高的研究價值。這些植物由於渴求對其他物種有毒的物質，極可望成為復原重汙染地的利器。它們從土壤中吸取重金屬，於體內貯藏或重新傳輸後，也許就可整治土地，使其適合其他較敏感的生命體棲息。大自然便透過此種方式開始撫平自身傷痕。

我已經可以看到此種作用在進行。以毒氣場19來說，自二〇〇七年德國科學家發表研究分析，或者甚至自二〇一六年法國發表一篇追蹤後續狀況的論文（寬慰地指出「該地的植被正逐漸復原」）以來，化學灰池光禿禿的表面已明顯縮減。不論這些植物（尤其是「點頭線苔蘚」）正在做什麼，它們正慢慢將遭到化學物質灼傷的大地，轉變成適宜生命體棲息成長的環境。

目前針對重金屬超累積植物已發展出一項研究領域，稱為「植物汙染整治」（phytoremediation），希冀藉由駕馭這些植物的超凡能力來造福大眾。其他有淨化能力的物種包括鳳尾蕨，其可

將砷從土壤中移除，儲存在葉子裡（孟加拉曾經歷長達數十年的砷中毒危機，而測試結果顯示，鳳尾蕨可自然過濾該國受到汙染的水源）；以及向日葵，其可累積種類繁多的重金屬，已被種植在澳洲的舊礦場及冶煉廠區。

整治過程十分緩慢：必須先讓植物生長，然後再採收──此時植物體內已含有高濃度的重金屬，必須小心處置，但比起目前的清理方式（將汙染物挖出再重埋於混凝土層之下）速度較快，當然也較不會破壞環境。而倘若這些植物體內的金屬含量夠多（濃度達到百萬分之一百五十以上），尚可發揮一項極具吸引力的功用：其本身可視為一種有機礦，經過乾燥、燒炙，可從其灰燼中提煉出能夠重新利用的金屬。如此一來，農民也許可以栽種採收產鎳（或鈷，或甚至黃金）的「作物」，賺進比目前種植大麥或小麥更多的收益。

十六、十七世紀的鍊金術士普遍認為，金屬以及其他礦物只是較低等的生命體，從地球深處的種子中生長出來，然後成熟、自行再生。如韋伯斯特20在他一六七一年撰寫的《金相學：金屬的歷史》（*Metallographia: or, an History of Metals*）中所述：「金屬確實會生長，甚至就像其他植物一樣，此點有各種例子可以為證。」他引用殉道者彼得（Peter Martyr，輔佐神聖羅馬帝國皇帝查理五世〔Charles V, Holy Roman Emperor〕的賢士）所言：

---

19 Thouin et al., 'Characterization and mobility of arsenic and heavy metals in soils'.

20 John Webster, *Metallographia, or, an History of Metals*, Kettilby, 1671, pp. 47–8.

「金礦脈21是一株有生命的樹,想方設法自頂端蔓延生長……伸出枝椏……綻放出某些美麗的色彩來代替花朵,以色澤如金色大地的圓石代替果實,以金箔代替樹葉。」

於是我們可以想像交織著銅身金葉的樹幹、流溢出銀汁的新砍樹樁、滴下鎳蜜的花朵;而現今,我們所處的世界已覆上砷做的糖霜,並浸漬在鉛液裡,這一切都是我們親手造就的,現狀演變至此,人類與其說是無知,不如說是有先見之明。米爾頓22在《失樂園》中寫道:

在這之中蠢立著生命樹,
高聳挺拔,結滿紅金23的芬芳果實;
在生命源頭旁邊是死亡的源頭,知識樹

§

在圍場後方離道路最遠處,可以看到圍籬底下挖了一個洞。可能是獾,甚至是狗挖的。洞口不大。但我的身材也不高大。

我在圍籬底下抖抖晃晃,進入了空地。我閉緊嘴巴,雙眼盯著攙有砷的土壤,在洞內躺著前進,小心地將手擺在刺鉤之間,中途卡住時,把鉤到襯衫的刺鉤解開。

到了另一側,我搖搖晃晃地站起來,從蔓生的草叢邊踏上光禿一片的灰燼,也就是詛咒之地。這片灰燼會移動,像沙子一樣柔軟,不過邊緣因覆蓋著一片片苔蘚而變得較為堅硬。由於站在上面感覺搖晃不定,我於是又跨步離開,走到一道貫穿林木的光束下,站在我自己劃出的焦土圈內接受光線的撫照。林中草木環

繞在我周圍，但彷彿受到某種無形的力場抑制而止步不前，它們發出綠色的光澤，蒼翠耀眼，璀璨動人。

維多利亞時代曾流行某種顏色的染料：一種明亮的翡翠綠。此種染料的問世，使得穿綠色衣裙、貼綠色壁紙、使用各種人為染綠的物品蔚為風潮。但問題是：染料是用銅與三氧化二砷調製而成，含有劇毒。工廠女工因此毒發身亡，嘴角冒出綠色的泡沫；她們的眼睛、指甲、胃部、肺部，全是一片綠色。若有一位女士身穿「謝勒綠」[24]的長舞裙，無論她想駕臨任何一間宴會廳，她裙內藏有的砷量[25]都足以毒死在場的每一個人。

只要四、五顆砷粒就足以毒倒一個成年人；在一個晚上的時間裡，就可能有六十顆從一件衣裙脫落下來，掉到地板上。我思忖，在二十萬件化學武器所化成的灰燼裡，可能會找到多少顆砷粒？（究竟有多少顆，我無法自拔地想著，我剛才已經從牛仔褲上拍掉了嗎？）然而，即使在真相大白後，人們還是抵擋不了這種奇異綠彩的魅力。我覺得驅使我鑽到圍籬下方的正是同樣一股慾望。我恍如擦亮了毒蘋果，然後咬上一口。

21 出處同注20。

22 John Milton, *Paradise Lost*, Oxford University Press, Oxford, 1667 (1813), Book IV, lines 218–21, p. 111.

23 譯注：「紅金」（vegetable gold）是番紅花的別稱。

24 譯注：瑞典化學家謝勒所發明的顏色，成分是一種銅砷化合物。

25 Alison Matthews David, *Fashion Victims: The Dangers of Dress Past and Present*, Bloomsbury, London, 2015, excerpted online at: https://pictorial.jezebel.com/the-arsenic-dress-how-poisonous-green-pigments-terrori-1738374597.

　　在圍場內，我感覺到腎上腺素陡然飆升，甚至有恐慌之感。一陣微風掠過長長的草叢。鳥兒在圍籬後方的枝椏間歌唱。我轉過身來，注視著圍籬。前方沒有任何簡單的退路。我鼓起勇氣，轉頭重回幽暗的禁地。我的雙腳陷入戰爭遺留下的柔軟沙礫，這是人類自我毀滅的衝動所造就的產物。這一圈不毛之地就像是留在犯罪現場的一枚指紋，見證著一場規模與毀滅性，以及肆意破壞程度都前所未見的戰爭。

　　在《潛行者》中，訪客之所以被吸引到荒涼異境「The Zone」，是因為據信在其中心有一個神秘的房間；凡進入房間者，都能實現最大的願望。然而，片中的潛行者雖已帶領其他無數人來到房間的門檻，他自己卻從未踏入房內。我想這寓意著，儘管有種種危險——儘管在童話故事的外衣下，潛藏著看不見的恐怖事物——這片凶險的異境提供了到訪者比世間財富更有價值的事物。在腐敗的世界裡，它可以提供一絲希望。

　　我又邁出一步，向位在這片小禁區中心的房間走去。走向伐木工的小屋，以及裡面黑暗荒涼的空間。通往秘室的門扉正向我開啟。

9
外來種入侵：坦尚尼亞，阿曼尼

雨剛下完沒多久。水汽從植被中升起，在樹木間繚繞不散。水滴從極高處落到柔軟的土地上，發出微弱的鳴響。空氣像洗澡水一樣溫暖濕潤，散發著尤加利樹的濃郁香氣。斑桉一排排沿著山坡而立，層層脫落的樹皮如面紗般覆蓋在地面，小水珠在它們熾熱的銀色表皮上閃閃發光。我吸入這股空氣，熟悉的感覺使我心生舒暢。我心想，「我知道這是什麼地方。」

但似乎有點不太對勁。這裡看起來、聞起來都像是澳洲的叢林地，但配樂卻是錯的。我側耳尋找澳洲喜鵲刺耳、宛如電話撥接音的含混叫聲，鈴鳥的聲納脈衝聲，但沒有找到任何符合的聲響。相反地，在嗡嗡的蟬鳴間，有陣輕細的鳥聲發出音調下降的鳴叫。我聽到類似鵝的鳴叫聲，以及只有猴子才能發出的輕呼聲。

頃刻間，我恍如進入了另一個房間，來到了中國。龍頭竹（*Bambusa vulgaris*）如帷幔般綿亙在小徑上，稀稀落落，呈現稻草的色澤。四處都有此種巨大竹子的露頭，從地面成叢破土而出，彷如一隻隻樹精伸展著長有凸節的肢臂。我繼續往前走去。竹林逐漸消隱，取而代之的是南美的色調：映入眼簾的是智利南洋杉（*Araucaria araucana*）向四方伸展，帶有矛尖狀鱗片的巨大樹枝；煙洋椿（*Cedrela odorata*）的葉子，金雞納樹喇叭狀的淡色花瓣。接著見到的是樹枝上成串的紅色果實正在腐爛的油棕，

標示著繞往西非的方向。

事實上，那些地方都不是我們身處之地。在我腳前，帶有條紋的蜥蜴倉皇逃命。全身布滿盔甲的巨型馬陸在落葉層間巡行。再往前，靠近溪水清澈處，有隻紅色的螃蟹從矮樹叢中竄出，在我腳間急掠而過，然後消失在植被之中。

這裡是位在坦尚尼亞烏桑巴拉山脈（Usambara Mountains）高處的阿曼尼，但要說我處在任何地方也行。這片廢棄的植物園警示著世人恣意將物種傳播到世界各地的危險。然而，阿曼尼或許也可以讓我們瞥見生命的另一面：各個物種即使原本註定永隔兩地，卻仍有驚人的能力可彼此和睦共處。這些物種成功地找到新的共存方式，也給了我們希望，那就是在阿曼尼，以及世界上許多其他地點，生態系統可能比我們想像中更具有彈性。

§

阿曼尼皇家生物農業研究所（Amani Imperial Biological-Agricultural Institute）是德國殖民政權在一九〇二年所成立的機構，在實驗植物園中設有種植超過六百種樹木及木本灌木的試種場1，另外尚設有若干實驗室及一座包含其他兩千種植物的植物園。成立該機構的目的是希望找出能適應當時德屬東非的黏性土壤及熱帶氣候的作物，用以生產木材、油脂、橡膠、纖維、水果、香料、咖啡等物資。在阿布雷希特・齊默爾曼（Albrecht Zimmerman）教授的領導下，阿曼尼研究所逐漸發展成非洲最大也最重要的植物標本館。

雖然阿曼尼研究所從事的活動規模龐大，但並不罕見。該時

代的帝國強權會在各大洲間移植作物、將牲畜運往世界各地，
並為此砍伐原生森林來開闢空地——這些舉措的規模都大到幾乎
難以想像。（例如澳洲在一七八八年成為殖民地；到了一八九〇
年，其境內牧養的綿羊總數已超過一億隻。）

　　除了農業帶來的助力，外來物種的傳播也以許多意想不到的
方式推進帝國的霸業。例如在十九世紀，人們發現加拉巴哥群島
上的巨型陸龜可以在沒有食物或水的情況下，在海船的貨艙中
生存一年多後，數十萬隻的巨龜便被帶離島上。巨龜肉非常美
味（一名水手滿懷悸動地講述道：「沒有任何動物能夠提供得了
更完整、甜美、鮮嫩的食物。」），而且更棒的是，牠們身上有非
常特殊的「膀胱」，可以儲存好幾公升乾淨的飲用水。這對一個
航海遠征的帝國來說是多麼便利。萃取自安地斯山脈金雞納樹的
奎寧，在當時是三個世紀以來唯一已知的治療瘧疾藥物。沒有奎
寧，熱帶地區的殖民計畫便可能因人員發燒而落空。

　　有時殖民者將動植物帶往殖民地只是為了作伴，或是因為這
些動物草木賞心悅目，或能讓他們在陌生的土地上有種熟悉感。

---

1 「這些植物園占地約三百公頃，最初由二十個種植區組成，分為
　一百四十一個區塊；這些區塊的形狀與大小各異，面積從〇．一公頃到
　七公頃不等，最初包含近二千個不同大小的物種地塊……一九四八至
　一九九三年間，收藏其中的物種幾乎無人照管。因此……大約只有三分之
　一的物種及地塊留存下來。」(P. J. Greenway 'Report of a botanical survey
　of the indigenous and exotic plants in cultivation at the East African Agricultural
　Research Station, Amani, Tanganyika Territory,' unpublished typescript, Royal
　Botanic Gardens, Kew, (1934), cited in P. E. Hulme, D. F. R. P. Burslem, W.
　Dawson, E. Edward, J. Richard and R. Trevelyan (2013), 'Aliens in the Arc: Are
　Invasive Trees a Threat to the Montane Forests of East Africa?', *Plant Invasions
　in Protected Areas*, 145–65, doi:10.1007/978-94-007-7750-7_8.)

這在殖民時代是種時興的消遣。一八九〇年，紐約一個「馴化協會」就曾將莎士比亞作品中提到的每種鳥類都野放到中央公園。

> 烏鶇渾身黑漆漆，
> 嘴喙黃橙橙，
> 歌鶇歌聲最動聽，
> 鷦鷯羽毛短。
> 燕雀、麻雀和雲雀……

這些鳥類大多都消失在林間，再也沒有出現過，但有六十隻椋鳥（「我要養一隻椋鳥 只教牠唱出『摩提默』的名字」）卻是生生不息。目前美國的椋鳥數量約有二億隻。

駐守在阿曼尼的德國人也想有家的感覺。他們從山頂砍樹來建造別墅，在前院的花園栽種從肯亞引進的鋪地狼尾草，打理出整齊的草坪。他們養乳牛讓草地保持整齊平短，並用牛糞來施肥。他們建造了一條小鐵路線，還用深色木材為站長搭建了一座外圍有雕刻欄杆的瑞士風小木屋。這一切結合在一起，營造出一片真假難辨的阿爾卑斯山草地──除了在草皮破爛處會顯露出紅鏽色的泥土。

但是阿曼尼很快就會脫離德國人之手。一九一四年戰爭爆發，而一九一六年一小隊英軍由一位當地的傳教士率領越過山頂，占領了研究站。對英國人來說，阿曼尼研究所是巨大的意外收穫。他們將該所的研究重心從植物生態轉移到醫學研究，尤其是瘧疾的治療。要是能在這裡工作可是一份好差事：工作地點是山頂上與世隔絕的幽靜之地。所內的科學家享有特權，居住在通

風良好的殖民地別墅，裡面有呼呼作響的風扇，以及亮晶晶的桃花心木地板。英國人還設立了一座圖書館、郵局，以及兩個社交俱樂部，分別供白人科學家和非裔實驗室助理使用。

晚間，白人科學家會在露台上喝杜松子酒和通寧汽水，或打網球，或在有螢火蟲紛飛的划船池划槳嬉水。一位昆蟲學家回憶道：「在下雨前的幾個晴朗日子……正當月亮升起之時，可以看見印度洋有如一條閃閃發光的細帶，將一片黑色的大陸與天空分隔開來。」

英國政權的統治也來了又去。坦尚尼亞於一九六一年獲得獨立，由非裔主導的新一波研究為研究所帶來令人鼓舞的創新研究題材——直到資金斷絕。由於坦尚尼亞面臨了糧食危機，並與烏干達交戰，試種場的維護停擺下來。各項研究計畫停滯不前，接著陷入癱瘓。科學家們於是離去，承諾日後將會歸來。

所以，阿曼尼研究所就這麼等待著。在科學家不在之時，有三名當地的技師忠誠地照管著這個被封存的機構。他們打掃地板，修剪草地。有一段時期，所內小小的郵局還維持著正常的營業時間，即使濕氣爬上了白灰牆，金屬標牌也鏽跡斑斑。然而，郵務漸漸減少到微乎其微，然後終告停歇。圖書館關起大門，在入口留下宛如時間膠囊的「現期期刊」。這些技師變老了，頭髮也灰白了。

馬汀・金韋里（Martin Kimweri）是目前仍留在所內的技師。他身材矮小，留著一頭很短的頭髮，歲數已經五十好幾。他每天會進到舊實驗室的黑暗空間執行勤務。破爛的窗簾成條懸掛在窗戶上。一張長凳上放著的二十幾隻死老鼠，已大致剝製成標本，棉絨從原本應是眼窩處露了出來，因年代久遠而變得僵硬。

在這些標本後方是化學家的玻璃器皿，上面覆蓋著一層黑色的塵垢。浸泡甲醛的生物在罐子中緩慢分解。試樣瓶裝了半瓶的淡色液體，準備送交測試；手寫的標籤日期可以追溯到一九九〇年代。牆上的灰泥布滿了水漬。

他穿過走廊，輕輕踩踏著發灰的瓷磚，經過一塊黑板，上面用粉筆寫著：低溫保護劑與緩衝溶液的化學配方。金韋里進入後面的房間，那裡有個塑膠箱，裡面裝著十四隻粉肌紅眼的小白鼠，鋪在箱子下的是八英寸深被尿液浸透的刨屑。牠們散發著一股濃濃的動物臭味。金韋里餵了小白鼠後將餵食瓶再裝滿。他從尾巴抓起小白鼠，輕輕地將牠們放到自己的實驗室外套上。小白鼠用牠們的小爪子緊緊抓住外套，把眼睛睜得斗大。

以往，這些老鼠（或和牠們類似的老鼠）都先感染了瘧疾，再採用各種實驗療法來治療。牆上捲曲的布告提供了這些老鼠的解剖圖。金韋里自一九八五年在阿曼尼研究所任職以來，就一直負責餵養所內的老鼠群。自一九九六年以來，他就沒有太多其他的事情可做了。

他心想，科學家們可能還是會回來。也許是明年。在他們歸來前，他會守在這裡，讓鼠群繁衍不息。

外面雷聲大作。雨水順著變形的玻璃窗格流下來。歲月就這樣悄然流逝。

§

與此同時，在森林中，一場戰役正緩慢地展開——這是德國人多年前移植樹木時所發動的一場戰役。

在長期無人照看的實驗區裡，外來的物種起初按兵不動，等待適當的時機到來。它們往下扎根，張開肢臂，伸向同宗的弟兄，彷彿在尋求慰藉。然而，久而久之，這片區域內的成員有了轉變，開始凝聚成一個有組織的陣容。新的樹種變得焦躁不安。它們派出密使，在栽植園邊緣外的土地探測動靜。沒有人可以制止它們的躁動。

突發的變動讓本土種的草木措手不及。在德國人到來，並從其他地方引進大量的植物之前，阿曼尼地區的草木已經幾乎與世隔絕了數千年。烏桑巴拉山脈屬於一座更廣闊的山脈，其從吉力馬札羅山向西南方延伸，稱為東部弧形山脈（Eastern Arc Mountains）。烏桑巴拉山脈有如背鰭般從深處拔升而起，高聳在乾旱的沿海平原之上，因此處於獨有的氣候帶：山間空氣涼爽潮濕，霧靄繚繞，水汽從海洋升起，凝結成濕霧。烏桑巴拉山脈故而有雲端之島的稱號。

我們可以將東部弧形山脈視為一座漂浮在半空中，覆蓋著森林的群島：是陸上的加拉巴哥群島，而幾千年來，島上的物種在天空中的棲地遺世而居。這些物種與其他同類被大量乾燥貧瘠的平原阻隔開來，像達爾文雀（Darwin's finches）2一樣，踏上一條截然不同的演化路徑。

在烏桑巴拉山脈發現的動植物，有極高的比例被認為是該處獨有的物種。阿曼尼豆娘（Amani flatwing）是一種嬌弱的豆娘，也是世界上最瀕危的物種之一，只在少數幾條岩石較多的

---

2 譯注：加拉巴哥群島的雀鳥。

溪流畔盤旋。烏桑巴拉鵰鴞（Usambara eagle-owl，學名*Bubo vosseleri*）是一種外觀引人注目的大眼鳥，羽毛具有條紋，面容似鷹，在一九〇八年首次被發現，直到一九六二年才再次有人目睹牠們的身影。阿曼尼樹蛙（Amani tree frog，學名*Parhoplophryne usambarica*）3是其屬別中的唯一物種，一九二六年被發現隱身在野生的香蕉樹內，之後就再也沒人見過牠們的蹤跡。

　　種種現象都說明了，這些孤寂的物種只固守在牠們已發展出獨特適應力的生態系統中；這個生態系統幾千年來一直維持穩定，未受干擾。這個與世隔絕的群落不斷成長，造就出一座層層包覆、物種繁多、肌理多變的森林，使外來的訪客難以剖析其多樣的元素。樹木從傾倒的古木殘枝中迸生出來。宛如吸血鬼的榕樹展開扼殺，將枝幹纏繞在受害者的肩頭上，榨乾它們的汁液。附生植物像鳥兒築巢一樣，在樹枝的角落裡安頓睡處，收集落葉做為堆肥。地衣的毛皮大衣華麗地從樹皮乾枯的枝幹上披垂下來。這是一片蒼翠繁忙的景象。

　　學名為*Maranthes goetzeniana*的巨大常綠樹從山上拔地而起，彷似古典建築的多立克柱，使其他所有樹木都顯得矮小。這些有如守衛的參天巨樹擁有銀色的樹皮，附生著大量的蕨類植物，誕生年代可追溯到維京人時代，並在之後持續以緩慢無比的速度生長。但這些古老的生命卻猛然被陌生的新鄰居從四面八方包圍起來。

　　在這些巨樹抽出一個新芽所耗費的時間內，金黃色的竹子可以成片地長出來，密密麻麻，將其他所有植物排擠出去。竹的地下莖在土壤下橫向擴展，然後向上冒出新竹；竹子砍掉後可以再生，斷肢會在原地扎根。起初馴順的糖棕樹開始在山腳下集結，

然後發動突擊。每年它們都會占領幾公尺的新領地。糖棕樹的酸性果實會毒害土壤；樹下沒有任何植物可以生長；動物觸碰到樹身就會流血。

種在別墅周圍花園中的觀賞灌木，如同在鍋裡沸騰溢出的水沫蔓生到四周地區，無人阻擋，也阻擋不了。馬纓丹（*Lantana camara*）是一種美麗的草本植物，會開出粉紅與黃色的繡球狀花朵，散發著黑醋栗的氣味，受到蝴蝶的喜愛。它們像泡沫般向外溢散，將所觸及的一切吞沒。葉片造型優雅、帶有毛刺，散發肥皂泡味道的毛野牡丹藤（*Clidemia hirta*）則是大變身；它們化身成藤蔓，翻爬過其他植物，將之拉扯下來。

森林從未如表面般祥和平靜。在新物種到來前，阿曼尼的本土植被中存在著多條纏鬥了數百年的戰線；下層植物不斷在競奪光線及養分，為此籌劃攻略、反制敵謀。但這些異國的入侵者發動了一場奇襲，讓本土物種猝不及防。這裡是全世界最孤立、防禦力弱、物種最豐富多樣的棲地之一。就在這塊土地上，已知的恐懼迅速蔓延。在原棲地環境中通常溫順有序的植物，在異地突然發現自身處於優勢地位，於是開始橫行無忌。

外來種正展開入侵行動：緩慢又靜默。在外頭，栽植園裡的物種發動了一場場戰役，並取得勝利，而在裡頭，黴菌爬上了牆

---

3 對於發現經過的描述可參見：T. Barbour and A. Loveridge, 'A comparative study of the herpetological faunae of the Uluguru and Usambara mountains, Tanganyika territory with descriptions of new species', printed for the Museum of Comparative Zoology, Harvard University, Cambridge, MA, 1928, p. 261 describes discovery.

壁，圖書館裡的書本已經腐爛，小白鼠出生、成長，又死去。這一切都無人察覺。

§

在傾盆大雨間，我走在地面上，想要尋找這棟古老皇家建築的遺跡。陪我一道尋找的是艾洛斯・麥格瓦（Alloyce Mkongewa）。他在最近的一座村落長大，是個性情溫和又幽默的人，穿著健行靴和筆挺的 Polo 衫。國外生物學家來此研究從阿曼尼研究所逃逸的物種時，他會負責安排相關事宜。

我們一起在入口大門旁的舊香料園裡信步而行。園內成排成熟的樹木長在一團雜草間，每個樹幹都附有寫著拉丁文學名的金屬牌，活像是交誼會的名牌。這裡的空氣濃稠，彷彿像加入香料煮得暖烘烘的酒一般令人陶醉。一株丁香樹（*Syzygium aromaticum*）長得巨大濃密、野性十足，結了幾把球根狀的綠色種子。肉豆蔻樹（*Myristica fragrans*）沉甸甸地掛著像裝飾球的果實，每一顆都裂了開來，露出裡面豔麗的鮮紅色乾皮。屬於藤蔓植物的黑胡椒（*Piper nigrum*）包裹著一株蒲桃（*Syzygium jambos*）的樹幹。蒲桃樹的種子像葡萄一樣成串垂掛著。麥格瓦使勁推著一株小豆蔻（*Elettaria cardamomum*），彷彿在對待一隻動物似的用力將其枝條撥開，露出將多汁的莖幹環繞在其腰部的香莢蘭（*Vanilla planifolia*）。

再往前行，在感覺像是原始林的地方，我們偶然發現了一塊看似凸伸著一條金屬管的巨大圓石；這塊巨石原來是一個水槽，覆蓋著厚厚的苔蘚，頂端是生長在蓋子上，猶如一片棉絨的平葉

蕨類植物。就在我站立之處，有一條曾供蒸氣火車行駛的鐵軌，這個水槽即是為了讓火車加水而設置。我們向外走去，經過一個已經半塌的舊混凝土水壩，濟吉河（Sigi River）的河水從水壩底部的一個裂口奔流而過。此處樹木健壯的根系，如同盤據吳哥窟寺廟的樹根，在水壩的兩側延伸擴展。上游有間破舊的小屋，屋子窗框內的玻璃片已經四分五裂。我們在裡面發現一部已經生鏽，原屬於一座舊水力發電廠的發電機。這是一個被遺忘的世界所留下的基礎設施。

一群藍鬚猴觀察著我們的一舉一動。牠們散落在一個由毛野牡丹藤構成的高台上。屬於入侵物種的毛野牡丹藤像一大片葉子般，在受到擾亂的林地上蔓生開來，遮蔽了下方弓著身軀的樹木。麥格瓦說道：「外來物種已經構成了龐大的壓力。你在下面看到的所有樹木都會倒下。沒有任何其他植物可以有足夠的光線成長。如果毛野牡丹藤繼續肆意蔓延，這裡的處境可能十分堪憂。」

晚上我住在一間有點像是臨時搭建的小度假屋，離舊實驗室不遠，是一九九七年阿曼尼研究所舊址封鎖起來成為保護區時，保育人士搭建使用的屋舍。我與熱帶生物學家皮爾‧賓格利（Pierre Binggeli）及查理斯‧奇拉維（Charles Kilawe）一起共度晚間的時光。他們針對烏桑巴拉山脈面臨的物種入侵威脅進行了許多研究。兩人可說是一對不可能的搭檔：充滿個人魅力的賓格利是身材高大的白人，留著瘋狂教授的髮型，還說著一口我辨認不出地方的國際口音；奇拉維則是身材矮小，來自吉力馬札羅山的查加族（Chaga），溫文爾雅，總是不吝開懷大笑。

賓格利責備我摘掉黏在我褲子和襪子上的種子，並且（不假

思索地）把它們丟到瓷磚上：這是一種傳播入侵物種的行為。
（他所言不假：在一九三〇年代，英國植物學家愛德華‧薩里茲伯里〔Edward Salisbury〕曾用在他褲口裡發現的種子培育出三百株植物。）他們兩人正為當地的小農舉辦工作坊，講述防禦外來物種的重要性。這些小農屬於尚巴族（Shambaa），也是麥格瓦的族人，早在帝國勢力入侵前便已在森林邊緣生活。

根據經驗法則：若在一個新環境中（比如植物園）栽植一百個物種，然後置之不理，可能會有十個物種可以在此環境立足生存。而在這十個物種之中，有一個可能會變成有害植物。不過這只是一個參考法則。二〇〇八年的一項調查顯示，在栽植於阿曼尼的約二百一十四個物種中，總共有三十八種外來植物已歸化而能自然繁衍，有十六種已逃離了原劃的地塊，在老生林中四處蔓生。

此種情況的隱憂是：外來物種突然大量湧進一個孤立的生態系統，將會破壞食物鏈、改變土壤的化學性質、擾亂地下的細菌群落及菌根網絡、擊敗動作緩慢的本土物種，並帶來疾病。譬如目前在英國肆虐的白蠟樹枯梢病（ash dieback），正是附著在一株進口樹木上而傳進英國，預計恐導致英國全境八成的白蠟樹死亡。白蠟樹枯梢病是一種相當常見的亞洲真菌所引發；此種真菌的同鄉是梣（Chinese ash）與水曲柳（Manchurian ash），它們因與真菌共同演化了數千年，因此能夠抵擋其發動的攻擊。

諸如此類的前車之鑑，凸顯出漫長、糾結的演化歷史不容忽視的重要性。套用環保運動領袖約翰‧繆爾（John Muir）所言：自然萬物環環相扣，牽一髮而動全局。若用力拉扯，整片錦繡大地便可能分崩離析。

　　共同演化是達爾文率先提出的概念，指的是兩個或更多長期共同成長演變的物種，可能會建立起密不可分的關係。一八六二年，達爾文收到一批來自馬達加斯加的蘭花，「令人驚奇」的大彗星風蘭（*Angraecum sesquipedale*）激起了他的好奇心。達爾文感興趣的不是這種蘭花的美（雖然它的確十分美麗，花朵「像雪白的蠟所塑成的星星」），而是它垂著一條耐人尋味的「鞭狀」蜜腺，形似一根約一英尺長的綠色細刺，末端幾公分充滿了美味的花蜜。他興沖沖地寫信給好友約瑟夫・道爾頓・胡克（J. D. Hooker）歎道：「天啊！什麼樣的昆蟲才能吸得到裡面的花蜜？」

　　達爾文接著預測，一定有某種喙管很長的蛾，能將喙管伸展到同樣驚人的長度，而蘭花與蛾相互刺激，演變成越來越契合彼此的特化形態，直到兩者關係牢不可破：這是一段上演了幾千年的演化戀曲，一種「兩者共享的妄念」（folie à deux）。一九九三年，在達爾文做出預測的一百三十年後，終於確認有一種符合其描述的蛾專為大彗星風蘭授粉。一個是鎖頭，另一個是鑰匙，兩者密合無間。4

　　然而，達爾文視為可以佐證其機械觀演化理論的證據，其他人卻認為是支持智慧設計論（intelligent design）5的明證。實際

4 關於這段趣聞的完整敘述可參見：J. Arditti, J. Elliott, I. J. Kitching and L. T. Wasserthal, '"Good Heavens what insect can suck it" – Charles Darwin, *Angraecum sesquipedale* and *Xanthopan morganii praedicta*', *Botanical Journal of the Linnean Society*, 169(3), (2012), pp. 403–32, doi:10.1111/j.1095-8339.2012.01250.x.
5 譯注：簡稱智設論，主張宇宙萬物的存在乃是經過設計。

上，思忖一個生態系統美麗又令人費解的複雜結構，尤其是那些長期與世隔絕的生態系統，例如東部弧形山脈的內陸島嶼，是幾乎超出人類智慧的心智活動。我們會強烈地覺得所有生靈間有著交互相連的關係；覺得萬物皆能恰得其所。這是用目的論的角度來看待生物的存在[6]：將雨林視為打開著落在小徑上的懷錶。但生態機制並不是藉由上帝之手打造，共同演化才是促使一個生態系統的鈍齒，與另一個生態系統的尖齒形狀密合的力量。在我看來似乎是如此。（關於神論，達爾文曾寫道：「讓每個人盡力去盼望與相信吧。[7]」）

從這個觀點來看，新來的與入侵的物種就好比從中搗亂的扳手：太多外來者跌跌撞撞地闖入可能會引發混亂，這是因為經過縝密調校的共生形態及勢均力敵的關係會失去平衡。這是入侵生物學領域的基本論點。該領域旨在研究人類將生物引入其自然棲地之外的新環境所引發的問題，就像已多次出現在阿曼尼的情況一樣。這門專業領域的建立，可以追溯到查爾斯・艾爾頓（Eeyoreish Oxford don Charles Elton）。他在一九五八年發表了開創先河的《動植物入侵生態學》（*The Ecology of Invasions by Animals and Plants*）一書。而自二十與二十一世紀之交以來，相關著作的數量即幾乎呈指數成長。

入侵生物學家研究了一些真正可怕的案例，亦即入侵物種失控橫行時可能產生的後果。向來免於外界演化壓力的島嶼在面臨入侵物種時尤其脆弱。在掠食者寥寥無幾或根本不存在的島嶼上，棲居其中的生物放鬆警惕，演化出千奇百怪的生命形態，如「無飛行能力的鳥類、無刺的覆盆子、無香味的薄荷」等，因此在面臨捕食威脅或更激烈的競爭時自是無招架之力。

　　以南大西洋偏遠又無樹木生長的果夫島（Gough Island）為例。在這座偏處一隅的島嶼上，無害的家鼠造成了一場大屠殺。十九世紀時，水手無意間將家鼠引入島上。在沒有掠食者的情況下，這些家鼠長成了巨鼠，並且逐漸喜食海鳥幼雛，包括特島信天翁（體型是家鼠的三百倍）的幼雛。每年都有二百萬隻幼雛命喪老鼠之口，若不加以干預，信天翁未來可能會滅絕。

　　在關島，林蛇恐將擊垮整個生態系統。此種蛇是在一九四○年代意外引進關島，以森林鳥類為食。在當地十二種本土鳥類中，已有十種滅絕，而其餘兩種則是功能性滅絕（functionally extinct）8；沒了鳥類幫忙傳播種子，林木也日漸變得稀疏。出於同樣的原因，在所有已滅絕、極度瀕危的物種中，分別有百分之

6 原注：Fred Pearce's *The New Wild*, pp. 179–92, 該書精闢簡要地講述了生態系統、棲位（niche）、共同演化等概念，以及當前各個敵對學派的發展史。作者的論述對我在此一領域的思考有重大的影響。

7 原注：這段話值得全文賞讀：「關於這個問題的神學觀點，總是令我苦惱不已。我感到迷惑不解。我無意寫文宣揚無神論。但我承認，我無法如他人般，也無法如我所希望般，清楚看到我們周遭有關造物設計、上天慈悲的證據。在我看來，世上有太多的苦難。我無法說服自己，一位仁慈、全能的上帝，會有計畫地創造出姬蜂，為的就是使之寄生在活生生的毛蟲體內，或是設計讓貓來玩弄老鼠。因為對此無法信服，我認為沒有必要相信眼睛是經過特意設計的。但另一方面，若要我在看待這個奇妙的宇宙，特別是人的本性時，將一切歸為蠻力（brute force）所致，我怎麼也心有不甘。我傾向認為萬物是依設計好的法則所創造，但其細節，無論是好是壞，都聽任我們所謂的機遇來安排。但這個概念並不完全讓我滿意。我認為整個問題太過深奧，非人類智力可參透。狗也可以揣測牛頓的思想。讓每個人盡力去盼望與相信吧。當然，我同意你的看法，我的觀點根本不一定是無神論的。」From *The Life and Letters of Charles Darwin*, ed. Francis Darwin, and quoted in Mandelbaum, M., 'Darwin's Religious Views,' *Journal of the History of Ideas*, 19(3), (1958), p. 363, doi:10.2307/2708041.

8 譯注：數量減少到無法維持繁衍狀態。

六十一、三十七是屬於島嶼物種。

然而，對局外人來說，入侵生物學的語彙偏巧與帝國的語彙吻合，帶有令人不安，甚至仇外的色彩。一個地方的原生植物被稱為「本土」植物；新近到來者則屬於「外來」或「外國」物種，有時還以「拓殖者」，或「入侵者」稱之。這些用語的基調，確實與該領域涉獵的主題有某種一致性。畢竟，眾多的物種入侵事件都可歸因於殖民主義，或是由殖民主義所促成。尤其是像阿曼尼這樣的皇家植物園，歷來一直是造成入侵物種傳播生根的重大元凶。

黑海杜鵑（*Rhododendron ponticum*）是一種葉片光亮的觀賞花卉，花朵豔麗繁盛，現今已成為「英國和愛爾蘭耗資最鉅的抗外來植物保育問題」。而關於黑海杜鵑在不列顛群島的最早記載，可見於一七六八年的邱園物種栽培清單。有如巨型三裂植物（triffid）9的大豕草可長至七公尺高，因汁液有毒且會造成灼傷，在小報新聞中惡名遠播，其最早的記載也是出自邱園。邱園在一八一七年收藏了大豕草的種子；至一八二八年，大豕草已在劍橋郡四處蔓生。（當時一家報社刊登了大豕草的漫畫，上面畫著大豕草從牆壁現身，跳到一部二十七號公車上的模樣。）

二〇一一年的一項研究顯示，名列國際自然保護聯盟（IUCN）世界百大入侵物種的三十四種植物，過半都是從植物園中脫逃出來。例如，多餘的布袋蓮樣本從爪哇島著名的茂物植物園（Bogor Botanical Garden）傾倒至吉利翁河（Ciliwung River）後，在全島造成臭名昭著的重大危害，堵塞了水道及稻田。在東邊五百英里外的拉瓦珀寧湖（Lake Rawa Pening），如今已被一片占據百分之七十湖面的雜草覆蓋。H・G・威爾斯（H. G. Wells）

在其小說《世界大戰》（*War of the Worlds*）中描寫了外星人入侵的情景，這座湖泊的處境可說是極為相似。在小說中，一種有毒的外星植物從火星人墜機地點迅速蔓延開來，占領了整個倫敦，使泰晤士河「充滿起泡的紅色雜草」。

國際自然保護聯盟的「最不受歡迎物種」名單（上榜的是自然界的不法之徒）都是典型的案例，在保育人士間可謂談及色變。這些案例印證了輕率行事將釀成意外後果的定律，並嚴正警告世人擾亂萬物自然秩序所招致的危險。在這些人人喊罵的物種中，至少有三種是從同一個地方逃脫：坦尚尼亞的阿曼尼。

在「未遭遺棄」的地點，人們通常會投注大量心力來控制雜草及有害動植物的蔓延。這些生物的數量會受到「控管」，也就是透過除草劑，或毒藥丸，或神槍手將之根除、成批消滅。「族群控制」、撲殺、滅絕的問題，是當代保育核心工作中最大的倫理難題之一。慈善機構和研究人員通常會主張消滅某些野生物種，以保育其他某些野生物種，舉英國的一個例子來說，就是殺死灰松鼠來保育同宗同族的紅松鼠。

紐西蘭是一個島國，有許多奇特與脆弱的特有物種需要保護，其族群控制規模或許比其他任何地方都來得大。紐西蘭每年投注在殺蟲劑、誘餌、陷阱及投毒直升機的資金，達四千二百萬至五千六百萬美元；二〇一六年，該國宣布擬採取大規模撲滅行動，在二〇五〇年前一舉消滅所有的老鼠、白鼬、負鼠，以保護鴞鸚鵡、奇異鳥等本土鳥類。此舉將造成數百萬的小型掠食動物

9 譯注：科幻小說中的虛構食肉植物。

死亡。

這是項干預性的保育作為；撲殺強者來拯救弱者。不過與外交政策一樣，此種策略通常具有爭議性，而其是否合乎倫理道德，也是見仁見智的問題。

$\mathcal{S}$

在阿曼尼，要阻止外來物種蔓延可能為時已晚。這裡的紅泥路上，處處可見一團盤繞的毛野牡丹藤或馬纓丹。在雨林深處，西班牙雪松與美洲橡膠樹在其他樹木間大量繁衍。一旦注意到這些物種，就無法忽視其存在。它們潛藏在每一幕景色的背景裡。我開始不安了起來。

保育團體在試圖維護東烏桑巴拉山脈獨特的生物多樣性時，便面臨了此種困境。我們如何能期望將已經無所不在的物種移除？又如何能在拔除一或兩種樹木的同時，不打擾到森林裡其他所有物種？

我知道這是一大難題。在英國，我的朋友路易絲主持了一項在高地進行的計畫，目的是要移除黑海杜鵑，其先祖是自維多利亞時代花園逃脫出來的杜鵑花。它們在原始森林裡的歐洲赤松下方不斷擴張領地，排擠掉本土物種的生存空間。這是一場真正的全面戰爭。一年到頭大部分的時間，團隊成員都在拔除杜鵑花，用鏈鋸將花枝切成小段，接著將這些枝段送進碎木機裡絞成碎屑。他們會在其他地方堆起大柴堆焚化殘骸，之後在遺留的根株上注入除草劑，防止杜鵑重新萌芽。

移除的過程相當暴力。結束後，現場恍如一片戰場。斷枝殘

梗散落在翻騰的泥土上。地面濕漉赤裸，幾代以來首次暴露在陽光下。老松樹受到驚嚇，樹腰以下完全沒了遮掩。不過可以感覺到，這一仗雖然打得艱苦，但是已然得勝。

我在春天時回去查看戰果。松樹細小的幼苗昂揚挺立，光禿的地表重新覆上了一簇簇草皮。但我的目光卻被那些光滑堅韌的黃綠色嫩枝吸引住了。它們從碎屑下方鑽出，蛇狀的花序隱蔽其中；末端長著尚未成形的淡色小葉片。要真正移除杜鵑花的領地，很明顯地必須將它們再次拔除。一次又一次重新來過。路易絲說道：「這場仗永遠不會結束。」

路易絲一直堅守她的承諾。但是在人類長期照管的莊園一隅不斷與黑海杜鵑交火是一回事。將火力全開的戰術照樣搬用到雲端之島——幽暗縫隙內躲藏著奇特生物的空中庇護所，又完全是另外一回事。在阿曼尼，外來的逃犯長期以來一直逍遙法外，現在才要肅清恐怕為時已晚。廢棄的栽植地只不過是早已落地生根者的原始大本營。

§

在阿曼尼的最後一個下午，我再次與麥格瓦結伴而行。我們沿著實驗室後方鄰近舊划船池的一條小路走去。划船池裡的水早已枯竭，這個池子變成了森林中的一塊平地，除了長滿茂密的本土蕨類植物，還充斥著上百隻青蛙的吵雜叫聲。這裡的樹木色彩紛雜，樹身長著扁平的地衣，形成不均勻的淺綠色與卡其色斑塊，有的如指紋大小，有的則大如手印（與從樹冠層灑落的斑駁陽光結合在一起），營造出一種既淺薄又幽深的幻覺；我的雙眼

在中間地帶游移，想要找到一個定點。一些年代較久遠的樹木掛著沉重的藤蔓，像是把巨蟒披在肩頭似的。蕨類及蔓生植物強行擠入每一個縫隙，往下拋出串串繩索。

在往前不遠處，我們撞見森林內有一處空地。這裡的原生樹木已經在一、二十年前被砍伐掉了。確切說來，這裡的地面並非光禿一片，而是披著一層葉子所織成的薄網，像是蓋著一張偽裝用的迷彩網。這道網子被一些看似年輕，高度全都差不多的細瘦樹木刺穿。麥格瓦認出這些是雨傘樹（*Maesopsis eminii*）。是自我繁衍出來的外來種。

過去在一九八〇至一九九〇年代，許多關於阿曼尼入侵物種的憂慮都集中在這種樹木身上。由於雨傘樹迅速蔓生至整個森林，範圍遠超出其最初的種植地，而且勢力壓過本土物種，包括賓格利在內的科學家都憂心忡忡。他們為此感到驚恐：這是樹木入侵大陸地區的首例。科學家預測，在最壞的假設情境下，雨傘樹可能會日漸入侵全區一半的天然林。倘若如此，當地的土壤動物區系（soil fauna）、逕流，以及生態系統的種種基本功能都可能陷入混亂。

但是對此又有何計可施？廢棄的試種場已劃為自然保護區的一部分，不能使用對付杜鵑花的除草劑來反擊外來物種。於是，這些試種場又只能再次聽任命運擺布。截至二〇一一年，雨傘樹的數量已占該地區次生林大型樹木的三分之一，甚至在「較原始」森林的占比也達百分之六。研究人員判定：「雨傘樹現今可能已分布過廣，要根除或僅是局部控制都窒礙難行。」

然而，雨傘樹的起義儘管鋪天蓋地，後勢卻與預期有相當落差。第一批發難的雨傘樹成熟後，開始可以明顯看出其繁殖速度

已減緩。在周圍日益蔥鬱繁盛的林地上，雨傘樹本身的幼苗逐漸不敵正自然再生並收復失土的本土物種。就提供遮蔭而言，雨傘樹（可以說是）發揮了有效的作用。雨傘樹也為當地的動物提供食物：以雨傘樹種子為食的犀鳥數量已經大增。

雨傘樹並不是唯一在新棲地發揮特定功用的外來物種。我先前看到的那些黑甲馬陸是從紐西蘭引進的物種。這種模樣嚇人的馬陸已完全融入烏桑巴拉山脈的環境，扮演著與糞金龜相似的角色。即便是令人憎惡的馬纓丹與毛野牡丹藤，也擁有一群粉絲：蝴蝶以及瀕臨滅絕、肩部長有綠色亮羽的阿曼尼直嘴太陽鳥（Amani sunbird）都喜歡大啖它們的花蜜。

以往認為，生態系統是經過數千年共同演化而形成的產物，各個要素間的關係錯綜複雜，並維持著周密的平衡狀態，每個物種都如流水刻石般，深深鑿刻在其他物種的基因裡。然而，非本土物種應可在新居安頓下來，甚至可以發揮一些有益作用的現象，著實給這個觀念潑了一點冷水。事實上，世界各地像雨傘樹等外來物種成功立足的案例，啟發了一個大膽的新觀點。在此觀點下，因非本土物種大量繁衍而「遭汙染」的生態環境有必要受到重新評估。

抱此觀點的新學派主張，這些存在外來物種的生態系統是「新形態生態系統」——雖是人類所創造，但可自給自足。現在應該接受這個事實，那就是這些生態系統已經永遠改變，無法回復到先前「未遭破壞」的狀態。而實際上，它們遭到破壞的這個概念可能一開始就是不正確的，我們應該樂見它們現有的模樣。支持此一主張的人士將現況稱為「新生態世界秩序」。他們引用歌德所言：「（大自然）不斷在形塑新貌：現有的，從前不曾有過；

已現的,未來不會復現。」

　　一些關於新形態生態系統的早期重要研究,乃是承繼波多黎各生態學家艾里爾·盧戈(Ariel Lugo)在二○○○年代的研究成果。盧戈研究的是荒廢棄糖業、菸草、咖啡栽植園的再生狀況(殖民時代所造就的另一種地景)。與前蘇聯一樣,波多黎各的森林在二十世紀出現大規模再生的現象:森林覆蓋率攀升了十倍,達到百分之六十。但這些新生林是由各種引進的物種混雜而成:包括芒果、葡萄柚、酪梨樹,以及有著炫目珊瑚紅花朵的火焰樹等。

　　新生林所引發的反應冷冷淡淡;據說當地一些保育人士曾提議砍掉整片林地,再重新栽植受到偏愛的本土樹種。然而,隨著時間過去,可以明顯察見林中有了奇妙的演變。入侵物種不過是在為更全面的環境復育鋪路。

　　在阿曼尼山頂的舊研究站,雨傘樹的果實成了犀鳥的食糧。同樣地,在波多黎各荒棄的栽植園長出的火焰樹林,成了本土物種的棲所,包括體型嬌小、叫聲響亮,名為波多黎各樹蛙(coquí)的當地特有種蛙類。雖然這種樹蛙的數量先前持續下滑,但如今其響亮的鳴叫聲又再度迴盪在雜生的林木間。據盧戈記述,新生林的生物多樣性比原生林還要高;部分原因在於非本土物種大量湧入(如源自巴拉圭的小鸚鵡和藍黃金剛鸚鵡等),與本土的雀鳥在共有的新棲地10上比鄰而居。

　　但是我的朋友,熱帶生物學家賓格利,並不願屈從新世界秩序。他告誡道:「這些生態系統的物種大多都相當貧乏。」而就稀有物種而言,其處境已岌岌可危,若欣然接受生態系統的重大變動,將是罔顧後果的作為。

一般而言，反對者認為，在欣然接受新形態生態系統的同時，我們等於是不再冀望彌補人類所造成的損害，或是向原本損害生態系統的企業或政府提供一張免費通行證。儘管如此，由於現今所有未冰封的土地，據信約三分之一都已是新形態生態系統的天下，認真思考這些雜生的移民群落對整個地球的未來有何影響，已成為日益重要的課題。只有在廢棄的荒地，也就是受人類影響的土地「未」經照管之處（在這些地點，非本土及本土物種都同樣自生自滅，沒有強硬但出自善意的干預），我們才可能開始從較長的時間尺度看待外來物種的入侵，並且或許會逐漸認可，隨著時光的流轉，一個生態系統可能會開始適應新住民的存在，繼而建立新的平衡狀態。

外來物種的入侵通常先有一段呈指數成長的「暴增」期，之後攻勢便急劇衰微。外來物種可能會過度榨取新棲地的資源，將食物耗盡；曾無招架之力的獵物可能會因應新掠食者的捕獵而做出改變；或是新環境中的病原體可能會擊敗入侵物種。以加拉巴哥群島中的聖克魯茲島（Santa Cruz）為例。金雞納樹（奎寧樹）在一九四〇年代從栽植園逃脫後，逐漸在這座先前沒有任何樹木的島上，占據了一萬一千公頃的土地。金雞納樹遮蔽了本土的植物，改變了土壤裡的養分循環，釀成一場生態災難。後來，大約在十年前，金雞納樹開始因不明原因而生病。接下來的幾年間，金雞納樹凋亡的速度幾乎與當初入侵的速度一樣快，島上因此枯木遍地，也使得下方的本土物種得以「大量再生」。

---

10 出處同注7。

　　威爾斯小說中的紅色雜草也淪落同樣的命運。威爾斯寫道：
「最後紅色雜草死去的速度，幾乎和當初蔓延的速度一樣快。」這
些雜草是死於地球細菌所引發的一種「潰瘍病」。引發病症的細
菌，是地球上每個物種都經常對抗及抵抗的菌種。但是紅色雜草
完全沒有抵抗力。它們「像死屍般腐爛掉」：「葉子發白，接著變
得乾癟易碎，一碰就斷。當初激發這些雜草快速蔓生的河水，將
其最後的遺骸沖入了大海。」

　　有跡象顯示，阿曼尼也可能發生同樣的情形。在過去十或
十五年的某個時點，雨傘樹光滑的表皮開始長出奇怪的東西。那
是一種擔子菌（bracket fungus），外觀似圓盤狀的托架，從樹皮
中橫生出來，使宿主由內向外腐爛。這種真菌起初寥寥無幾，後
來漸漸增多擴散，就地扼殺其所寄生的雨傘樹。賓格利指出，這
種真菌似乎是本土的菌種，但真正的起源及造成其突然擴散的關
鍵就不得而知了。某些人認為，這說不定是一場復仇。

§

　　走回實驗室的路途既漫長又陡峭。麥格瓦和我陷入沉默，穿
行在各個國度的植物之間。我們彷彿置身在一座所有大門都敞開
著的動物園。

　　這裡的土壤又回復到沙土，與赭色相差無幾，但在他處的色
澤就較為飽滿，帶有近乎緋紅的濃重色調。草地本身似乎畏懼著
我的腳步。我止步端詳，發現我並沒有眼花；那是含羞草，以畏
縮的模樣著稱的「敏感植物」。一株含羞草被我用指尖一碰，嬌
小的葉片就縮了起來。我帶著歉疚的步伐繼續往前走，只見一道

道草波從離我腳邊最近的幾株含羞草向外擴散出去，好比一群村民為了躲避一個笨拙的巨人而逃進屋內，除了拉上百葉窗，還用板條固定大門。我想應該就是這番情景吧。包括坦尚尼亞在內的許多國家，都視含羞草為入侵的雜草而將其從土中挖起。

在多不勝數的地方，人類都忙著扮演地球的總管，決定何者得生，何者該死。我們一旦在某個生態系統留下印記，之後就會毫不猶豫地再次打開這個系統的引擎罩，胡亂干擾內部機構的運作。我們將地球當成一座需要照料的巨大植物園來打理，對各個物種做出評判，扮演上帝的角色。

一想到這點我就感到不安。這似乎是一種帝國主義的思維，也就是以追求「進步」和「文明」為中心的思維。我曾研讀過澳洲的殖民主義，從中心生警惕。我很清楚，意圖良善的干涉主義者所造成的傷害，可能等同或超過意圖不善者所為。我們到何時才不得不學會放手，靜觀人類過往作為的餘波消散，讓地球能自行以其本身才知曉的方式來因應、適應現狀？

午後因尚有時間可以消磨，麥格瓦便騎摩托車載我，沿著一條泥土路往保護區外駛去。我們經過一座又一座的尚巴族村落，村內的灌木叢上披晾著各種顏色的鮮豔肯加女服（kanga）。我們迂迴爬上山坡，到了一間關閉已久，只剩下空骨架的廢棄咖啡廠前——還有更多外來事業在此衰敗並遭到遺忘。舊廠長屋矗立在懸崖上。這棟屋舍只剩一個空殼，門窗都不見了，布滿雜亂的塗鴉。我背屋而立，彷如雲端之島的島民般瞭望大地，視線越過塵土飛揚的平原到達海岸邊。這一幕使我再次感到一陣眩暈。在我眼前的是一幅測深圖，可以直窺一座無形海洋的深處。此情此景，無需多言。

　　過了一會兒，我們往回走，騎著摩托車在小徑上顛顛簸簸，我用手扶著麥格瓦的腰保持平衡。不料這時天氣驟變：空中降下大片水珠，一場暴雨來襲，大量的雨水將一切淹沒。我們抵達第一座村莊後，就急奔到一座混凝土陽台上避雨。已經有三個村民在那裡等待雨停。他們向我們點頭打招呼，但沒人開口說話。我們靜立在那裡，看著雨滴淅瀝嘩啦地灑下，在原本只有一片塵土之處，形成湖泊、河流和洪水。

　　我渾身都濕透了，衣服緊貼在身上。雨勢逐漸減為毛毛細雨，雲層開始變薄，光線從中透了進來。這時，我們看見水汽懸在空中，一束束的陽光灑落在林間，眼前的一切都瑩瑩發亮。我們在那裡待了一段時間，觀雨、聽雨，等待雨勢停歇。

10
探訪玫瑰小屋：蘇格蘭，斯沃納島

船夫漢米許（Hamish）將我送到島上後，最後叮嚀我：「晚上待在屋裡不要出去，門要隨手鎖上。」

「哦？」我吃驚地說道。

他再次囑咐我：「不要在外面露營，否則牛隻會從你身上踩過去。一定要睡在屋子裡。明天見。」然後他就走了，留下我孤身一人待在這座荒島上。這裡只有我、鳥群，還有那些會踩人的牛隻。我轉身面對即將暫居之處：綠意蔥蘢、殘破不堪、強風橫掃，心頭初次泛起一陣不安的涼意。

§

這裡是斯沃納島（Swona），一座位在蘇格蘭本土最北端的小島。雖然該島向來屬於邊陲之地，但早在久遠之前即有人居。砌有內室的石塚可以證明，在西元前三千五百年或甚至更早之前，新石器時代的農夫曾居住在此。大概四千年後，凱爾特族的傳教士乘著小圓舟上岸；古斯堪的納維亞人（Norse）在九世紀的某個時點來到此地，他們的後裔一千年後仍生活在島上。另外還有人是被沖上岸的，就此留了下來。

這些人雖有不同的名稱，不同的語言，但生存的方式卻是大

同小異：他們照料牲畜、在肥沃的土地上種植大麥和燕麥、在低矮的石牆下栽種大黃及馬鈴薯，也建造船舶。他們捕捉黑鱈魚、狗鯊，在瀰漫鹹味的空氣中風乾漁獲。他們還養牛：馴養血統同樣可以追溯到新石器時代的家牛。

截至十八世紀，島上共住有九戶人家。他們在相同的狹小土地上耕作，用舊石塊建造新房。十年又十年，一代又一代，家族名稱在人口普查紀錄上流轉不息：包括哈克羅（Halcrow）、岡恩（Gunn）、艾倫（Allan）、諾奎（Norquoy）、羅西（Rosie）家等。島上的生活持續流轉，經歷一個又一個世紀，和以往沒什麼兩樣。直到突然間，情況有了改變。

在一九二〇年代，魚市崩盤，這個社群中有許多人失去主要的收入來源。島外的世界正迅速變動。與其留在原地，坐困在這座岩島，被四面八方的防波堤、漩渦、逆流、急流束縛著，許多人選擇離去。

有些人只是跨海到奧克尼群島（Orkney Islands）最南端的南羅納德樹島（South Ronaldsay）。有些人則是去了蘇格蘭本島；若是站在島上最高點沃比斯特丘（Warbister Hill）上，隔海向南望去，就可以看見蘇格蘭本島。還有一些人決定移民，在全新的生活中碰碰運氣：外面還有一個廣大的世界，一個他們只見到一隅的世界。到了一九二七年，只剩下羅西一家人留在島上。

§

在自己的私人島嶼上要如何過活？羅西夫婦是這樣做的：他們養雞、養牛，維持房屋的整潔。他們的五個孩子在四處瘋狂奔

跑，在布滿岩石的地表間亂竄，在淺灘玩水（不過沒有爬樹，因為島上沒有樹）。他們清理、織補、修補漁網。他們在海岸線上撿拾被沖上岸的物品，從中認識外面的世界。他們有什麼就讀什麼。他們會寫信，也會收到信件：手寫信箋上的地址只寫著「斯沃納島」，或有時寫著以羅西家的名字命名的房子：玫瑰小屋（Rose Cottage）[1]。他們會演奏樂器，有段時間還在島上組了一支管弦樂隊，有小提琴、管樂器、手風琴，以及一套用油罐拼湊成的克難鼓。

孩子們的父親會建造船隻，照管小燈塔。一九三五年，一艘貨船在西岸擱淺後，他從殘骸中打撈出足夠的物件，在房子安裝了電力設備——利用風車和一部柴油發電機來供電。之後，他們就開始收聽廣播：聽新聞、戲劇、歌曲、海上天氣預報等。

孩子們長大，也變老了。羅西夫婦更加年邁，開始體弱多病，最後撒手人寰。有兩個女兒結婚後離開了。所以只剩下三個人：雙胞胎兄弟亞瑟與詹姆斯，還有他們的妹妹薇莉特。

一九五七年，記者寇默・克拉克（Comer Clarke）造訪該島，並在他隨後撰寫的〈斯沃納島的沉默女人〉一文中大談所見所聞：他聲稱薇莉特已經二十年沒有與自己家人以外的任何人說過話。我想她應該沒什麼必要和外人說話。她的家人提出抗議：他們說，薇莉特確實有說過話，雖然只是小小聲，而且是對她熟悉的人說。不論如何，儘管受到了沒有必要的關注，她還是在這座小島上獨自與她的哥哥及他們飼養的動物極其快樂地生活在一起。

---

1 譯注：Rosie是Rose的變異字。

但隨著歲月流逝，三兄妹也變得年老體弱。亞瑟在一九七四年去世，所以只剩下兩個人。那時，詹姆斯的健康狀況已經不佳，於是兄妹倆向住在南羅納德榭島的親戚求助。詹姆斯與薇莉特收拾個人物品，只帶走可以隨身攜帶之物。他們將這些物品用床單捆在一起，再用繩子綁好，然後前往哈芬（Haven）碼頭。那裡已有一艘船來接他們離開。

在最後一刻，幾乎是事後才想到，他們走向牛棚，打開柵欄，放走了牛群，讓牛隻在他們回來前可以自謀生路。

§

日升日落，循環不息。光影在地板、桌子、牆壁上四處游移。窗戶的一邊承受著雨水的拍打，另一邊遭受著鹽霧的侵蝕。幾天過去了，幾週過去了。月復一月，年復一年。

在外頭，激流沖過布滿岩石的海岸。南邊的燈塔和北邊的信標燈發出閃動的光芒，自動昭示著己身的存在。各個星座在天空旋轉移動。月圓月缺，周而復始。牛隻活著、生育小牛，然後死去。

在玫瑰小屋裡，塵埃悄然落下。起初只是一層薄片，但接著形成更厚一層有如毛氈的麻布，遮蔽、覆蓋了一切。塵垢覆蓋在早已熄滅的爐子上頭晾著的茶巾上，沉澱在煤桶裡的煤塊上，以及已經擺好餐點的餐桌上——桌子中央放著一罐橘子牆、罐裝奶粉和一盒餅乾。塵垢也沉落在邊櫃上頭成堆的文件上、整齊收在箱子內的縫紉機上、窗邊的自組無線電裝置上，以及放在壁爐架上方，指針停在三點十分的時鐘上。

之後，隨著濕氣滲入，空氣中的腐味越發濃厚。堆放在櫥櫃裡的罐頭凸起膨脹。玻璃器皿變得渾濁，散發出朦朧、乳白色的年代感；鏡子則是從邊緣泛起灰綠色的鏽斑，模糊了映照出的影像。鹽罐裡的鹽巴結成了一塊硬磚。樓上的床依然鋪著，彷彿可以隨時睡下，床單整齊地鋪平，緊緊地塞在床墊下。

就在羅西兄妹離開的十多年後，攝影師約翰・芬德利（John S. Findlay）前來記錄這座島嶼的狀況[2]。他發現這裡尚有人居的感覺仍然十分強烈，以致他在進入每扇門前都會不由地敲門。屋主不過是待在隔壁房間，或者很快就會回來將他逮個正著的感受很鮮明。當時，玫瑰小屋仍停留在單純空蕩蕩的狀態，彷彿只是有人溜出去散個步而已。雖然一些器物顯示出，此種空蕩感已開始醞釀出一種更深奧難解的氛圍。

等到我進入這棟小屋時，已是三十幾年後，屋況的轉變已更進一步。如今可以明顯看出屋子已荒置良久了。當初物品擺放的樣子仍有跡可循：可用擦拭方式清潔的桌布仍鋪放在原地，不過正層層剝離，下襬碎裂在地上；軟質陳設品腐爛成光禿禿的木框；文件堆積在一起，但已經濕透，軟化成紙漿。不過下一個階段，也就是破敗，肯定已近在眼前。

桌上放著一份報紙，又濕又薄，對半折起。最上面的幾

2 我大力推薦芬德利記錄該島的兩本書，當中有他的照片、檔案圖片，並記述了曾在那裡生活過的人對於斯沃納島的回憶：John S. Findlay, *Swona: A Photographic Portrait*, Galaha Press, Kirkwall, 2010; and John S. Findlay, *Swona Revisited*, Galaha Press, Kirkwall, 2014. 該島的所有權現在由伊娃・羅西（Eva Rosie）的子孫，安那爾（Annal）家族持有。他們正在籌建一個基金會來保護該島的建築及自然遺產。詳情請見Swona.net。

頁已經殘破不堪,辨認不出字跡;我用一根手指試探性地掀起一角時,發現封面藏在裡面,是《阿伯丁新聞日報》(*Press and Journal*),上面刊載著政府變動3的消息:泰德‧希思(Ted Heath)下台,哈羅德‧威爾遜(Harold Wilson)上台。

我的手機裡存著這個房間的照片,是芬德利在一九八五年所拍攝的,我把照片找出來比對房間衰敗的程度。但是房內除了衰敗痕跡以外,還顯露出其他變動,反而讓我大吃一驚。有物品消失了:比如那個停擺的鐘,它原來的位置換上了一張藝術印刷畫。儲藏櫃的門大開,文件被翻過又塞了回去。一個生鏽的陳舊水壺出現在爐頂上。儘管經過了這麼多年,實景相對於照片的種種無以名狀的變化,還是令人感到不可思議。

有一道泥漿從門下湧入,在地板擴散開來。泥漿沉積了大約一英寸深,依然柔軟濕潤,也許是剛剛過去的暴風雨造成的。為了這場暴風雨,我不得不在南羅納德樹島上搭帳篷等了兩天,帆布的拍打聲響徹整夜,感覺整個帳篷都要飛起來了。一把掃帚半淹在泥濘裡,鬃毛已經掉落。而掃帚旁有一串不屬於我的腳印。

這些腳印也讓我始料未及。我陡然感到一陣寒意。我僵在原地,透過鬆散的地板格子窺看上方的臥室,然後又向下望著腳印。這些腳印不知已經在此多久了。腳印有小屋的遮蔽,門也關得緊緊的,可能已經存在了許多年,如同月球上的腳印一樣。雖然,看起來像是剛踩上去的。

我不由大聲說道:「有人在嗎?」

沒有回應。屋裡的氣壓正無聲地向我逼近。

§

漢米許要讓我在哪一間屋子裡過夜是很明顯的。只有一間還穩穩立著，是羅西家的鄰屋。這是一棟寬闊的石砌建築，不甚美觀，但相當穩固，外觀完好無損——或大致是如此。屋後缺了兩塊屋瓦：是種下禍根的死亡之吻。要是沒有修補，屋體毀壞是不可避免的事。而在那之前，這間屋子是我最佳的庇護所。

我試著打開前門時，發現門似乎從裡面鎖上了。我傾身往門板施加重量，但是沒有任何動靜。我把背包丟在地上，想先這麼放著不管：想晚點再解決在何處過夜的問題。然而眼見一道雨幕從海面橫掃而來，我繞著屋子轉了一圈，一度考慮從一扇小窗爬進去，好在最後成功搖開了主屋後面一間小屋的門。

乍看之下，這間小屋似乎只是一間外頭的倉庫，沒辦法從裡面進入主屋，但其實在一塊巨大的纖維板後面藏著一道內門。這整個地方看起來就像一個障礙訓練場，我一走進去就半警戒地提防有陷阱出現。我發現自己進到了廚房裡：角落放著一台舊瓦斯爐，白色的爐面濺滿了墨水狀的東西；各式各樣的空壺和其他容器沿著壁爐架排成一列。空氣中瀰漫著霉味，死氣沉沉。我把背包放在一張椅子上，並且像對待朋友似的把它擺正放好。

外頭的雨已經停了，天空逐漸放晴，狂風大作，空氣清新。我停頓了一下，透過一扇骯髒的窗戶，看著雲層的影子飛快地掠過大地。這裡的牆壁也塗染上新生三葉草的綠彩，透出不均勻的筆觸：有的地方是斑駁的深藻綠色，有的地方則仍然是淡粉白色的灰泥牆面。空氣中滿是灰塵，塵埃在光束中或上或下地游移。

---

3 'Premier Wilson – I start now', *Press and Journal*, Aberdeen, 5 March 1974.

我心想：這些說不定是「先前居住者脫落的死皮細胞」，然後發現這個念頭怎麼都揮之不去。

這間屋子帶有傳統的設計：每個山牆都有獨立的煙囪與壁爐，中間有一道狹窄的走廊相連。我發現我費盡心思想要從外面推開的前門，已經被一根用繩子拴在門把上的沉重柱子擋住了。柱子緊抵著門口，將門板牢牢固定住。這一幕令人毛骨悚然：明明杳無人跡，卻壁壘森嚴，宛如戰前或戰後的平靜——來不及拯救任何性命的時刻。

這些壁壘不是為了我，而是為了牛，以及鳥類、海豹所設。動物可能會闖進這樣的房子，一旦身後的門自動關起，牠們就會被困住。牠們會就這麼餓死，或是撞牆而死。玫瑰小屋大部分的屋體早已被木板封住，這是因為（多年前）在曾是客廳處死了一頭牛。

屋內有一道通往樓上的狹窄木梯。我爬上樓梯時，想起了漢米許的另一個警告：他上次出來巡視島嶼的時候，也就是幾個月前，這棟屋子的一間臥室內出現了一頂帳篷。一頂橙色的帳篷。他曾大聲呼喊，想確認是否有人在帳篷內，但是沒人應答。

「什麼？」我當時說道，嚇了一跳。「怎麼會有這種事？」

他也不清楚。他之前從未帶過任何人到這裡來。他提議我可以睡在帳篷裡。

一想到這個畫面，我就充滿了恐懼：走近屋內一頂來路不明的帳篷，拉開拉鍊，察看裡面是否有人。我又想到在黑暗中躺在裡面，在夜裡透過帆布聽著屋子裡的聲音……我絕對做不到。

無論如何，重點是：我上樓時，帳篷已經不見了。

§

不過，這裡還是有牛群存在。我雖尚未親眼見到，但是證據無所不在。我在離屋子不遠處發現了一片平坦的泥地，想必曾是一個淺水塘的底部，但現在已經光禿龜裂，散落著從海裡漂來的垃圾（繩索的碎片、塑膠瓶、丟失的浮標等），以及乾糞塊。泥地的邊緣被踩踏過，草皮也被翻攪過，乾涸後形成了堅實的月球表面。

我顛顛簸簸地走過泥地，經過一部舊拖拉機生鏽的殘軀（一半沒入土中，輪子已經掉落），以及一個舊絞盤。絞盤仍連接著一艘木船的遺骸。漂白的船頭被安全地拉出水面，但船尾卻完全解體，無數野生動物曾在那裡磨蹭牠們炙熱的身軀。

我沿著一堵搖搖欲墜的牆，穿過一片蒼翠的黃菖蒲花及沼澤毛茛。黃菖蒲正舒展著細長的金黃色旗瓣。接著又穿過一片花瓣捲曲的白夏菊和野甘菊。我笨拙地移動著，總覺得有什麼在監視我。

從某種程度上來說，我的確受到了監視。自從我到達後，兩隻蠣鷸就一直在密切監視我，我一接近牠們就飛起來，然後跳著後退，不願將目光從我身上移開。牠們不停發出尖銳的不滿聲，間隔只有幾分之一秒，使我無法放鬆，甚至想思考片刻都不行。我越來越慌張──這種音效簡直就像在狹小的空間裡觸發了汽車防盜器。我想讓這兩隻鳥安靜下來，對牠們喊道：我在這裡，我在這裡，我對你們沒有惡意。但牠們對此毫不理會，繼續發著牠們的警報。

這裡的動物看到我接近就紛紛走避：我經過牆邊時，一隻鷦

鶺就從牆上的縫隙中逃走，露出牠的巢穴，而當我走近一排搖搖欲墜的建築物時（每棟衰敗程度不等，或成廢墟，或成一片斷垣殘壁），一群椋鳥從這些建築物的牆壁上衝出來，飛升到空中發出低沉的起哄聲。牠們成群移動，聚在一起快速翻轉、變換隊形，營造出湧動的效果4，最後落在附近屋頂的肋拱上。

主屋早已沒了門窗，但外部骨架還很堅固，螢光橙的地衣以殘留的屋瓦為中心向外擴散，將骨架籠罩起來。要想進去，我必須把腳抬高，踩在看似凸起的地板上——一承受我的重量便晃動到令人作嘔。等眼睛適應光線後，我看到了原因所在：房間裡淹滿了深及大腿的泥漿，有些地方就像澆製的混凝土一樣，表面光滑平整。在屋頂一個滲入雨水的縫隙下，泥漿已反覆溶解乾燥許多次，形成了一個扭曲、布滿灰塵的硬殼，被傾倒的橫梁刺穿。糞便已經高高堆在內牆兩側，填滿了壁爐，截斷了門口，並且正緩慢從前門溢到外面的地上。

糞便確實有味道，但沒有一般想像的那麼臭。聞起來像土壤或潮濕的植物。牛群想必是利用這個地方來擋風避雨，當成一間臨時的牛舍。一道四散的綠光照亮了內部。陽光輕輕穿透椽子，在地板照射出長條和斑點狀的圖樣；刷白的牆壁上早已長滿了蘋果與祖母綠色的水藻。

這裡很安靜，狂風的咆哮聲變得隱隱約約，蠣鷸頻頻的高叫聲也消失了。唯一的聲響是海浪沖刷遠處石岸所發出的聲音：浪濤一次次沖刷又退去，像心跳般震顫著地面，將石岸洗練出最樸實無華的樣貌。四周一派祥和，宛如身處教堂：這就是牛群的居所。我可以強烈地感受到牠們的存在：在冬日，牛群溫暖的身軀緊緊依偎在一起，熱呼呼的甘甜氣息在牠們頭上凝結成霧。

　　我必須低下頭才能走出來，就在這時我看到牠們了：山頂上有一道剪影，那熟悉的步態肯定是家牛無誤。在牛群沿著斜坡向我走來時，我想要數數有幾頭，但牠們彼此前後交錯，很難數得清楚。我想應該是十五頭，包括兩頭小牛。

　　我從門口走出來，想要仔細瞧瞧牠們的樣子。走在前面的牛隻看到我便突然止步。後方的牛隻一湧向前，聚集成群。隨著更多牛隻意識到入侵者的存在，牛群開始將小牛圍在中間。牛隻的顏色有栗色、黑色、白灰色等。我認得這些牛的模樣。

　　在我小時候，全家搬到一棟三面都是田野的房子，田野裡交替放養著羊群或牛群。我非常喜歡羊，尤其是在小羊時期用奶瓶餵養，始終親人的羊。不過牛是我的最愛。友善溫順，但又夠謹慎，不會像馬一樣有時會在田野上推擠你。有一次，在無比漫長的暑假裡，我花了幾個星期的時間與圍欄另一邊的一群小母牛培養感情：對牛群說話，管教牠們，親手餵草，觸摸、撫摸牠們的臉龐。

　　牠們生性乖巧友善，我們對彼此都相當好奇，探索著相處的界限，從而建立起一種信任感：一方要是逾越了無形的界線，對方就會退縮，但雙方之後還是會回到原本的距離。我漸漸地可以認出每一頭小母牛，還有牠們身上那種發酵的蜂蜜味。

　　我看到牛群走來時，腦海浮現的就是這段回憶。我心中湧出一股溫暖又熟悉的情感，但見到牛群僵在原地時，這種感覺就逐漸消退，讓我體認到現實與回憶的差異。前面的一頭白牛走上前

---

4 譯注：椋鳥習性，目的是躲避掠食者攻擊，並壯大聲勢嚇退敵人。

來，幾乎是挑釁地直瞪著我的方向。

我說道：「嗨！」以動物對動物的姿態打招呼。

我說得不夠大聲，牛群可能聽不到，不過牠們最後還是轉身離我而去了。

§

這些牛的祖先是一九七四年那晚被放生的牛群。四十六年過去了，和玫瑰小屋一樣，從那時起，這些牛的狀態就不斷在演變：從平凡溫馴的家牛演變成另一種動物，一種野化（feral）、「野性」越發強烈的動物。

從舊照片可以看出，羅西家用來耕作的牛隻體型壯碩豐滿，心甘情願地套上頸圈，拉著騎坐在收割機上的主人。而免於勞役的牛隻在某種程度上可算是寵物，每日受到照料，飼養牠們是為了食用及產奶。每頭牛都有名字，養在雙山牆的牛棚裡。牠們當時是家裡的一分子，溫順、聽話，養成一定習性，經過精心訓練。牠們第一次被放出來只能自生自滅時，會是怎麼想的？牠們在牛棚邊等著擠奶、餵食又等了多久？

起初，羅西家的親戚（先是姊夫山迪，之後是山迪的兒子們）接手打理島上的事務，希望讓島上的牛群和自己的牛群一起幹活。早年，他們曾幾次嘗試將公牛閹割後運到市場販售。為此，他們必須將公牛趕到岩地或破敗的房子裡，接著用人力將打了鎮靜劑的牛搬到一艘船上。

但整個過程需要至少六個人合力完成：三個人控制船，另三人用韁繩和頸繩控制牛隻。沒過幾年，他們就發現這樣做太費

工，報酬也太少。更糟的是：幾乎所有用這種方式搬移的牛隻都死掉了，因為牠們承受不了壓力，或是染上從未培養過抵抗力的疾病。已經習慣在空無一人的島上自行求生的牛群，不再是溫和的巨大動物，而是重量級的野獸，對控制牠們的企圖不屑一顧。

現今斯沃納島上的牛群與其說是具有攻擊性，不如說是具有高度防禦心，要是有不速之客（比如我）膽敢靠得太近，牠們是絕對有可能衝上前攻擊的。這似乎是野化牛隻的特性之一；在南加州，另一個罕見的野化牛群（數量約有一百五十頭），近日因為在熱門的太平洋屋脊步道（Pacific Crest Trail）驚嚇到登山客而臭名遠播。這群牛放養在當地已有一個世紀或更長的時間，向來平靜無事，但由於該地區的遊客激增，發生了野牛企圖頂撞遊客的事件，也因此出現了要求撲殺野牛群的呼聲。

在斯沃納島，人們甚至每年也不再將牛群趕集到新牧草地，牛群於是可以隨心所欲地生活，漫步在茂密的草地上 5，棲居在日益破敗的廢墟中。在冬天草地變得蒼白萎靡的月分，牠們會在崎嶇的水灣內刮食海草。

儘管人們總是預料牛群可能撐不過嚴冬而滅亡，但這種情況從未發生。事實上，牛群反而茁壯成長。在十年內，數量從最初的八頭母牛和一頭公牛，增加到三十三頭。雖然在北方漫長蕭瑟的冬天，牛隻的狀態會變差，有時因而死亡，但獸醫（依然每年會到島上一次，從遠處審視牛群的狀況）發現牛隻的健康狀態普遍良好。

---

5 一名當地的獸醫每年都會在安全距離內檢視牛群的狀況。

　　島上的牛群很快就引發科學界的好奇。最起碼，牛群的行為（完全未受控管）引起了極大的興趣。由於這是全世界極少數真正野化的牛群之一，沒人知道牛隻會有怎樣的行為模式。所有的公牛都未經閹割，並且得以活到長大成熟。牛隻可以自由繁殖。這種事情在農場上絕對不會發生。沒了農事的束縛，牠們不得不隨機應變。如今，這個牛群的社會組織已幾乎完全無法辨認；事實證明，許多我們認為「像牛一樣」的行為，未必是牛的真實本性。

　　這是個實驗性及非線性的過程，是原始本能的回歸。雌性間出現了權力之爭：一頭占有優勢的母牛會脫穎而出，決定牛群在何處吃草，在何處棲息。而隨著更多的公牛出生並進入性成熟期，公牛間也開始競爭雌性及繁殖的權利。在這幫公牛中，只有一頭能加冕為公牛之王，而這頭公牛的後代將有一頭會繼承王位。就像鹿或野馬一樣，其他試圖挑戰統治者但落敗的公牛將被趕出牛群，流放到牛群王國的外圍地區。此外，公牛之王在衰老及力量減弱後，有朝一日也會被廢黜王位。

　　動物科學家史蒂芬・霍爾（Stephen Hall）教授在一九八五年探視牛群時，發現島上只有一個牛群6，活動範圍遍及全島，但北部岬角除外，因為「那裡似乎是『遭放逐者』（一頭老黑牛）的專屬地。」這頭公牛可能是失勢的國王，現在於該地默默了度殘生。

　　牛隻數量於一九九〇年代再次崩跌，當時公母比例嚴重失衡，有段時間牛群的生存似乎岌岌可危。到了二〇〇四年，牛群中共有十頭公牛，但只有四頭母牛，公牛間勢必得進行極端激烈的競爭7。遊客們發現島上布滿了被攪亂的土塊，這是因為公牛在那裡猛烈地用爪子抓扒、拍打地面以示攻擊，公牛對戰的嘶吼聲震響全島。公牛的吼叫低沉粗啞，是一種高低起伏、充滿憤怒和

沮喪的吼叫聲，從喉嚨深處發出，漸次提高到震天響的音量，然後再慢慢減弱下來。公牛可能會轉頭向天，帶來音色的變化，接著爆發出夾雜喘息聲並嘎吱作響的嘶叫。此外，公牛還會不時踢起泥土、猛敲蹄子，發出陣陣噴氣聲與咆哮聲，以展示其龐大的重量、力量和狂怒。

在這段內亂時期，隨時都可能有多達四頭公牛被放逐，一起或各自遊蕩在荒涼的岬角。在那裡，信標燈徹夜閃著有節奏的光芒，燕鷗在被翻攪的草地上築巢。這些公牛就這樣帶著牠們的睪丸素、受挫的雄心獨自度過放逐的歲月。

公牛雖被流放，但並未遭到遺忘。二〇一三年，芬德利重回島上，目睹了牛群中的一個重大事件：被放逐的公牛之王死去。

我發現到那頭老黑牛正側躺在地上，離牛群有一段距離。牠雖然看上去已經死亡，但尾巴有奇怪的抽動，顯示尚有些許生命跡象⋯⋯大約一小時後，我們在經過玫瑰小屋時，發現一些牛隻在年輕黑公牛的帶領下離開了主要牛群，向那頭顯然處於痛苦狀態的老公牛走去。這群牛確實令人感覺到牠們是真心在關切著老公牛，牠們輕推、碰觸老公牛的身體，為處於悲涼之境的牠提供某種形式的安慰⋯⋯目睹此景的感受難以言喻⋯⋯牠們的行為表達出同情、悲傷、安慰，以及提供幫助的意願。我只能說牛群的

6 S. J. G. Hall and G. F. Moore, 'Feral cattle of Swona, Orkney Islands', *Mammal Review*, 16(2), (1986), pp. 89–96,. doi:10.1111/j.1365-2907.1986.tb00026.x.

7 Findlay, *Swona Revisited*, p. 187–8.

舉動是滿懷敬意的。8

　　牛群已在無人的斯沃納島上發展出自有的文化。我們往往只是將牛視為一種會自動反芻的愚蠢動物，而能窺見這些不為人知、未經記錄的文化，可以讓我們洞悉牛的真正本質。我們可以從中瞭解到，在人類以工業規模養殖、宰殺的物種心中，死亡是具有多大的分量。倘若在受到細心照料的牛群身上，並未看到此種行為殘留下來，那是因為我們沒有給牠們機會：牠們沒有展現此種行為的自由；牠們通常無法活到壽終正寢的一刻。

　　而有別於農場的是，島上的牛隻死亡後，遺體會留在原地。我在島上之時，曾撞見兩具已嚴重腐爛的屍體，每具都在空氣中大聲宣告自己的存在，所散發的惡臭刺鼻難忍，覆蓋住我喉嚨的後側。在犯罪小說中，「死亡的氣味」通常被描述成甜味；而在斯沃納島，我卻發現死亡是一種濃烈、有如瘴氣、無庸置疑的肉體氣味。這種氣味直入肺腑，完全不同於島上任何其他味道——濕灰泥的霉味、動物糞便或腐爛海草的植物性臭味、鳥糞的鹼性臭味（沿著崎嶇的山脊線而行，在鳥類喜棲處下方可以聞到此種氣味）。

　　我第一次聞到這種氣味時，分不清是什麼味道，但我的身體立即本能地陷入驚恐。我懷著極度的恐懼，繞過牛棚的角落，發現一具屍體攤在石板上：肉體已經融化成一種灰色的液體，肚子與骨盆區變成海綿及纖維狀。胸部和脊椎的骨頭裸露出來，色澤淺黃，形似雕塑，呈現原始的樣貌；前腿從蹄子上方處折斷，頗有恐龍的模樣；下頷則是又長又窄，口鼻狹窄處幾乎像鳥嘴一樣，並且張得開開的。

如果有一頭牛死去，在之後的好幾個月裡，牛群會一再探視死去牛隻的遺體9——據說非洲大草原上的大象也會這樣做。牛群會嗅聞、碰觸遺體。幾個月後，當肉身消失，只剩光禿禿的骸骨時，牛群會無意間踩到骸骨，造成骨架碎裂。經由這種方式，隨著時間的推移，這些骨頭會被磨碎，從而回歸大地。這是一種我們原本可能永遠看不到的古老儀式。

§

對我來說，斯沃納島的牛群所觸發的問題是：經過馴養（domesticated）的動物是否有可能再次變成野生動物？要回答這個問題，必須先瞭解「經過馴養」到底是什麼意思。

馴養是人類與動物間經過無數代相處所培養出的關係。這種關係超越了單純的「馴服」（taming）：其本身是一種美好、複雜、迷人的過程，發生在個體的層次（用引誘、示好等方式化解動物的抵抗，像繩結般將其套住；消除恐懼、厭惡、反抗的心態）。馴養是透過會影響動物未來形貌的選育過程，將馴服或類似的特質深植於物種的靈魂之中。

選育通常著重在實體特性的培育，例如肉牛或雞著重在「肉質」，賽馬看重的是速度，水貂是毛皮的豐厚度或色澤的飽滿度，植物則是果實的甜度或大小。讓跑得快的駿馬交配，可以培

8 Findlay, *Swona Revisited*, p. 200.
9 Sandy Annal, quoted in Findlay, *Swona Revisited*, p. 200.

育出跑得更快的馬，這是一個簡單易懂的概念；更有意思的是旨在培養特定性情的選育。以順從、友善為選育標準，某種溫順的稟性可以成為一種遺傳特性。而做為回報，人類會與馴服的動物建立感情並保護牠們：我們餵養這些動物，為其提供良好的繁殖條件。在此過程中，友善帶來了選擇優勢，成為更加顯著的特質。

這種遺傳性的親和力，通常也伴隨著其他特性，這些特性在表面上可能似乎完全不相關，或單以直覺來說是如此。達爾文本身也提出了猜測。他在自己所著的《物種起源》(*Origin of Species*) 中指出：「在各個地方，沒有任何一種家畜耳朵不是下垂的。10」他的大膽解釋，即耳朵之所以下垂是「因為這些動物對危險沒有太大的警覺，未使用到耳朵的肌肉」，在現今看來似乎流於膚淺，但他在初步觀察中的確有了重要的發現。

在一九五〇年代末，蘇聯科學家德米特里‧別利亞耶夫（Dmitri K. Belyaev）展開了一項實驗：他對兩組銀狐進行選育。一組以馴服性為選育標準，包括對人類懷有好奇心及不喜歡咬人；另一組的標準正好相反：展現令人恐懼的行為及具攻擊性。每組只允許前百分之二十合乎標準的銀狐繁殖，之後再對其後代重複相同的選育過程。11

隨著世代的增加，以友善特質選育的組別出現了其他的演變。該組的銀狐不但對人類更感興趣，而且開始展現較常見於寵物狗的行為：幼稚或奉承的行為，如舔飼養者的手和搖尾巴等。而且更奇怪的是，銀狐的外觀也出現不同特徵。到了第四十代，許多銀狐幼崽的垂耳狀態保持得更久。牠們尾巴捲曲、腿短，長有白斑（患有白斑症），以及異常蒼白的皮毛（毛色淡化）。這些銀狐的繁殖行為也出現轉變：更早進入性成熟期，並且全年都在

繁殖，這些是毛皮養殖場先前做過嘗試，但未能選育出的特質。這些林林總總的特質出現在許多馴養的品種身上，統稱為「馴養症候群」。糧食作物也有一系列與馴養相關的類似特徵；如穀粒變大（但數量變少）、無法再自然播遷種子、同步開花、苦味減少等。

對於銀狐的馴化度，我們不應賦予過大的重要性；銀狐的選育只經過七十年，遠落後於狗一萬五千年的馴化史。而且這些狐狸的性情仍難以捉摸，無論在室內外都會大肆亂撒尿，總體來說有點難以駕馭，不適合做為家庭寵物。不過牠們轉變的程度顯示，人類的選育可以對其他動物的本性產生的影響。從怒目而視的鯛魚和夜行的叫鴨，到用濕濕的鼻子嗅聞褲管的嗅探犬，這些動物的演變都發生在幾十代的時間裡。

這就是經過馴養的涵義。

§

那麼，「野生」又是什麼意思呢？

野生或許是意思較為多變的一種特質，其定義視述說者所指

---

10 Charles Darwin, *On the Origin of Species: 150th Anniversary Edition*, Signet Classics, New York, 1859 (2009), p. 34.

11 關於俄羅斯狐狸實驗的簡明描述可參見：Jason G. Goldman, 'Man's new best friend? A forgotten Russian experiment in fox domestication', *Scientific American* guest blog, 6 September 2010. Available online at: https://blogs.scientificamerican.com/guest-blog/mans-new-best-friend-a-forgotten-russian-experiment-in-fox-domestication/.

的層面而有所不同。假如我們所說的「野生」是指完全不依賴人類的資源而生存，即確實遠離人類，不撿食人類社會剩餘的食物，那麼，斯沃納島的牛群已經是野生動物。若我們所說的「野生」是指展現出野生的行為：對人類反感、難以捉摸、不受控制、無法控制，那麼，牠們同樣已是野生動物。但如果我們所說的「野生」是指從未受人類影響，從未被馴養、馴服，從未以此等方式被「玷汙」，那麼，牠們或許永遠無法再成為野生動物。

無庸置疑的是，斯沃納島的牛群已經「野化」。而野化的意思是：曾受馴養的動物回復到了「野生的狀態」。世界各地存在著各種各樣的野化動物。野化的馬群（包括北美野馬、布倫比野生馬〔brumby〕、克里奧爾馬〔criollo〕等）在澳洲和美洲的草場上自由馳騁。野化的鴿子在城市的街道上踩著內八步蹣跚而行。野化的豬隻在美國南部鄉間造成混亂。野化的狗在都市的荒地追咬路人，撿食殘羹剩飯。「野化」一詞有複雜的涵義，可以指懷有惡意、無人照管，代表著某種「不純淨」的性質。

但是否在某個時點——現在，或未來的某個時刻——原有的平衡將會傾斜？當將這些動物留置在遺棄狀態的需求，完全拆解了歷來的馴養關係，以致曾受馴養的物種可再度視為真正的野生物種？

就牛而言，這層關係必須從久遠之前開始梳理。一般認為，所有的牛，也就是全世界共達十四億頭的牛隻，都是一萬多年前從原牛（aurochs，一種古代野牛）馴養而來的約八十頭牛的後代。12原牛是古代巨型動物群（megafauna）中的一種巨獸，肩高六英尺，頭上頂著一對比例近乎滑稽的彎弓狀巨角。凱撒大帝在評及他所發動的高盧戰爭時，形容原牛「體型幾乎不亞於大象

……力量巨大，迅捷無比；無論所見是人是獸，概不放過。」他並描述原牛「無法適應與人類共處，也無法馴服，即使是幼牛也馴化不了」13。因此，原牛可說是全然野性的動物。

然而，在凱撒大帝有生之年，原牛數量已呈直線下滑。原牛的足跡原本遍布歐亞大陸和北非大部分地區，但到了中世紀，其棲地範圍已縮小至東歐（當地為了阻止牛群數量衰減，先是僅限貴族才能獵牛，接著又僅限皇室才能為之），最後縮小到只剩下波蘭的賈科塔羅（Jaktorów）森林。一六二七年，最後一頭已知的雌性原牛在林中死去：這是世界上最早記錄的滅絕事件之一。

原牛的故事到此告一段落。或者並不盡然。讓原牛復活成了後世科學家醉心追求的目標，好比一樣愛不釋手的玩具。此一想法背後的思路在於：儘管最後一頭原牛早已殞滅，但家牛身上是否殘存了足夠的原牛基因，能將原牛的形貌重新拼湊起來？是否可能透過某種生物變體（transubstantiation）過程，讓原牛藉由普通牛隻的身軀與血液重生？

二十世紀初，一對德國兄弟，海因茨・赫克（Heinz Heck）

---

12 Ruth Bollongino, Joachim Burger et al., 'Modern Taurine Cattle Descended from Small Number of Near-Eastern Founders', *Molecular Biology and Evolution*, Vol. 29, Issue 9, 1 September 2012, pp. 2101–4, https://doi.org/10.1093/molbev/mss092.

13 *Sketches in Natural History: History of the Mammalia*, Vol. IV, C. Cox, London, 1849, p. 141. 凱撒稱這種動物為「uri」，不過人們認為他所描述的是我們現今所知的原牛。譯文有各種版本；the W. A. McDevitte and W. S. Bohn translation of 1870 (Harper and Brothers, New York)之版本：「牠們的體型略小於大象，外觀、顏色、形貌都像公牛。牠們的力量與速度非比尋常；無論發現的是人或野獸都不放過……即使是自幼開始馴養，也無法親近人類、受到馴服。」

與盧茨・赫克（Lutz Heck）率先嘗試讓原牛復活。他們同時試圖透過「反向繁育」（back breeding）的方式，即選育具備原牛特徵（如牛角類型、性情或顏色相似）的現有家牛，重新培育出原牛，但兩人與納粹黨的關係使復育計畫背負臭名。雙方各自的計畫都意圖回溯某種「純正」的歷史原型：赫克兄弟想復育純正的原牛（或稱ur-cow），而納粹分子想復興純正的雅利安「民族」（Volk）——雙方都懷抱重建原始日耳曼地景的願景。雖然弟弟海因茨在參與納粹運動上，態度有點含糊不定，但盧茨明確且滿腔熱情地將他的反向繁育計畫，與納粹擴張至（「收復」）東歐地區的計畫聯繫在一起，使德國奪取生存空間（Lebensraum）的計畫重新定位為生態復育計畫，並為更廣泛的納粹優生學理論 14 提供科學上的正當性。因此，盧茨獲得了赫爾曼・戈林（Hermann Göring）等人的支持。

　　盧茨專注在性情的培育，用凶猛的西班牙和法國鬥牛開始育種。海因茨則採取比較鬆散的作法。他較著重在外觀的培育，找來東歐大草原、蘇格蘭高地的牛種，以及其他各樣品種，然後將這些品種全都「扔進一個鍋裡」。無論是採取哪種方式，兩人都很快聲稱獲得成功。正如盧茨在一九三九年所宣稱：「滅絕的原牛已在第三帝國重生為野生德國物種。15」

　　盧茨復育出的巨獸並沒有活多久；牠們在柏林動物園的轟炸中喪生。（他反向繁育的「野馬」及從國外引進的歐洲野牛原本放養在波蘭的森林裡，德國撤退時也在戈林的命令下遭到撲殺。）不過海因茨所復育的牛種依然存活到今日，稱為「赫克」牛，並受到一些野化（rewilding）16 倡導人士的重視。他們認為透過重新引入古老的物種，或與其最接近的替代物種，我們也許能讓土

地回復到其較古老的形貌。

舉例來說，赫克牛被選為荷蘭東法爾德斯普拉森自然公園（Oost-vaardersplassen）的放養物種：該座自然公園占地五千公頃，是一個具有爭議的保護區，被支持者譽為「新荒野」，但過去則被批評者斥為「動物的奧斯威辛集中營」，因為先前曾發生幾起不愉快的事件，亦即在寒冬裡，有數百隻動物在圍欄後活活餓死。（現在園方會預先射殺應無法度過冬天的動物。）其他生態學家則仍不滿意赫克牛矮小的體型，正試圖重新復育原牛。一項由歐洲野化基金會（Rewilding Europe）所資助的計畫已復育出形似原牛的牛群，此種牛稱為「Tauros」。據研究人員所說，Tauros是「天生狂野」的動物。

果真是如此嗎？或許赫克牛繁育計畫的臭名讓我對之存有偏見，但我確實擔憂，在憧憬遠古時代的地景及野生動物時（這些地景的模樣可能其實大異於我們的想像），我們恐怕會造就出虛假的理想典型。我認為從表面上看來，進行精心構建的選育實驗來培育「野生」動物，似乎是適得其反的舉措。針對亦真亦幻的動物，取其表面特徵（頭角形狀、肩高、棕色被毛）來進行選育，豈不是高度人為控制的育種過程？即使是為培養攻擊性而繁育的物種也受到嚴格的管控：凡是性情「過於」凶暴的幼崽都會

14 C. Driessen and J. Lorimer, 'Back-breeding the aurochs: the Heck brothers, National Socialism and imagined geographies for nonhuman Lebensraum', in P. Giaccaria and C. Minca, *Hitler's Geographies*, University of Chicago Press, Chicago, 2016, pp. 138–57.

15 出處同注14。

16 譯注：此處指促成生態自然發展。

被射殺，以防這些可能反撲的怪物橫行無忌 17。

有人則主張，赫克牛以及與其相似的牛種（為培養堅韌性與獨立性而繁育的品種），可在生物多樣性受到積極維護的鄉野扮演重要的生態角色：這些牛啃食草葉的習慣，可以在冠層鬱閉的林地抑制演替過程，進而在面積較小的範圍內，造就複雜且更多元化的生態系統。在英國磊普堡（Knepp Castle）等地以及其他地方 18，這些牛種都發揮了顯著的功效。然而，這是個複雜的過程，而且利用半馴養動物來推動野化進程存在著一些未解的倫理問題。羅伯特‧伊立特（Robert Elliot）在一九九七年撰寫的經典文章 19〈偽造的自然〉（Faking Nature）是一篇探討生態「復育」倫理問題的專文。他在文中主張，純淨原始的大自然具有某種內在價值，好比藝術品所蘊含的價值。他指出，原始的自然地景就像是一件傑作；而「復原」之作就像是一件偽作。作品的起源凌駕一切，代表著「與過往的一種特殊關聯性」，因此，無論偽造的技術多麼高超，其價值都會喪失。

或許，在我們想打造可能永遠難辨真假的超級復刻版原牛時，也同樣面臨了價值喪失的問題。然而，在斯沃納島平凡的牛群身上（外表與任何正常的牛群無異，但其曾為家牛的歷史早已從現存成員的記憶中消失），是否就蘊含著更純正、更真實的價值？

§

因為這些牛隻正處於深刻的轉變之中。顯而易見，在斯沃納島，在這座屍臭味從廢墟中飄蕩出來的島嶼上，不斷變化的不僅

僅是牛群的行為。這個牛群所建立的新國度[20]已經歷了十代或更多代。有許多牛隻死亡，也有許多牛隻出生。我們稱為物競天擇的過程正在重新啟動。或許對牛族而言，這是一萬年來的頭一遭。

牠們現在依靠自身的集體智慧來繁殖，並且面臨著牠們的家養表親漠不關心的許多危險。很快地，某些特質便成了影響生存的關鍵。例如，吃得少就能長得好，或是容易產仔。（通常就懷孕的母牛而言，大約一半的初產母牛[21]在分娩時都需要協助，而在斯沃納島根本沒有產犢棚〔筋疲力盡的農夫會帶著產犢帶或產犢鏈在棚內巡視〕，這意味著島上的初產母牛可能面臨痛苦的死亡。）而影響公牛生存的關鍵特質則是具有支配地位及攻擊性。這種現象稱為「逆演化」（reverse evolution），亦即在回到祖先的生活條件後，又恢復到祖先的形態特徵。

逆演化可能透過兩種方式進行。第一種是依賴或可稱為基因記憶的印記：物種演化歷程的片段會散存在其當今成員的DNA

17 Tom Bawden, 'Nazi super cows: British farmer forced to destroy half his murderous herd of bio-engineered Heck cows after they try to kill staff', *Independent*, 5 January 2015.

18 原注：關於放牧動物如何造就複雜棲地的有趣論述，可參見伊莎貝拉・崔禮（Isabella Tree）所著《野之生：英國農場回歸自然》（*Wilding: The Return of Nature to a British Farm*），Picador (London, 2018)。她於該書以饒富啟發性的觀點講述轟普農場（Knepp Farm）的野化過程。

19 Robert Elliot, 'Faking nature', *Inquiry: An Interdisciplinary Journal of Philosophy*, 25(1), (1982), pp. 81–93.

20 John S. Findlay, *Swona Revisited*, p. 187: 'Fifty years – say ten cattle generations', as of 2015.

21 Jennifer Bentley, 'Extension and Outreach: Calving Process and Assistance', Iowa State University, March 2016.

中。過時的基因在不再使用後還是會長期存在；假如過去的生活條件再次出現，這些基因可望再度為物種提供優勢，重新成為固定的基因。據此，我們可以透過牛隻顏色察見牛群過往的育種決策；黑色母牛帶有較多的亞伯丁安格斯牛（Aberdeen Angus）血統，棕色母牛則帶有較多的短角牛（Shorthorn）血統。牛隻如腹部有白色斑紋22，可藉此判斷其是公短角牛與母安格斯牛交配的牛種。這些都是馴養的基因記憶。但除此之外，牛隻身上也留存著更古老的記憶。斯沃納島的牛群已恢復了只在春天產犢的習慣，這是野生動物常見的性狀。

不過此種記憶是不完整的。隨著時間的流逝，越來越多的過時基因會全然「被遺忘」。針對果蠅所進行的實驗顯示，基因記憶23可能存留二百代至一千代的時間，在此之後，任何失去的性狀都必須再從頭開始演化。

此外，如動物科學家霍爾不厭其煩地提醒我，演化的速度十分緩慢，因而無意中（及錯誤地）選擇晚出生做為遺傳基因，比如像斯沃納島牛群這樣小的族群，在演化上可能會大受機運影響：舉例來說，一個慘淡的春天有可能消滅掉所有當年在該季出生的小牛，唯有出生時間異常晚的小牛得以存活。近親繁殖也會使奇怪和有害的遺傳特徵變得普遍，儘管在某些狀況下，與物競天擇作用相結合時，也能發揮從基因庫中清除有害隱性基因的效用。

所以，逆行的、創造性的、隨機的力量開始發揮作用；它們共同作用在家養物種身上，使其重新適應野生狀態，這個過程被稱為「去馴化」。遺傳漂變（genetic drift）24可以迅速發生。一九九九年，斯沃納島牛群在遭遺棄、孤立不到三十年後，被納

入《世界家畜品種詞典》(*World Dictionary of Livestock Breeds*)
新條目，這是一個多世紀以來的首例。**25**（斯沃納島上的兔子**26**
是一九二〇年代被放養的寵物的後代，由於馴化度較不徹底，如
今已漸漸退化至其祖先的形態。島上的兔子雖然最初的毛色是黑
白相間的，但現在已變成棕色，和其野生祖先的毛色相同。）

即使再過一萬年，這些去馴化的牛群也極不可能恢復到其祖
先原牛的形態。在經過大概二千或二千五百代的馴養後，大量的
原牛基因已消失在歷史的長河中。就算我們在兩個世紀後回到斯
沃納島，也不會發現島上充滿怒目而視、披著厚重毛皮，肩高達
六英尺的巨獸。（事實上，生活在島嶼的哺乳動物族群大多有體
型縮小的傾向。在久遠之前，馬爾他島與賽普勒斯島曾存在矮小
的大象。阿姆斯特丹島是印度洋中一個由火山露頭形成的小島。
島上曾放養為數二千頭的野化牛群。這群牛最初共有五頭，於
一八七一年引入島上，但在二〇一〇年全數遭保育人士射殺。從
引入到覆滅的這段時間裡，牛群的身體質量減少了四分之一。）

不過到了某個時點，任何關於斯沃納島牛群「真實價值」的
問題（它們存在的獨立性）都會消失。經過一定的時間，不論過

22 S. J. G. Hall and G. F. Moore, 'Feral cattle of Swona, Orkney Islands'.

23 Michael M. Desai, 'Reverse evolution and evolutionary memory', *Nature Genetics*, Vol. 41, (2009) pp. 142–3, doi:10.1038/ng0209-142.

24 譯注：族群基因庫在代際發生隨機改變。

25 'In brief: Unique herd found on island', *Guardian*, 21 October 1999.

26 C. G. Thulin, Paulo C. Alves et al., 'Wild opportunities with dedomestication genetics of rabbits', *Restoration Ecology*, February 2017, https://doi.org/10.1111/rec.12510.

去馴化程度如何，野化動物都會變成野獸。屆時，牠們將成為演化史上獨一無二的藝術品。

§

之後，我前往該島北部岬角的一處開闊地帶。在該處，乾石牆外的地面被牛蹄踩出深深的凹痕；而在草皮已磨得稀薄的地方，地上就像月球表面般坑坑洞洞，滿是灰塵。土地受到鹹鹹的海風吹拂，變得又乾又硬，難以行走。我踉踉蹌蹌地走過，被迎面而來的狂風吹得快要飄起來。我把腳抬得高高的，再小心翼翼地放下來，彷彿正在用太空漫步跨進一個未知的領域。

我心裡雖然沒什麼特定的目標，卻不知不覺被一座乾石塚吸引過去。這座石塚位在最北端的懸崖上，高度和形狀大致與一個人形相同。就在我經過時，暴風鸌（fulmar）與三趾鷗從築在岩壁的巢穴中飛起，在空中盤繞翻騰，而蠣鷸仍然發著刺耳的警報。這裡的地上長滿了禾草，金黃色的野花閃爍其間，有百脈根、金鳳花、鶴金梅、款冬等；而在懸崖邊上，海石竹正在枯萎，其外圍莖梗原本是如棉花糖般的粉紅色，如今已漸漸褪成灰色。到處都有疊得整整齊齊的石板堆。這些石板是很久以前開採的，現今就這麼堆放著，任由風吹雨打，布滿了顏色粉雜的地衣——除了奶油色、薄荷色，還有明燦、幾乎閃著螢光的金盞花橘色。

整座島感覺因為我的到來而怒氣騰騰。一道陌生又令人驚心的聲音開始響起：這是一種顫動的吟叫聲，音調和頻率先是漸次攀升，然後再漸次衰減。聲音像受到無線電干擾一樣斷斷續續。

我聽了好幾遍才明白這聲音必定是從一隻鳥身上發出來的。在又聽了二十遍後，我終於知道是什麼鳥的叫聲了：是一隻鷸，而牠所發出的是「鳴鼓」聲。這是一種響亮、振動的嗡嗡聲，是鷸在空中飛過時透過其尾羽所產生，音色會以都卜勒曲線（Dopplered curve）的形式變化。這種聲音讓我感到很不舒服。我搖了搖頭，不再理會這道聲響，接著繼續前進，感到心煩意亂及莫名恐慌。

我頭頂周圍和上方一片喧鬧，充滿威脅之氣，因為海鳥一隻隻在其膽敢靠近的範圍內朝我的頭頂俯衝而來，再陡然轉向而去。隨著我每邁出一步，這些鳥兒就越發凶猛。接著，突然間，天空中滿是一種我沒見過的鳥。身軀嬌小，胸部呈白色，長著血紅色的嘴喙，眼部至頭頂覆滿黑色羽毛，彷彿戴著黑色面具。是北極燕鷗。牠們出現在我的肩頭上，用翅膀拍打我，分叉的尾巴縮得極其尖細，發出像槍砲一樣響亮的卡嗒聲，這些砲擊聲還不時穿插著刺耳的尖叫聲。

有一隻直衝到我面前，我閃開了，感覺到牠擦掠過我的頭髮。我抬起一隻手臂保護自己，覺得有翅膀在拍打，還有銳利的小爪子在抓撓。我瞥了一眼：這些身形優雅、嘴爪鋒利的生物正大量集結在一起，不懷好意地盤旋在我視野的角落。我一度寸步難行，可說是遭到了全面抵抗。

我急忙撤退。這些鳥之凶暴讓我猝不及防。我心中浮現了自然紀錄片中的畫面：雕在半空中被烏鴉騷擾；獅子被牛羚擊退。處於頂端的掠食者因不敵對手的數量優勢及眾怒而落敗。由於圍攻之勢仍未消停，我從燕鷗群中退出來，在不被坑坑窪窪的地面絆倒的情況下，盡可能快速移動。這面攻擊牆終於消退了，儘管蠣鷸還緊跟在我身後，向所有鳥兒發出警告的鳴叫。

　　這場攻勢讓我飽受驚嚇。我繼續移動，一路向南走去，到達島嶼內側一處連綿起伏的坡地。但每當我逃離了一種動物的領地，就會不知不覺地闖入另一種動物的領地。我所在的坡地是帕斯特基夫拉丘（Past Keefra Hill），這裡的牛群正站著監視我，對我懷有警戒及疑心。不久我又進入了大賊鷗的地盤。牠們體型健壯，攻擊性強，會襲擊闖入者，對其嘔吐或吐口水。在此處，每隻體格魁偉的鳥似乎都占據了一小塊地面，在我進入牠的地盤時，以威脅的姿態朝我豎起身子，等我進到下個地盤後又退回原位，像是被拴在地上似的。

　　我最後捨棄所有堅實的地面，沿著海岸的石磯爬了出去。在不遠處，有十幾隻胖嘟嘟的海豹正在水邊沐浴著微弱的陽光。牠們一見我到來，就從喉嚨發出巨大的咕噥聲以示不滿，但除此之外，對我倒是毫不理會。體態優雅，羽毛有十幾種灰色調的暴風鸌在我頭頂上巡視，牠們會沿著長長的曲線飛行，突然俯衝而過，但不敢侵入我周遭的空間。在更遠處，我看到刀嘴海雀、海鳩、嬌小的海鸚乘著波浪上下起伏。歐絨鴨帶著小鴨子在淺灘戲水。幾個小時以來，我第一次放鬆了下來。我試著恢復鎮定。我提醒自己：要想探尋大自然最狂野的面貌，就別指望它會喜見你的到來。

　　在回程路上，我經過破敗不堪的牛棚，那裡有頭老牛橫躺在石板上，彷彿在等著驗屍。接著經過的是玫瑰小屋。我別開了目光。在英國的醫院，玫瑰小屋是種委婉的說法：護士會請護工將剛去世的病人送到「玫瑰小屋」，而不是太平間，以免對其他病人造成困擾。我試著不去想那具趴在客廳地板上，被緊緊封住的屍體。

§

　　我上床睡覺時，外頭的天空靜謐、蒼白，泛著淡黃色。夏至已經快到了。

　　我在樓上一間臥室裡發現了一張老舊的行軍床──其實是一張行軍床的金屬骨架，床架已經鏽跡斑斑，用彈簧串接起來。我把自己的露營睡墊鋪在上面，好遠離老鼠屎，然後鑽進毯子裡，用外套當枕頭。

　　正當我安頓下來的時候，我聽到了一陣動靜──非常真實，而且非常肯定是在屋裡。聲音聽起來像是有人在木頭地板上快速奔跑，但不清楚是從哪裡傳來的。

　　我跳下床來，一動不動地站在門口，仔細聆聽。什麼都沒有。於是我躡手躡腳地沿著樓梯平台前進，然後走下樓梯，每一步都盡可能輕輕踏出，並強迫自己對著廚房的門邊仔細張望。還是什麼都沒有。

　　接著那聲音再次響起：是奔跑聲。肯定是從樓上傳來的。我立刻想起那頂消失的帳篷、那些腳印，還有它們的來源。我突然驚覺有人可能一直都待在這座島上。我感到一陣噁心。想到我可能是孤身待在島上，並不會讓我感到不安。令我不安的是，我竟然「孤身與他人在一起」。

　　我回到樓上，很清楚我必須正視這件事，而非讓自己因真相未明而徒生恐懼。我依次細看每一間臥室：什麼都沒有。這件事似乎沒有答案。儘管如此，我還是放下心來。我雖然害怕許許多多的東西，但此刻卻意識到我原來並不怕鬼。

　　我在樓上靜立了十分鐘之久，用鼻子淺淺地呼吸著。那聲音終於又傳來了，這次更加響亮。我離聲音的來源很近。我什麼都沒看到，但慢慢地往聲源方向移動，直到確認來源：聲音是從天花板裡發出來的，就在木頭嵌板後面。我屏住呼吸，收緊喉嚨，用力敲打靠近聲源的木頭。沒有任何回應。

　　這座島上沒有任何大老鼠，這點我還是清楚的。但我想了想屋頂的狀況：那些滑落的石板瓦。我想應該是躲在屋頂與山牆天花板之間的一隻鳥。我又聽到牠的聲音了，從我頭頂上方一路往我紮營的臥室而去，以沉重而飛快的腳步聲迅速移動。我跟著聲音走去，爬回床上，由著牠繼續鬧騰。

　　整個晚上，這隻看不見的動物在我頭頂上的空間裡移動。先是往一個方向跑，接著又往幾公分外的另一個方向跑。我從未如此徹底意識到，野生的氣息就存在於日常的表象之下。甚至存在於家畜中、房子裡。我睡睡醒醒，彷彿一次只休息半個大腦，藉著觀察天色的變換、星座的悠然旋轉來判斷時間的流逝。

　　到了黎明時分，我拿著一壺茶到外面，站在屋前的台階上喝著。雖然狂風大作，但天氣很晴朗，整座島都被淡黃的光線照亮，草地上綴著白色的斑點與極為淺淡的粉紅色。那是雛菊、剪秋羅和小米草的色澤。再往外看去，在最後一棟老房子後面的山坡上，可見如刺繡般的草皮被磨穿，宛若一件深受喜愛而被搓摩得光禿禿的舊玩具，羊鬍子草鬆軟的絨毛是從玩具中露出的填充物。酸模在舊牆腳下纏結成團。

　　在我等待天亮之際，牛群出現在山頂上，然後走下來到石灘邊一個草坑裡吃草。牠們的冬衣正在脫落。有些牛還在脫毛，看起來衣衫襤褸，毛髮亂捲亂翹，但有些牛的毛皮卻已經像七葉樹

的果實般光亮平滑。

　　牛群齊步移動，彷若一體，在彼此的陪伴下安然自在，悠然地邁開大步。牠們沒有看到我，也根本沒想到要瞧我一眼。

第四部

・　・　・

終局

272——遺棄之島

11
啟示錄：蒙哲臘，普利茅斯

　　那是個平凡無奇的日子：一九九五年七月十八日。英國在加勒比海的領地，有「翡翠島」之稱的蒙哲臘（Montserrat）被晴朗的天空喚醒，又是一個蒸騰的夏日早晨。但接著：一件怪事發生了。在該島首府普利茅斯（Plymouth），白色的粉末開始悄然飄落在街道上，像花粉般在所有的景物上閃爍微光。

　　附近一座久經風化、籠罩在茂密森林中的火成岩山城堡峰（Castle Peak），似乎出現了裂縫。一縷紛亂的蒸汽從其底部的裂隙中噴出，高升到空中，然後化作灰燼在市區上空消散。好奇的市民們徒步走在山間小徑，穿過蕨類植物和蒼翠繁茂的的雨林去觀看噴發的情景。據他們所述，這座山峰像噴射引擎一樣轟鳴作響。

　　當然，這是件令人擔憂的事。但火山口的噴發力道並未劇烈到足以令人深感恐懼，反倒吸引了市民好奇的目光。自人們記憶所及的年代以來，山峰下即不斷有溫泉湧出，早已成了司空見慣的事。但隨著一天天、一週週過去，火山口的活動越來越頻繁。硫磺煙霧從山上吹下來，形成霧氣，遮掩了從市區眺望山峰的視野。這些煙霧的味道很濃1，不算難聞（就像是剛劃過的火柴棒味），但有時會強烈到刺鼻難忍。

　　而市民腳下的土地也開始顫動。確切來說並不是「震動」，

而是輕微的震顫；只是足以讓人懷疑自己的感覺，變得神經緊張而已。在夜裡，蘇弗里耶爾火山（Soufrière Hills）山坡上的居民躺在床上，聽著從地下深處發出的微弱摩擦聲 2，彷如有重型機械正在嘎嘎運轉。

之後又有幾個火山口裂開，從中噴出大量濃厚的灰色泥漿，往下流過森林，再流向大海。火山灰越來越多，變得像煙霧一樣濃密，有時會上升到二萬英尺高，然後化為一片黑雪回落在島上。不安的情緒開始滋長。

若這算是緊急事態，那也是緩慢發展的事態。在昏暗的狀態下，幾週過去了，幾個月也過去了，蘇弗里耶爾火山的崎嶇山峰被厚厚的黑雲籠罩著。這些黑雲有時會從山腰滾落到市區，遮蔽住太陽，每次都有幾分鐘的時間將白天變成黑夜。之後天色會恢復明朗，市民會將沉澱物掃掉，然後等待著。整個情況就像一只即將沸騰的鍋子，正以緩慢但不可阻擋之勢升溫，市民不知何時應該放手，就此撤離家園。

專家們也不確定何時應撤守，雖然他們傾向謹慎以對。到了隔年夏天，普利茅斯已第二次正式疏散居民。但是暫居教堂大廳和體育館的居民生活在骯髒不堪的環境下，變得越來越焦躁不安。於是許多人去了鄰近的島嶼，或是拿著手邊微不足道的錢款在英國重新定居。還有一些人，尤其是農民，因為擔心他們的牲

---

1 Sharmen Greenaway, *Montserrat in England: Dynamics of Culture*, iUniverse, Bloomington, 2011, p. 10.

2 出處同注1，p. 11.

畜，不顧官方勸告，選擇返回家園。

在八月一個炎熱的日子裡，剛過中午，牧師兼青年工作者大衛・利亞（David Lea）正在空蕩的市區檢視火山灰造成的損害。他的呼叫器響了。是妻子克洛芙（Clover）在找他。他回電時，克洛芙聽起來相當慌張。她說道，火山灰雲來了。趕快離開那裡。3

大衛急忙跳上車子，但當他在出城的路上呼嘯而過時，他看到一團巨大的黑色物體在他的眼角快速移動。他心想，這團物體移動的樣子就好比一隻飛龍。就在它逼近時，大衛撞上一團東西，聽起來像是遭遇了一場冰雹的襲擊。堅硬的小卵石開始敲擊車身，然後衝向車子的擋風玻璃；他很快意識到那些小石頭是火山灰。接著更大的石頭向他撲來。大衛加速行駛，朝著安全的方向飛馳。不到一分鐘後，車子就被黑暗所籠罩。

四周一片漆黑。此景正如聖經中所說的降臨在埃及人身上的第九災：籠罩在可以摸得到的黑暗之中。大衛踩下煞車，緩緩前行。車內的溫度開始上升。

緊接而來的是閃電，從雲層內部向四面八方閃現，似乎是從這片黑暗本身放射出來的。另外還有雷聲響起！接連不斷的雷聲。大衛的衣服已經被汗水浸濕了。他伏在方向盤上，以每小時二、三英里的速度行駛，雨刷在這場轟炸中徒勞地擺動著。

然後：就在那時——就在前方，他看到另一輛車閃爍的尾燈。他大聲喊出心中的感謝。在感到漫長的十二分鐘車程裡，兩輛車一路首尾相接，緩慢地駛出了市區。

大衛說道：他一度以為這片黑暗可能永無止境。但當他們到達橫跨貝爾漢河（River Belham）的橋梁時，他終於看到了一絲

日光。

　　大衛從黑雲中脫身而出時，發現眼前的地景發生了令人無法理解的變化。面目全非，黯無光彩，彷彿有人調低了色彩飽和度。一場泥雨從天際傾瀉而下，兩英寸厚的泥漿覆蓋了一切，使汽車、房屋、樹木、道路、動物、人等都難辨模樣。地面因為泥漿而變得相當滑溜，大衛的車在淤泥中向後滑行。

　　但他確確實實安然逃過一劫。火山在他身後咆哮著。很明顯的是，一切再也無法恢復到從前的樣子了。

§

　　又過了一年後——隆隆聲響、黑雲蔽日、恐懼感不斷攀升的一年——火山終於造成了料想中的破壞。在一九九七年六月二十五日，蘇弗里耶爾火山大規模爆發，四百萬至五百萬立方公尺的岩漿從中噴湧而出，形成火山碎屑流（pyroclastic flow）：滾滾湧現的超高溫岩石、蒸氣、火山灰、煙霧，以介於液體與氣體之間的狀態從山坡上奔流而下。

　　如果說熾熱的熔岩流是致命的，那麼火山碎屑流則是另外一回事。它們以毀滅性的力量衝向土地，速度比一輛飛馳的汽車還要：向下、橫向流淌，越過水面，有時甚至會湧向高處。想逃脫

3　大衛‧利亞自行出版的回憶錄詳細記錄了火山爆發的過程，並提供精彩的在地見解，書名為*Through My Lens* (2015)。該書連同利亞拍攝的記錄片《天堂的代價》（*The Price of Paradise*），可直接在利亞的網站priceofparadise.com購買。

這些碎屑流的追捕是不可能的。一旦被捲入，它們會煮沸你血管中的血液4，擊裂你的頭骨，蒸發掉你骨頭上的肉。

在蒙哲臘，碎屑流迅速吞沒了四平方公里的土地，殺死了十九名不聽官方勸告返回該地區的居民。罹難者都是當場身亡，被溫度高達攝氏四百度的物質燒死，或是被令人窒息的火山灰悶死。

從外面看來，碎屑流幾乎是悄無聲息的：從山坡上溢流而下，毫無預兆地吞噬掉沒有戒心的受害者。巨大的黑雲將一切吞沒，裡面一片嘈雜混亂：急促的狂風宛如颶風，黑流如同怒海般洶湧起伏，火焰迴旋轉動，爆炸聲在目不可及之處轟隆作響。5

之後搭乘直升機前來的搜救隊發現了一片徹底毀滅的景象：火山灰緊覆在所有物體上；大地上的草木燒焦枯萎，犁溝被烤得硬如陶土；電線桿歪斜扭曲，掛著絕緣層已融化的裸露銅線。玻璃板四分五裂，或像塑膠一樣變形。瓷器擺設在窗台上融化了。一位居民之後回憶道：「這幕就像整個地方被炸毀了一樣。」空氣中有一股輪胎燃燒的刺鼻味，細細的白灰像水一般在腳下堆積飛濺。

在狹窄的溝壑中，浮石堆積成泡沫狀的巨大石堆，形似沐浴時的泡沫，而有如汽車大小的巨石被燒得通紅，如彈珠般滾動著，在互相碰撞時爆發出煙火。未遭碎屑流淹沒的建築物在原地被烘烤得發黑：鋁製百葉窗扭曲變形，木門、木框自行迸發出火焰，櫥櫃中的玻璃器皿軟化後重新凝固，彎曲成奇怪的新形狀。

有一家人因為屋子後面是衛理教會，正面抵擋住碎屑流的衝擊，所以倖免於難。當時父母兩人把四歲大的女兒拉在身後，跑進屋子內側的一個房間裡；第一波碎屑流來襲時，所有人都安全

地躲了進去，但女兒卻有一隻手臂垂在外頭。她從肩膀到肘部都被燒傷6，但除此之外算是安然無恙。另一位倖存者是赤腳從燒紅的灰燼上跑過才得以逃生，不過他的妻子沒能躲過碎屑流的襲擊；他的腳趾後來被切除。還有一人是在車子裡逃過碎屑流的突擊，當時車子輪胎的胎面著了火。他在車內驚慌失措，在有如烤爐的高溫下打開了風扇，卻吹得一臉焦灰。7有九具遺體至今尚未尋獲，可能也永遠不會被尋獲——這些屍身已經被埋葬在幾公尺厚的沉積物底下。

幾週後，當島民仍在哀悼亡者時，火山又再度發出怒吼。這次，普利茅斯正好位在碎屑流的路徑上。八月四日清晨，島民在

---

4 P. Petrone, P. Pucci, A. Vergara, A. Amoresano, L. Birolo, F. Pane, F. Sirano et al., 'A hypothesis of sudden body fluid vaporization in the 79 AD victims of Vesuvius', *PLOS One*, 13(9), e0203210, (2018), doi:10.1371/journal. pone.0203210.

5 關於蒙哲臘島火山活動（早期最具破壞性的階段）的全面研究，可見於以下學術文獻：Timothy H. Druitt and B. Peter Kokelaar, *The Eruption of Soufrière Hills Volcano, Montserrat, from 1995 to 1999*, Geological Society of London, London, 2002. 蘇弗里耶爾火山直到二〇一〇年仍持續噴發，尚未正式「休眠」；二〇一六年，里茲大學地震、火山和構造觀測建模中心（Centre for the Observation and Modelling of Earthquakes, Volcanoes and Tectonics）教授洛克‧紐伯格（Locko Neuberg）所主導的研究指出，岩漿持續聚集在該島下方的一個岩漿庫裡，因此火山噴發「要結束還早得很」。更多細節請參見：https://comet.nerc.ac.uk/montserrat-continues-inflate/.

6 David Lea, *Through My Lens*, p. 123; also discussed in S. C. Loughlin, P. J. Baxter, W. P. Aspinall, B. Darroux, C. L. Harford and A. D. Miller, 'Eyewitness accounts of the 25 June 1997 pyroclastic flows and surges at Soufrière Hills Volcano, Montserrat, and implications for disaster mitigation', *Geological Society, London, Memoirs*, https://comet.nerc.ac.uk/montserrat-continues-inflate/, 21(1), (2002), pp. 211–30, doi:10.1144/ gsl.mem.2002.021.01.10.

7 Loughlin et al., 'Eyewitness accounts'.

山脊線上看到家園起火燃燒的可怕光芒,最高的火舌上升到空中數百英尺。到了八月八日早上,普利茅斯已然被五英尺深的火山灰淹沒。

這一切都是一場清醒的惡夢。島民從來不知道自己竟住在火山腳下,在幾個月的時間裡,他們見到自己所珍視的一切幾乎都遭火山灰覆蓋,或著了火,或是被封鎖在禁區裡;現今該島南部三分之二地區的周遭都已劃為禁區。

然而,在悲傷與恐懼中,這整個經歷卻摻雜了某種情感:從腳下的地球爆發出的可怕力量,挾帶著令人敬畏的威嚴,使人們大感驚奇。一位倖存者以近乎驚嘆的語氣說道:「這真的是一大奇景!絕對值得一看⋯⋯是世上最壯麗的景色。」另一位則表示現場「就像是燃燒的地獄。要是早先有人對我說,我有一天會身歷其境,我絕對不會相信」8。

這些人目賭了一場天劫,並存活了下來;他們在環繞立體聲中經歷了世界末日,感覺到這場劫難在皮膚上留下了輕微的焦痕。或許,人們在面對如此恐怖之事時,不可能不為背後作用的力量所震驚:地球有能力肆意造成重大的破壞。(這股震驚也許堪比大衛・約翰斯頓〔David Johnston〕的感受。一九八〇年五月十八日早晨,年輕的火山學家約翰斯頓正在俯瞰奧勒崗州聖海倫火山〔Mount St Helens〕的一座觀測站值班。他率先目賭到熔岩穹丘(dome)坍塌——然後抓起無線電,用發啞的聲音大喊:「溫哥華!溫哥華!爆發來了!」短短幾秒後他便被一堵火牆9淹沒。當時他內心想必也深受震懾,而湧現一股玄奧的恐懼與敬畏感。在夏威夷的傳統信仰中,熔岩是具有破懷性又貪婪的女火神佩蕾〔Pele〕的化身。因此,任何想促使熔岩流轉向的行為——

即使是為了挽救性命——都是褻瀆神明的。10）

在經歷火山灰雲的洗禮後，大衛·利亞發現自己不覺中投入越來越多的時間來親近火山。他會拍攝火山活動的影片，起初用的是家用攝影機，但後來漸漸用上越來越昂貴的專業級設備。在過程中，他也冒著越來越多的風險。他認為是「值得一冒的風險」，但無論如何，風險依然是風險。他租了一棟坐落在山脊之上，可以眺望蘇弗里耶爾火山的房子，讓克洛芙和孩子們安全地留在位於海岸懸崖頂上的家中。他買了一套防火衣，接著是水肺潛水員使用的呼吸裝備，然後是用舊混凝土蓄水池改建成的「避難室」，裡面有一扇鉸鏈式鋼門，在緊急情況下可以關起來，阻擋外面的一切。

他知道自己的舉動很瘋狂，但他就是無法抗拒箇中的吸引力。大衛是個篤信宗教的人，在他面前展現的自然奇觀中，在引導他目睹這些奇觀的「神定之日」裡，他感受到了上帝的存在。這座火山在白天被雲霧籠罩著，只見灰濛濛的一片，因此夜晚是最佳的觀賞時刻。在夜裡，火山會被地獄般的光芒照亮，熾熱的岩石會從火山口溢流出來。有一次，大衛徒步走在通往島嶼南部的一條泥路上（這條路此後就再也無法通行），空氣中傳來一陣

8 出處同注7。

9 聖海倫火山爆發第一手敘述彙整：Dana Hunter's 'The Cataclysm: 'Vancouver! Vancouver! This Is It!', *Scientific American: Rosetta Stones*, 9 August 2012, available online at: https://blogs.scientificamerican.com/rosetta-stones/the-cataclysm-vancouver-vancouver-this-is-it/.

10 D. K. Chester, 'The Theodicy of Natural Disasters', *Scottish Journal of Theology*, 51(04), (1998), p. 485, doi:10.1017/ s0036930600056866.

驚人的轟鳴聲；他緊靠在岩壁上，等待著撞擊的到來。但是一次都沒有等到。幾分鐘後，他跟跟蹌蹌地走到眺望台，從那裡凝視著一條自穹丘流過山谷，再匯入大海的火河。這番景象令他醉心不已，引發原始的悸動，並傳遞出一種可怖的美感。

當火山陷入沉寂（火山學家稱之為休眠，好比火山正處於淺眠狀態），大衛和他的兒子桑尼（Sunny）會冒險進入火山爆發後留下的空蕩鬼城和村莊，置身在一種全新的奇觀之中。極端的溫度會產生類似鍊金術的奇妙效果。父子倆發現樹木與灌木在極度的高溫下都融化成了焦油。他們還發現一些房屋從地基以上整個被炸空，只剩下瓷磚地板。他們躡手躡腳地爬進逃過一劫的建築物，在裡面看見為了晚餐而精心擺設的餐桌。火山灰構成了一塊完美蒼白的防塵布，將整個場景籠罩起來。一扇扇窗戶都融化掉了，從窗框上滴落下來。

也有其他時候會出現較純粹、較不令人毛骨悚然的意外驚喜。有次大衛在無線電掃描儀接收到火山即將爆發的警報，他在路邊停下來，轉身面對火山。當時正下著雨，能見度很低。一彎彩虹乾淨俐落地從雲層中劃出。然後火山就爆發了：爆發的威力強大無比，一柱火山灰和蒸氣形成羽毛狀的煙霧，向上噴至二萬五千英尺的高空，將雨雲和彩虹都吸了過去，讓他突然處在一個明亮、晴朗的夏日裡。「真是令我大開眼界，」他後來如此描述。火山如此噴發後，大量的灰燼會像雪片似的再度落下，一次可積到六英寸深：那是一種柔軟乾燥，不會融化的雪。有次火山噴發到大氣層的極高處，火山灰被帶到了遙遠的海上，連一粒塵埃都沒有落下來，彷彿噴發從未發生過。

但若說蒙哲臘的火山令人驚嘆，那麼更大規模的爆發則有能

力讓全世界為之著迷。一八八八年，英國皇家學會出版了《喀拉喀托火山爆發及後續現象》(*The Eruption of Krakatoa, and Subsequent Phenomena*)一書，當中匯集了這座火山在一八八三年爆發後的各種驚人報告。該次爆發的規模之大，連在三千三百英里外的模里西斯都能聽到聲響。在出版後的幾週裡，英國皇家學會收到來自全球各地的「大量信件」，寄件者在信中描述了他們不禁認為是與這場奪走三萬六千條性命的火山爆發事件有關的現象，包括發光的天空和各種宇宙現象。

在檀香山，人們在高空看到了一層薄膜，「完全透明」，但顯然在蕩漾，造成太陽周圍出現「淡緋紅色」的日暈[11]。在英國，人們看到了乳白色的天空和彩虹色的雲紋；在挪威，人們認為所見到的天空，是愛德華・孟克(Edvard Munch)的畫作《吶喊》(*The Scream*)火紅背景的靈感來源。在印度，天空轉變成綠色，瀰漫著斑駁的煙霧。有時太陽本身也是綠色的[12]；在聖薩爾瓦多，月亮成了「巨大深紅色帷幕中一彎深綠色的月牙」。在賓州，一家報社甚至聲稱「天空中高掛著一面輪廓明晰，由國家代表色組成的巨大美國國旗」[13]。撇開愛國熱情不談，所有的記述

---

11 現稱為「畢旭甫光環」(bishop's rings)，以率先記錄此現象的記者畢旭甫(Revd S. A. Bishop)為名；see Royal Society (Great Britain) Krakatoa Committee, *The Eruption of Krakatoa, And Subsequent Phenomena*, Royal Society, London, 1888, pp. 262–3.

12 出處同注11，p. 173.

13 *Hanover Spectator*, 19 December 1883, quoted in Donald W. Olson, Russell L. Doescher and Marilynn S. Olson, 'When the Sky Ran Red: the Story Behind *The Scream*', *Sky & Telescope*, February 2004.

都異口同聲指出：天空出現了異象。喀拉喀托火山 **14** 似乎是原因所在。

我們現在已知曉造成異象的原因：硫酸鹽氣溶膠，其為微小的硫酸液滴，被爆炸性的噴發拋到極高處而困在大氣層上層。一八一五年印尼坦博拉火山（Tambora）爆發 **15** 後也出現了類似的天象。該次爆發是有史以來威力最強大的火山爆發，甚至比喀拉喀托火山的爆發還要強十倍。當時估計有一萬二千人居住在坦博拉火山周遭地區，在這之中只有二十六人倖存下來。

世界各地的天空都見證了火山的爆發，此點可見於威廉·特納（J. M. W. Turner）在該時代的畫作，因為畫中描繪了發光的天空。在此後的三、四年裡，盤繞於高層大氣中的硫酸鹽顆粒，也對全球天氣系統產生了深遠影響。一八一六年，異常的低溫與高降雨量，造成整個北半球作物嚴重歉收。在中國雲南，一季又一季的稻作歉收，許多人只能吃白土度日；在愛爾蘭，估計有十萬人因馬鈴薯作物歉收而死亡。整個中歐爆發了糧食暴動；假先知紛紛預測滅世大難將臨而引起恐慌 **16**。在美國，遠在南部的維吉尼亞州竟在獨立紀念日慶祝活動上見到降雪。**17**

印尼另一座火山，撒瑪拉斯火山（Samalas）於一二五七年爆發時，釋放出約一億噸的二氧化硫。一般認為，在其後的幾年裡，也發生了類似的飢荒與內亂危機。情景重建結果顯示，該次爆發可能導致全球在四、五年間降溫 **18** 達攝氏五·六度（不過確切的程度引發了激烈爭辯）。當然，火山爆發的影響也迴盪在全球各地：在隔年的一月，英國修士馬修·派瑞斯（Matthew Paris）**19** 記載道：「天氣酷寒難耐，寒氣覆蓋地表……導致所有耕作停擺，幼牛死亡。」而入夏後，開始有人餓死：「死屍……

蒼白腫脹，一次可見五、六具躺在豬圈裡、糞堆和泥濘的街道上」。（在一九九〇年代，倫敦的斯皮塔佛德區〔Spitalfields〕挖出了一座可追溯到該時代的亂葬崗，裡面埋有超過一萬具屍體。）同時，冰河與冰帽也有擴大之勢。

這些大規模爆發昭示著地球的氣候變化多端，以及氣候的正常運作可能很容易就會失去平衡。有鑑於此，一場大爆發可能會造成具有雙重影響的災害：先是立現的危機，接著是較晚才會顯現的氣候亂象。

與坦博拉火山同等規模的爆發20，預計每千年會發生兩次左右，即達到火山爆發指數（Volcanic Explosivity Index）第七級者；該指數從一級（「溫和」）往上至三級（「致災」）、五

14 原注：雖然最初英譯為「Krakatoa」，但現在Krakatau已被視為正確拼法。

15 William J Broad, 'A Volcanic Eruption That Reverberates 200 Years Later', *New York Times*, 24 August 2015.

16 Gillen D'Arcy-Woods's *Tambora: The Eruption that Changed the World*, Princeton University Press, 2015, 該書對坦博拉火山爆發後產生的全球亂象提供了絕佳的概述。

17 Robert Evans, 'Blast from the Past', *Smithsonian Magazine*, July 2002.

18 M. Stoffel, Christophe Corona et al., 'Estimates of volcanic-induced cooling in the Northern Hemisphere over the past 1,500 years', *Nature Geoscience*, 8(10), pp. 784–8, (2015), cited in C. M. Vidal, N. Métrich, J-C. Komorowski and I. Pratomo, 'The 1257 Samalas eruption (Lombok, Indonesia): the single greatest stratospheric gas release of the Common Era', *Scientific Reports*, 6, 34868, (2016), https://doi.org/10.1038/srep34868.

19 Quoted in C. Newhall, S. Self and A. Robock, 'Anticipating future Volcanic Explosivity Index (VEI) 7 eruptions and their chilling impacts', *Geosphere*, 14(2), (2018), pp. 572–603, doi:10.1130/ges01513.1.

20 出處同注19。

級（「震盪」），最高到八級（「超大規模」）。第八級的爆發屬於「超級火山」的噴發，如黃石國家公園下方的超級火山，則據信每十萬年左右會在世界某地發生一次，但也可能每三萬年就發生一次。超級火山會構成真正的生存威脅[21]：某些人士認為，印尼的多峇火山（Toba）在七萬四千年前爆發時，引發了火山冬天（volcanic winter）的現象，嚴峻無比的氣候使得人類幾乎覆滅，全球總人口下降到只剩三千至一萬人。

現今認為，正是一座規模宏大的超級火山，引發了世界上歷來所見最大的一次滅絕事件——二疊紀（Permian）大滅絕。大約二億五千二百萬年前，在現今西伯利亞地區發生的大規模噴發，將多達七十二萬立方英里的火山灰噴射到空中，釋放出數量龐大的溫室氣體（估計有一兆二千億噸的甲烷及四兆噸的二氧化硫），致使全球溫度上升了約攝氏十度。[22]此後，森林倒下腐爛，海洋呆滯，地表遭受酸雨沖刷。在這段期間，地球上幾乎所有生物都告滅亡：超過百分之九十五的海洋物種，以及四分之三的陸地物種都被消滅，包括大多數的合弓綱動物（當時主宰地球的超凡生物），使地球生命出現一段空白期，之後恐龍將在此期間嶄露頭角。

倘若一座超級火山再次爆發，好比黃石公園內的超級火山終有一日會再爆發，這將是人類文明史上最大的災難。[23]數百萬人將在爆發當時喪生。火山灰將覆蓋整座大陸，使白天變成黑夜，並毒害水源，導致全球農業荒蕪多年。氣溫可能在十年或更長的時間內驟降攝氏十八度。[24]

倘若再次出現氣候動盪，即便遠不及二疊紀末的劇變，世界將會失去光明。人類時代、哺乳動物時代幾乎肯定會因而終結。

§

　　在普利茅斯遭到埋葬的二十二年後，我在桑尼．利亞的陪同下踏進這座城市，或者說是其遺址。在通往這座舊首府周圍禁區的檢查哨，有一名警察正等著護送我們。在兩英里半外一處名為霍普（Hope）的地方設有火山觀測站。桑尼用無線電向觀測站發送訊息時，他一直在後面跟著。

　　「塞拉利馬請求允許由警員陪同進入Ｖ區，完畢。」

　　「請前進。觀測站待命。」

　　我們穿過大門，進入一條泥路。這條路與現在被巨石和茂密植物封堵住的破舊道路平行。天氣濕濕黏黏的，不過有一股強風從大西洋呼嘯而來。空中一片朦朧，從山上吹下來的硫酸鹽在其中散發著淡淡的氣味。

---

21 Sebastian Farquhar, John Halstead, Owen Cotton-Barratt, Stefan Schubert, Haydn Belfield and Andrew Snyder-Beattie, *Existential Risks: Diplomacy and Governance*, Global Priorities Project, 2017, p. 10.

22 Becky Oskin, 'Earth's Greatest Killer Finally Caught', Live Science, 12 December 2013. Available online at: https://www.livescience.com/41909-new-clues-permian-mass-extinction.html.

23 Brian Wilcox of NASA's Jet Propulsion Laboratory, in 2017：「黃石公園的火山大概每六十萬年就會爆發一次，距上次爆發已約有六十萬年。」quoted in David Cox, 'Nasa's ambitious plan to save Earth from a supervolcano', BBC Future, 17 August 2017.

24 C. Timmreck and H.-F. Graf, 'The initial dispersal and radiative forcing of a northern hemisphere mid-altitude supervolcano: a model study', *Atmospheric Chemistry and Physics*, 6(1), 2006; also cited in Bryan Walsh, *End Times: A Brief Guide to the End of the World*, Hachette, New York, 2019, https://blogs.scientificamerican.com/rosetta-stones/how-pompeii-perished/.

隨著我們前行，形似幽靈的建築物逐漸從茂盛的草木中隱現：一棟看起來像是老舊倉庫的建築已經沒了屋頂，椽子向內傾倒；另外可見一棟辦公大樓，上層有著落地玻璃窗。透過毛玻璃窗戶可以看到在裡面生長的蕨類植物柔和起伏的形狀。混凝土牆看似被鑿開，彷彿被咬掉好幾大塊，露出裡面生鏽的鋼筋。九重葛在微風中顫抖，其薄如紙張的粉紅色花瓣宛如一條圍巾，優美地披垂在所有東西上。

昔日進行徒勞的復原工作時，在此堆起了高高的火山灰堆，如今該地已遭棄置，被草地和帶刺的灌木所占據。在看似一座沙丘的邊緣，有兩座巨大的燃料槽像海怪一樣從波浪中升起。樓梯在燃料槽的腰間盤旋，扶手已然脫落。起泡的白色漆面上鏽跡斑斑。在其後方，土地變成一片平坦的瓦礫地，幾棟相隔甚遠的低矮建築物鬱鬱地矗立在碎石中。

桑尼說這裡是市中心。我們正站在離地面四十英尺高的地方。前面的孤立建築物其實是以前四、五層樓房的頂層。多年來，火山碎屑流和泥石流相繼侵襲市區，將市中心的地標性建築覆蓋起來。這裡，桑尼說道，他讓我們暫停腳步，然後從口袋中掏出一張舊明信片，上面顯示了就在我們腳下的市政鐘：這是一座獨特的塔樓，頂部建有一個圓頂。背景是優雅的白牆建築，帶有紅瓦屋頂和陽台。棕櫚樹在前景中搖曳。接著，在另一張照片中，市政鐘被火山灰淹沒了一半，鐘面勉強露出表面，彷彿正在喘氣。再接著，整座鐘就沉下去了。

侵襲普利茅斯的火山碎屑流，與在西元七十九年橫掃龐貝城與赫庫蘭尼姆城（Herculaneum）的火山碎屑流25並沒有太大區別；這場災難奪去了超過一千五百人的性命，將他們死亡的時刻

化為永恆。和龐貝城一樣，普利茅斯的大部分地區如今都埋藏在火山灰之下，或許為我們的後人保留了二十與二十一世紀之交的生活紀錄。所幸地震學的進步拯救了普利茅斯的四千多名居民，使他們免於和龐貝城，即死亡之城的先民一樣難逃大劫。

桑尼的解說（他試圖讓我感覺置身在他過去所居住的城市中），產生了幾乎相反的效果。他對我腳下街道的描述令我感到不安、發暈，恍如驟然發現自己站在透明的玻璃地板上。火山參差不齊的邊緣從這座廢城的背後升起，其朦朧的形態只更凸顯出空間的解體感：這座火山是該區域內所有關注的焦點，卻將面容隱藏在冰藍色硫磺雲的面紗後面。因此，火山難以被看清，完全從視野中消失，以致我們的目光將之略過，無法聚焦在堅硬的岩石、雲彩或天空上。

每隔幾分鐘，桑尼的無線電就會發出嘈雜的串音，他把無線電放在耳邊細聽。自上次發生大爆發以來已經過了大約十年，但我們仍然不敢掉以輕心。眾所周知，這座火山喜怒無常，是個粗野的醉漢，即使多年來昏昏沉沉，還是可以燃起毀滅性的怒火。萬一地震活動激增，我們有大約九十秒的時間可撤離該區。我們把車子開著沒有熄火，車頭也朝著出口的方向。

桑尼最後一次走在普利茅斯的街道上時還是個孩子。他說，最奇怪的並不是熟悉的事物消失在火山灰底下，而是突然出現一

---

25 關於龐貝城最後時刻的精彩敘述可參見：Dana Hunter's 'How Pompeii Perished', Rosetta Stones blog, *Scientific American*, published 27 November 2012, https://blogs.scientificamerican.com/rosetta-stones/how-pompeii-perished/.

堆陌生的事物。以天際線為例。地質的變動通常是以紀元為單位，過程緩慢到人類無法察覺，像是山脈一年隆起一公分，各座大陸不斷緩慢地碰撞或分離。但在此處，他們目睹了一整座山拔地而起、爆炸，然後過了幾天又再度隆起。有時是圓頂，有時是尖頂，像馬特宏峰（Matterhorn）的頂端一樣有個優雅的小尖峰。然後，陡然間，山體會崩壞，導致泥石流或超高溫的火山碎屑流從兩側轟然而下。

現今，普利茅斯的中心地帶似乎溶解了一半，像許許多多被湧進的潮水沖走的沙堡一樣。但在普利茅斯，沖刷的方向是從陸地往大海而去。在我南邊的高地是一處富裕的郊區（從這裡可望但不可及），上面矗立著一排別墅，以一種焦慮不安的姿態凝視著大海，鬱鬱蔥蔥的綠林沿著住宅區的街道生長，簇擁在這些別墅周圍。

我們在內陸徘徊，來到水流較淺的邊緣。在那裡，整座建築物淹進砂礫裡，因砂礫的重量而下陷，或向一側傾斜。我們看見像牛一樣大的岩石滾過一樓的房間，卡在牆裡，或壓在彎曲的金屬條上。一間旅館填滿了火山灰漿，已經像混凝土般凝固，外牆隨之塌陷，顯露出扎實的負空間（negative space）26，無意中重現了藝術家瑞秋・懷特雷特（Rachel Whiteread）的作品〈家屋〉（House）。我看見一個馬桶和水箱的蒼白曲線在泥土中閃閃發亮，就像是恐龍的骨頭一樣，而馬桶座墊仍是放下的狀態。

空氣瀰漫著乾燥和灰塵的味道。一隻蜥蜴發現我們接近時，便一陣急促地攀爬，並迅速倒轉方向，穿過一扇門進入最近的建築物（牠的房子），牠的斑馬條紋尾巴在塵土中劃出了一條弧線。在舊警察局，百葉窗在火山灰雲接連不斷的沖刷下，彷彿結

上了一層霜。我彎腰從縫隙中望去，驚訝地發現，室內蔥翠濕潤，高度齊肩的蕨類植物聚集在這個受到庇護的空間裡。一面破爛的窗簾仍然掛在一扇內窗上。

在附近，一家超市被米黃色的灰燼淹沒。這些灰燼十分光滑、粉末堅實，就像熟石膏一樣，在內部留下黑暗狹小的空隙。超市後方是一間受到遮擋而免遭淹沒的辦公室：文件盤散落在地板上，總裁椅還拉在桌子下，整個場景彷如撒上一層糖粉。在後面一個又大又深的倉庫裡，生鏽的手推車歪坐在一堆鬆軟的灰燼上。然而，我的目光卻被一大批堆到大腿高的空罐子吸引。這堆罐子已經完全生鏽，看上去就像是一件雕塑品。這幕景象讓我感到不安，因為罐子堆放的方式有點怪異──似乎是有人刻意而為，不同於他處一片自然的混亂。

的確是有人堆放的，桑尼說道。有段時間，有個在當地被稱為「Never Me」的人在這座鬼城出沒。這個人決定寧願在熟悉的廢墟中碰運氣，也不願待在混亂喧鬧的緊急避難所。他曾在超市幫忙將購物袋搬到汽車上，一塊錢一塊錢地積攢起來，勉強維持生計。他回到廢棄的超市，在當中徘徊，顯然靠著儲存在倉庫裡的舊罐頭大吃一頓。我們繼續前進──我們停留的時間已經到了，陪同的警員正在看錶──但這是我們離開時留在我腦海的畫面。我心中不斷想著：這個人所圖的應該是能夠獨自穿梭在這座死城，自由自在地遊蕩，享受打破禁忌的快感。

---

26 譯注：物體周圍的空白空間。

§

　　瑪麗・雪萊（Mary Shelley）的小說《最後一人》（*The Last Man*）講述二十一世紀時，全球爆發了一場神秘的流行病，而名為萊昂內爾・弗尼（Lionel Verney）的男子是唯一的倖存者。這種疫病如毒氣般在大氣中傳播，其擴散速度因為氣候動盪而大大加快。在《最後一人》的世界中，農作物歉收。海平面上升。整個村莊被洪水沖走。末日派邪教在倖存者當中生根，成千上萬的人湧向北方尋求庇護。在該書末尾，弗尼獨自走過亞平寧山脈，睡在廢棄的屋子和破敗的旅館裡，最後在荒涼的羅馬定居。在那裡。他漫步在空盪盪的街道上，思考著這座城市（實際上是所有文明）的衰落與瓦解。

　　雪萊的寫作靈感來自她在一八一六年「無夏之年」[27]的經歷。這一年是對她攸關重大的一年。她時年十八歲，尚使用婚前的姓名瑪麗・戈德溫（Mary Godwin），與同父異母的妹妹、未來的丈夫珀西・比希・雪萊（Percy Bysshe Shelley）、拜倫勳爵（Lord Byron）一起在日內瓦湖畔度假。他們整個夏天都待在屋內看著大雷雨席捲山區，此時遠處飢餓的村莊裡是一片混亂。他們的自我禁足助益良多：拜倫在詩作中描寫出世界末日悲慘的「黑暗」景象（「明亮的太陽熄滅了……漫地遍野只餘一念——那就是死亡」）；而瑪麗則開始撰寫她的歌德小說名著《科學怪人》（*Frankenstein*）。

　　現今被視為科幻小說奠基之作的《科學怪人》是一部寓言小說，警示著人類的傲慢自大，以及胡亂干擾自然秩序所招致的危險。然而，儘管《科學怪人》與《最後一人》這兩部作品都已有

近兩個世紀的歷史，但其隱含的先見，以及（就《科學怪人》而言，似乎別具諷喻性）對人類當前面臨的氣候危機（人類自身創造的怪物）的映照，如今看來仍令人恐懼不安。

坦博拉火山爆發後餘波盪漾，據信致使全球氣溫降低[28]約攝氏一度，在全球造成混亂，包括飢荒、難民危機等。有鑑於此，我們對當代氣候快速變遷現象的預測也轉移到不同的焦點：若全球氣溫較工業化前的水準上升攝氏一・五度，是目前設想的最佳情境，氣溫攀升兩度或許已勢所難免，而如果未積極遏止溫室氣體的排放，到了二一〇〇年，氣溫即有可能上升三度[29]。

自瑪麗・雪萊還是個小女孩的時候，地球的氣溫已因人類的活動上升攝氏一度，海平面因此升高了八英寸，與此同時，北極海的冰量縮減，極端氣候事件發生的頻率及其造成的損害也雙雙增加。

將無夏之年全球短暫、急促降溫的現象，與全球氣溫穩定攀升的現象相比，並非是同類事物間的比較，但由此切入，確實可為我們提供某種可靠且貼近現實生活的參考架構。想到在撰寫本文時，人類正處於海洋酸化、降雨反常，以及水旱災、野火、颶

---

27 譯注：一般相信一八一五年坦博拉火山爆發，造成一八一六年歐洲夏溫異常。

28 J. Kandlbauer, P. O. Hopcroft, P. J. Valdes and R. S. J. Sparks, 'Climate and carbon cycle response to the 1815 Tambora volcanic eruption', *Journal of Geophysical Research: Atmospheres*, 118(22), (2013), pp. 12, 497–507, doi:10.1002/2013jd019767.

29 關於氣體排放及未來氣溫走勢的絕佳統計分析可見於下文：J. Tollefson, 'Can the world kick its fossil-fuel addiction fast enough?', *Nature*, 556(7702), (2018), pp. 422–5, doi:10.1038/d41586-018-04931-6.

風頻仍的時期，受無夏之年啟迪的小說、詩作所帶有的末日基調，也就不覺誇張了。

近幾十年來，人為的氣候變遷已急速加快；獨立研究機構斯德哥爾摩韌性研究中心（Stockholm Resilience Centre）在近期一項研究中，計算出目前全球暖化速率是每世紀氣溫上升約攝氏一·七度，相當於自然升溫速度的一百七十倍。研究人員寫道，這意味著人類已取代天文和地質力量，成為主導氣候變遷的力量。地球科學家威爾·斯特芬（Will Steffen）教授是該項研究論文的作者之一，他指出「人類目前所造成的影響，強度等同其他力量在數百萬年間所造成的影響……但人為的影響是在短短幾個世紀的時間內產生」[30]，因此，人為氣候變遷的規模，「看起來更像是一場隕石撞擊，而非漸進的變化」[31]。

本書總體上關注的是困境中透出的一絲希望：如從路面裂縫中迸生而出的小草。但我若避談現今面臨的重大危機，亦即人類的作為已在全球釀成不可逆轉的災變，將有失己責。正如維克多·弗蘭肯斯坦（Victor Frankenstein）對他所創造出的怪物感到擔憂：「我是否有權為了一己之私，讓世世代代都遭這個詛咒所害？[32]」

自然界已不得不盡其所能適應氣候的變遷。如生態學家克里斯·湯瑪斯（Chris D. Thomas）所指出，世界各地的野生生物正在進行一場遠征。隨著地方氣候的轉變，有三分之二的物種正將棲地向北方或是高處擴展。他觀察到，各種動物正以每十年超過十英里的速度向兩極移動，相當於每天移動約四·五公尺。「如果此種情況持續幾個世紀，就會創造出新的生物世界秩序。[33]」

然而，無可避免的是，大量的生物將會死亡。並不是所有的

物種都能移動。有些可能生活在島嶼或山脈上而難以出走。可能北行之路已到盡頭，或沒有更高的山峰可以攀登。事實證明，棲居在海洋的物種是最脆弱的，其從棲地消失的速度是陸地物種的兩倍。日漸上升的海水溫度已導致珊瑚礁大規模白化，範圍包括朗格拉普環礁——重新進駐比基尼環礁的珊瑚幼蟲，即是源自朗格拉普環礁。由此可預見一個不光彩的可能性，那就是長期而言，相較於投下一顆真正的原子彈，人為的氣候變遷對該處環境的破壞性可能更大。而沿著赤道，在乾燥荒蕪且不斷擴大的沙漠地帶，原居於此的多樣生物，那些奇特美麗又稀有的超凡物種，已紛紛遷往他地。

在思考氣候變遷問題時，我發現人們的反應往往會在兩極之間搖擺不定：從極度、幾近崩潰的恐慌，到接近舉棋不定，或許是否認的態度。就像大陸的遷移一樣，氣候變遷的速度緩慢到人眼無法察覺。此般的變動速度（這裡或那裡增減個十分之一度），使我們陷入一種虛假的安全感。我們讓自己的注意力轉移開來，讓自己的眼睛瞥向其他更迫切的問題。但氣候的變遷是持續不斷且無法阻擋的，步伐也正逐漸加快。別忘了，即使是有如世界末日的二疊紀大滅絕（令所有其他事件都相形見絀的滅絕事

30 Quoted in Melissa Davey, 'Humans causing climate to change 170 times faster than natural forces,' *Guardian*, 12 Feb 2017.

31 O. Gaffney and W. Steffen, 'The Anthropocene equation', *The Anthropocene Review*, 4(1), (2017), pp. 53–61, doi:10.1177/2053019616688022.

32 Mary Shelley, *The Annotated Frankenstein*, Susan J. Wolfson and Ronald L. Levao (eds), Harvard University Press, Cambridge, 2012, p. 255.

33 Chris D. Thomas, *Inheritors of the Earth*, Allen Lane, London, 2017, pp. 91–2.

件，無法肯定生命本身是否有未來的時期），也是發生在大概十萬年的時間裡。雖然從地質年代的角度而言，十萬年不過是一瞬間；但對在這段時間長河中，生命只有一小片刻的人類來說，可能察覺不出有什麼大事發生。

更緊迫的事態是，地球的氣候恐越發迅速地失去控制，這是因為不斷升高的氣溫促發正反饋循環，放大了氣候變遷的效應，譬如，冰帽日漸融化而降低地球的反射率，導致更多的熱能被吸收。或更糟的是，氣候有可能通過無法逆轉的「臨界點」：洋流停滯不前，或是永凍土層或海底冰凍層中的甲烷大量釋放。如果此等災難降臨到我們身上，我們就可能發現自己正實時觀看著氣候的變遷，正如蒙哲臘的居民親眼目賭山脈一次又一次隆起、坍塌。

在各個氣候快速變遷的時期，可以見到人類社會瓦解，文明衰落。過去的自然氣候變遷事件已證明，人類在地球上的生存是多麼不堪一擊，與我們一同生活在此的所有其他生物也同樣脆弱而經不起打擊。我們就是隕石。我們就是超級火山。而且越來越明顯的是，一切不會再回到從前的樣子了。

§

我們循著來時路退出禁區，沿著泥路穿過檢查哨離開普利茅斯，揮手向護送我們的警員道別，並用無線電報備狀況，讓觀測站知道我們已安全離去。

在大門外不遠處是C區。該區是無人居住的緩衝區，只在白天開放。火山碎屑流並沒有侵襲至此。道路兩旁都是空無一人的

別墅，長滿了樹木，屋頂正逐漸坍塌。道路上垂著電線，路面的柏油已結痂凝結，幾乎被逼近的雨林所占據。

桑尼告訴我，有些人還在付這些房產的房貸，以備有朝一日能夠回來。在路邊的一座教堂裡，我看到毫無裝飾的長椅上空蕩蕩的，沾滿了鳥糞。十幾隻有著如天鵝絨般柔軟光滑身軀、我暫且認定是家蝠的動物掛在吊扇的葉片上。我一走進去，牠們就騷動起來，把頭轉向我這邊，有幾隻可能因為是好奇，還爬到旁邊的蝙蝠身上張望。斜陽穿過山牆末端十字型的彩繪玻璃，在牠們身上投射出琥珀色調。在禁區的其他地方，一個由五百隻美洲皺唇蝠34組成的群落，已在一間廢棄的屋子裡定居下來。

我們經過桑尼早年居住的房子（從一大片蕨類植物中探出頭來的紅色屋頂），以及他以前就讀的學校。從路邊看不到校舍，因為已經完全被森林覆蓋住。他說道：「我們以前會進行演習，以防有一天必須緊急撤離。」然後，有一天，他們真的離開了，而且再也沒有回來。他在去年發現這些舊屋舍——在灌木叢中開路前進才找到。雖然教室裡滿是蝙蝠的糞便，但黑板上仍有粉筆，書架上放著膨脹的書本，實驗用的燒杯已經擺放就緒。

桑尼說道：「我的孩子們認為這很正常。」他們認為島上三分之二的地方劃成禁區是很正常的事。對他們來說，看到家鄉依各種風險等級劃分成不同區塊，似乎沒什麼不妥。但對桑尼來說，關於家園的一切幾乎都改變或消失了。他所有的同學都已移

---

34 Steve H. Holliday, *Montserrat: A Guide to the Centre Hills*, West Indies Publishing Ltd, St John's, Antigua, p. 128.

居他地開創新的生活。他說道：「只剩我一個留下來。」

我們繼續往前行駛。桃花心木上盤繞著蔓綠絨。白鷺一有機會就聚集在森林的空地上。在我們接近時，沒有尾巴、露出好奇模樣的毛臀刺鼠（agouti），以及體型大得嚇人的鬣蜥就急奔到隱蔽處躲起來。

我們最後來到一家荒置已久的旅館，其坐落在里奇蒙山（Richmond Hill）的高處，由此可以俯瞰普利茅斯的遺跡。我認為這是看來最令人不安的一處地方：在旅館優雅的餐廳內，地板被厚厚的一層火山灰覆蓋，在灰燼的重壓下塌陷；一樓的客房被水淹沒至齊腰的高度，床頭板凸了出來，桌子也被掀翻。通往生鏽製冰機的走廊上，長滿了彎彎曲曲，和我的前臂一樣粗的樹根。一間小小的辦公室裡堆滿一疊疊的文件：有標示一九九六年的行銷計畫書、復活節自助午餐宴的菜單（「訂位請致電491-2481」）、訂餐紀錄、收據文檔等。

旅館前面的游泳池，曾經是島上最豪華的聚會場所，填滿了如今被當成堆肥或土壤覆蓋物使用的灰燼，上方長著一片茂密的草叢、蘆葦和幼苗。我想，此地已形成新的生物聚落，與西洛錫安郡的廢石堆如出一轍。生命已從灰燼中重生。

我走到懸在山坡的陽台上，拍下這間旅館的景色。我看過從這個地點拍攝的照片：從中可以看到泛著青綠色波紋的游泳池、後方旅館漂亮的紅色屋頂、有風扇轉動的餐廳、擺滿雞尾酒的酒吧。而在後側，有一個供樂隊表演的小舞台，如今已長滿蕨類植物。

在《最後一人》中，弗尼最後住進了一座羅馬的宮殿。你若是全人類最後的倖存者也可能會這樣做。不過我覺得眼前的景

色較契合詹姆斯・巴拉德（J. G. Ballard）的小說《淹沒的世界》
（*The Drowned World*）。科蘭斯博士（Dr Kerans）是這部小說的
主角，或非正統派主角，住在已廢棄的麗思飯店的頂樓套房，穿
著前房客（米蘭的一位金融家）的絲綢襯衫，在調酒吧自斟自飲。

　　《淹沒的世界》描繪出倫敦因海平面上升而被淹沒的假想景
象。在小說中的世界裡，冰帽早已融化，長滿了熱帶植物；淤泥
如潮水般湧向被淹沒的建築物，白化的鱷魚潛伏在黝暗的潟湖
中。在巴拉德的假想中，這個世界又回到以前的地質年代，重現
三疊紀瀰漫蒸氣的沼澤。而隨著書中情節推進，科蘭斯感覺到自
己被一些無法理解的力量牽引，因為有某種情感從他的心靈深處
重新浮現。在所有人類都湧向北方，往相對涼爽的兩極移動時，
科蘭斯將目光轉向南方，穿過叢林，朝著熾熱的太陽前進。他在
一棟廢棄建築的側面刻下「一切安好」。他知道自己活不了多久
了。

　　在陽台上，我將目光從游泳池移開，轉而看向下方被埋藏的
城市。就在此時，我感覺到內心發生了某種變化。像是獲得了某
種啟示，某種預感。

12
洪水與沙漠：美國加州，索爾頓海

　　沙漠中的日落時分。我向外走去，置身在宛如彩繪玻璃的天空下。胭脂紅、靛藍色、琥珀色和甜美的淡綠色在天際流轉，形成一條條柔和交疊的飾帶，然後沉落到地面，彷彿耗盡了精力，隨著白天的最後一縷光亮，漸漸隱入群山背後。

　　我已經跋涉了很長一段時間。我感到周遭變得隱約疏離，也覺得頭暈目眩，步伐蹣跚彷似逐漸跨入一個令人眼花繚亂，充滿濃厚意象的夢境。在這個夢境中，我行駛在殘破的道路上，經過了一塊塊空地、被木板封死的房子、水已經流乾的碼頭泊區。在將租來的車子停下，直接斜放在路上後，我搖搖晃晃地走在兩個雙行碼頭狹長的港灣之間。這兩個碼頭無力地隱現在一片枯燥乏味的景色中。我知道，在遠處的某個地方，有一片銀色的大海遺骸。這片大海正漸漸蒸騰消失，在原地徒留一道蒼白的殘影。

　　這裡的淤泥覆蓋著一層堅硬的鹽霜，像陽光下的積雪般，一承受我的體重就塌垮。沿著應該算是前灘的地帶，可見退到遠處的潮痕形成一道道波紋，一片骯髒的浪花泡沫已在當中乾涸。我繼續走著，與消退的海岸呈直角而行，經過被腐蝕的柱子，上面包覆了一層髒汙，是從淤泥中凸伸出的白色沉積物所形成。我在一堆被太陽曬得發白破爛的殘渣上小心翼翼地往前走。這些殘渣是很久之前被潮水沖上岸的海草類植物。

我越走越遠，雙腳也在薄薄的一層灰沙中陷得更深。我仔細一看，發現那根本不是沙子，而是被搗成碎片的乾魚骨頭，以及藤壺頭骨般的細小外殼。這個地方充滿了惡臭。空氣中瀰漫著海水、鳥糞和腐敗的味道。即使在此刻，在泛著紫光的黃昏時分，氣溫也高到令人難耐。但當我越過看似裹上糖屑的淺灘時，我望見了閃爍著微光的海水，眼前是不可能出現在沙漠中的一片大海。

這是一座毒湖。它低訴著甜言蜜語，彷彿可以滿足消暑解渴的想望。儘管我對這片閃閃發光的海市蜃樓不無瞭解——儘管其周遭充斥著惡臭及腐爛、廢棄物，儘管日漸縮小的湖岸上到處是瞪大眼睛的死魚乾屍，儘管此處沒有一絲草木——我還是不由自主加快了腳步。我跌跌撞撞地穿過像是會吃人的泥漿，走向這片虛像，不斷前進，直到淤泥漫過我的雙腳，淹到我的腳踝。我最後站在深及小腿的溫暖泥湯中。這道泥湯一經攪動，便會散發出一股汙濁的滯氣，奇臭可聞。

我心中一驚，退了開來，用一隻手搗住口鼻。前方矗立著對岸乾燥的山丘。這些山丘十分乾旱，富有雕塑感，像是地平線上的一條絲帶，將稜鏡般的廣袤天空與宛若鏡面的海面分隔開來。我向下望去，視線掠過湖面，覺得自己正從整片天際墜落，真正的天光照亮了滿天。

§

索爾頓海（Salton Sea）並不是真正的海，而是一場大洪水的遺跡：一九〇五年，一條修建不善的灌溉渠道被科羅拉多河沖破堤岸，河水形成激流，往下湧入當時的索爾頓盆地（Salton

Sink），變成了濤濤洪水。這座盆地是加州東南部一座廣大的乾荒盆地，當時光禿一片，景色樸實，只有一些熱氣蒸騰的硫磺泉。

科羅拉多河注入的洪水幾乎勢不可擋，在鬆散的沙漠土壤中雕鑿出深谷，還形成一道二十五公尺高的瀑布，以常人的步行速度向後侵蝕盆地底部。河水淹沒了索爾頓這座蓋滿小木屋的小鎮、構成當地山谷主要產業的鹽田、一條鐵路支線，以及卡維拉印第安部族（Cahuilla Indian tribe）位在托雷斯—馬丁尼茲沙漠（Torres-Martinez Desert）上一萬一千英畝的祖傳土地。水位節節升高1，每天上漲六英寸之多，山谷就像是一個填滿水的浴缸，形成一個長三十五英里、寬十五英里的內海。

數百名居民紛紛出來觀看這場大洪水2。它先是吞沒了他們的田地，接著是他們的家園。洪水的氾濫雖然驚心動魄，但在這個曾被稱為「死亡之谷」的地區並非完全不受歡迎；當地一家報社評論道：「雖然此種意外的轉變自是造成很大的不便，但洪水日後必對這個地區大有助益。」不毛之地可以受到灌溉3，在乾燥的空氣中稍事喘息。「微風從鹽海4吹過炎熱的山谷會產生調節效用，使氣候變得舒適宜人，進而使得加州這一帶獨具特色，成為最具吸引力的居住地點之一。」

而事實也證明是如此。到了一九五〇年代，這片意外造就的海洋已發展成一個受歡迎的度假勝地，並更名為「索爾頓河濱度假村」（Salton Riviera）。索爾頓海距離棕泉市（Palm Springs）的高檔夜總會和高爾夫球場有一個小時的車程，設有遊艇俱樂部、汽車旅館，可以從事滑水以及運動捕魚（sport fishing，在該處水域放養了鯡魚、黃頜犬牙石首魚、鯔魚之後）等活動。有段時間，這裡每年的遊客數甚至比優勝美地國家公園還要多。在萬

里無雲的天空下，光著身子的孩童在寧靜的海水中嬉戲。大批的水鳥會選擇此處做為季節性遷徙的中繼站，成群結隊聚集在水面上：有鵜鶘、鷗鷸、反嘴鷸、鴴、棕硬尾鴨，甚至還有紅鶴。我聽說，在遷徙期間飛來此處的鳥兒多不勝數，遮蔽了天空。根據水面上的鳥群數量就可以判別所處的季節；春天時，白鵜鶘會聚集在一起，齊齊從水面盤旋而上，像鑽石般閃閃發光。正如一則廣告所讚嘆的，這「真的是沙漠中的一大奇蹟」。

但這個奇蹟只是曇花一現。孟買海灘（Bombay Beach）這個小小的海濱度假勝地經常遭受嚴重洪害，以致離海岸最近的街區最後被遺棄，只能聽天由命，孤獨地面對圍繞著鎮上其餘地區升起的一座十英尺高海牆；然而在洪水沒有暴漲的時候，這片海洋便逐漸蒸發而化為烏有。這片海開始萎縮，露出一大片厚重的黏土狀沉積物。這些沉積物本身已經乾涸，化為細薄的鹼性粉末，當中含有硒、砷、DDT等物質，是來自為了減緩海水蒸發而被引入盆地的農業逕流。很快地，整個地區被沙漠的風烤乾、沖刷，變成乾旱的塵暴區，有毒的微粒不久便在加州東南部引發了氣喘危機。

這是相當嚴峻的事態，可說是與鹹海（Aral Sea）的狀況相

---

1 'Salton Sea Rises Daily', *Los Angeles Herald*, Vol. 33, No. 259, 16 June 1906.

2 Marc Reisner, *Cadillac Desert: The American West and its Disappearing Water*, Penguin, New York, 1986, p. 123.

3 'The Salton Sea is here to stay', *Hanford Sentinel*, Vol. 20, No. 32, 17 August 1905.

4 原注：雖然科羅拉多河的水是淡水，但有大量的鹽分被鎖在索爾頓盆地兩側的鹽沼裡，在河水淹過時溶解到水中。

仿。鹹海是位於哈薩克與烏茲別克之間的巨大內流湖,通常被稱為史上最嚴重的人為環境災難。一九六〇年代,蘇聯一項規模龐大的灌溉計畫將鹹海支流的水流引入棉花田,之後其水位即開始急劇下降。幾十年內,一艘艘漁船被棄置在離海岸數英里的港口;質地黏稠、顏色像蘑菇湯的淤泥灘乾涸成龜裂的平原;當地掀起了沙塵暴,其中挾帶著大量的有毒汙染物——核子試爆、重工業、集約農業的殘留物。現今,鹹海只占其原有面積的百分之十,有如被燉煮成一鍋濃湯。依然留在這片災區的人罹患肺結核和各種癌症的比率異常之高。雖然近期的一些措施以及在舊海域北端新建的水壩,或許有助於恢復部分海域,但這是以犧牲烏茲別克南部為代價。正如烏茲別克的一句古話所說:「起初是飲水,最後成了飲毒。5」

與鹹海一樣,隨著海水退去,索爾頓海6的鹽度日益增加(現在鹽度達百分之五,遠高於海洋的鹽度),而海水也同時受到汙水和農業副產品的汙染。在一九八〇年代,累積在這座鹽湖的肥料開始產生奇怪的效應:富含養分的鹼性湖水變得生意盎然(這是人為所致)涵養著數量龐大的浮游生物,以及估計一億條魚。有段時間,這個經過強化的生態系統7成了加州最多產的漁場;一名釣客有望在一小時內釣到一百公斤的魚。

然而,在沙漠的烈日下,這口翻騰著硝酸鹽與磷酸鹽的大鍋可能很容易就沸騰到滿溢出來。藻華(algal bloom)爆發性地增殖,狀似一大片的玉石與孔雀石,滾滾湧現,像顏料一樣鮮豔。或者,水體可能沾染上奇怪的色彩,彷彿在裡面洗過畫筆一樣:紅得像是葡萄酒,如上好勃艮地紅酒的顏色,有時也會是紫色,甚至是粉紅色。

　　每種鹽溶液都有獨特的細菌生長，因而顯現出不同色調。海水退去後，非洲鯽魚（tilapia）[8]的巢穴便顯露出來。非洲鯽魚在淤泥中挖出蜂巢狀的巢穴，每一個都是渾圓的水坑，各自以特定的速度蒸發掉。它們色調各異，顏色隨著鹽分濃度的改變而變化，恍如藝術家的調色盤，沿著海岸綿延好幾英里。有次，人們看見索爾頓海在發光：海水像是發出極光，閃耀著旋動的青綠色彩。不久後，發出生物光亮的大量白色泡沫被沖上海岸，彷彿帶來一場迷幻的泡泡浴。

　　這種現象無論多麼迷人，對其他海洋生物來說都是壞消息。藻華凋亡時，會耗盡水中的氧氣，使魚兒無法喘息，最後大量死亡。一九九九年夏天，有一千萬條死魚被沖上索爾頓海岸；二〇〇六年則是三百萬條。腫脹的魚屍擠滿淺灘，在陽光下腐爛、發白。牠們的肉和油脂在水中分解、腐化，然後再次被沖上岸，形成卵石狀的屍蠟（adipocere）[9]，大小有如薩摩蜜柑（satsuma）。

———

5　Sven Erik Jorgenson (ed.), *Encyclopaedia of Environmental Management*, Vol. 1, p. 302.

6　M. A. Tiffany, J. Wolny, M. Garrett, K. Steidinger and S. H. Hurlbert, 'Dramatic blooms of *Prymnesium* sp. (Prymnesiophyceae) and *Alexandrium margalefii* (Dinophyceae) in the Salton Sea, California,' *Lake and Reservoir Management*, 23(5), 620–9, doi:10.1080/07438140709354041.

7　J. P. Cohn, 'Saving the Salton Sea; researchers work to understand its problems and provide possible solutions', *BioScience*, Vol. 50, No. 4, (2000), pp. 295–301.

8　譯注：台灣俗稱為吳郭魚。

9　Becky Oskin, 'Rotting Balls of Fish Flesh Invade Salton Sea's Shores', *Live Science*, 30 October 2013. Available online at: https://www.livescience.com/40809-salton-sea-dead-fish-balls.html.

每年有大量魚群死亡，加上海水鹽度過高，導致索爾頓興旺的漁場變得萎靡不振。及至我到訪的時候，即使是生命力頑強的非洲鯽魚也已奄奄一息。隨著魚群死亡，以魚為食的鳥兒也消失了，或更糟的是，牠們本身也死去了。禽類肉毒桿菌在一九九六年造成一萬隻鵜鶘死亡，包括一千六百隻瀕危的褐鵜鶘。隔年，二千隻雙冠鸕鶿（幾乎等同所有該季出生的幼雛），因為感染新城病（Newcastle disease）而滅亡。這是一個病態的生態系統，各種疾病在毀滅性的循環中接踵而來。這個環境正步入危險境地，逐漸失去控制。

藻華本身也會產生強烈毒素，包括神經毒素。在索爾頓海，這些赤潮10已被認定與超過二十萬隻鷿鷈的死亡有關。自一九八〇年代以來，有害的藻華越漸頻繁地出現，在索爾頓海及全球各地都是如此。雖然此種現象的起因尚有爭議，但許多人認為與氣候變遷導致海水暖化及肥料用量增加有關。

比赤潮更常見的是綠潮，其也是海洋可怕氣味的來源。當疾風攪動湖底的缺氧水體，即滿是腐爛的魚屍和一團團腐敗的海藻，會將海水變成豔麗的綠色。這片綠水會讓其觸及的所有生物窒息，並釋放出大量的硫化氫——有腐敗臭蛋味的致命毒素。

總體而言，這些環境崩垮的徵候共同構成了一部劫後圖像小說的氛圍：有毒的塵埃；旋動並染上色彩的海洋；可以毒害神經的海藻；遍布魚骨的海灘；沉入泥漿並逐漸溶解的海濱拖車；化為虛無的防波堤。但是：這一切都千真萬確，就在眼前，而且情況只會越來越糟。

§

　　倘若有世界末日，幾乎可以肯定會有硫化氫的味道。在地球的歷史中，發生過許多我們稱為「大規模滅絕事件」的災難，其中最知名的是古第三紀滅絕事件，當時隕石撞擊地球而終結了恐龍主宰的白堊紀。但並非所有此類事件都是無預警從天而降，或可稱為「魔從天降」（diaboli ex machina）。

　　美國古生物學家彼德‧沃特（Peter Ward）曾撰寫大量文章，探討過往因地球本身因素所導致的滅絕事件，即全球暖化時期反饋過程失控，使大氣演變為有毒狀態而導致生物滅絕的事件。在「大滅絕」，也就是二疊紀末滅絕事件期間，冰帽融化，海平面上升，洋流停滯，造成當時地球上百分之九十九的生物都被消滅。深海繼而暖化，陷入缺氧狀態（索爾頓海遠比海洋淺的底部在夏季也是如此，此時有機物質分解的速度會加快，造成耗氧率提高），脫氧的海水慢慢上浮，穿過海柱，扼殺海中幾乎所有的生物。一般的細菌無法在缺氧的水中存活；因此，缺氧的海水反而會涵養出截然不同的菌群——硫磺細菌。這些細菌會大量增殖，形成遍及海洋的水華（bloom），噴吐出有毒的氣體。

　　沃特記述道：「硫化氫即使濃度低也可殺死動物。而岩石紀錄顯示，大量硫化氫氣體從海中溶出的現象曾反覆發生。[11]」這些氣體在溫熱的大氣中自由漂浮，「殘酷地」殺死了大多數二疊紀的陸地生物，包括植物在內。他強調，此種事件在地球史上發

10 W. W. Carmichael and R. Li, 'Cyanobacteria toxins in the Salton Sea', *Aquatic Biosystems*, 2, 5, (2006), doi:10.1186/1746-1448-2-5.

11 Peter Ward, *The Medea Hypothesis: Is Life on Earth Ultimately Self-Destructive?*, Princeton University Press, Princeton, ebook publication: 2009, p. 84.

生過至少八次。硫化氫的釋出「可能是大多數大規模滅絕事件的肇因，而且此種情形肯定會再次發生」[12]。

沃特認為類似的失控過程，可證明地球存在固有的自我毀滅傾向，而在失控過程中，地球的各種系統亂了套，形成迅速失控的反饋迴路。相對於洛夫洛克與馬古利斯寬慰人心的蓋婭假說（蓋婭女神是萬物之母），沃特將自己的假說，即藻華造成地球自我毀滅，命名為「美狄亞」（Medea），此人即希臘神話中遭夫拋棄後，為了報復對方薄情對待而殺害親生稚子的殘暴女子。

沃特表示，美狄亞是地球過往行為最恰當的表徵，「在遠古到近代的許多過往事件，以及現今的行為中，歷歷可見地球本身除了天性自私，最終更不忌殺戮生靈」[13]。諸如在索爾頓海所見的一連串事件，如赤潮殺死了一百萬條魚，魚屍分解過程產生了缺氧水體及硫化氫，最後引發綠潮，殺死更多的魚，在沃特看來，應歸屬於「美狄亞現象」。

當然，忙著將肥料胡亂倒入溝渠，並且（更糟的是）在大氣注入滿滿的二氧化碳，使整個地球系統有崩壞之虞的人類，可能是最具美狄亞特質的物種。據沃特估計，要引發遍及整個地球的硫化物細菌增殖潮[14]，二氧化碳濃度必須達到百萬分之一千。在工業時代之前，大氣二氧化碳濃度大約落在百萬分之二八〇的水準。到了二〇一九年，這個數字已攀升到百萬分之四一一。在政府間氣候變遷委員會（Intergovernmental Panel on Climate Change）最樂觀的預估情境下，我們可望在下世紀某個時點將濃度拉回到百萬分之四百以下。然而，在最悲觀的情境下，二氧化碳濃度很容易就會超越沃特的警戒線，在二二五〇年前飆升到委實令人驚懼的百萬分之二千。[15]

在此，在這片瀕死之海的岸邊，魚兒在缺氧的水中東倒西歪
地游著，不住喘息，死魚的屍骨在腳下粉碎成塵土。此番畫面使
人們心中湧起一股懊悔與自責之情，很難不將這個地方，這片充
滿美狄亞意象的地景，視為一大惡兆：其預示著未來的景象，或
警告著後續將發生的更多事件。這是世界末日的預兆，毒塵時代
的開端。

§

也許是因為魚群與鳥群如染疫般大量死亡，或是腐敗屍體的
惡臭。又也許是因為吹過街道的毒塵。到了一九九〇年代，濱臨
索爾頓海岸的社區大部分已杳無人跡。

在索爾頓市，位於西海岸處的街道已規劃就緒，等待著永遠
不會到來的榮景。這是一個光禿禿的城鎮骨架，二百多英里長的
道路龜裂乾涸，徒然劃過空曠的土地，電線在其中縱橫交錯，只
通往偶一得見的空心磚屋或拖車屋。雖然那裡的許多建築物不是
用木板封死，便是已燒毀，不過在中心卻坐落著一間典型的美式
高中：新建的校舍閃閃發光，後面一座足球場被泛光燈照亮，在

12 出處同注11，p.71.
13 出處同注11，p.xx.
14 出處同注11，p.82.
15 Nicola Jones, 'How the World Passed a Carbon Threshold and Why It Matters', *Yale Environment 360*, Yale School of Forestry & Environmental Studies, 26 January 2017, available online at: https://e360.yale.edu/features/how-the-world-passed-a-carbon-threshold-400ppm-and-why-it-matters.

光禿一片的沙漠中熠熠生輝。

「土地出售！」路邊一面剝落的看板如此高喊著。說真的，我想在某個時期，求售者必定是很有信心，因為占地面積非常廣大。我向左轉去，接著再右轉，沿著一條條名稱頗具企望的空盪街道來到里維耶拉奇斯區（Riviera Keys）。那裡的房子背靠著一座乾涸的碼頭，木製的防波堤伸向一片空曠處。路旁躺著翻倒的船隻。我繼續往前駛去。在蜿蜒的郊區格局中，我順著變形起皺的道路而行，經過了一些房屋。這當中大部分是空屋，雖然有的很乾淨整潔，但多半都破敗不堪。有些房子有狗叫聲傳出，或可見到黑暗的房間內有電視畫面閃動。再往前去，街道上已經沒了電力，擱置著幾輛休旅車：一輛低矮的房車像乘著海浪似的往一邊傾斜；另一輛已被燒成殘骸，投下如灰燼般的陰影。

道路變成了小徑，再轉變成沙地。我在一處停下車來，旁邊堆放著已半埋在沙丘裡的一張舊沙發和扶手椅。牧豆樹與濱藜之間的地面一片光禿，呈現米黃色澤。在不遠處，一隻長耳大野兔驕傲地直起腰腿，弓著背，冷靜地注視了我一番才跳走。這裡到處都是垃圾——已被烈日曬得褪色，撕裂成條狀。

空中傳來一陣莫名的震顫聲響。我轉過身，看見了一個怪誕的景象：一大片蒼蠅，數以百計，甚至是千計，如雨點般落在我車子的引擎蓋和車頂上。牠們傾瀉在車身上，順著擋風玻璃流淌而下，再滴落到地面，形成蠕動的水窪。我壓根兒不知道牠們是從哪裡冒出來的；唯一可以肯定的是，牠們千真萬確就在這裡，彷彿是從天上召喚而來。我跨步向前，走進這片水霧，嗡嗡聲在耳畔響起。與此同時，這些蒼蠅灑落到我的頭髮裡、掉落在我的肩膀上，並且不停扭動，順著我的脖子滑落到我的襯衫裡。我被

眼前的情景嚇得目瞪口呆，於是往後跳開，發現車子已經被困在一場獨一無二的雨暴中：車身密布著一大群蒼蠅，還好我退開時牠們並沒有尾隨而來。我觀看著這一幕，既著迷又感到厭惡，直到我終於轉身離開車子，走上山坡。

我發現自己處在一座扇形的人造山脊上，這是在舊原子測試站及轟炸訓練場邊緣反覆出現的地形。當年投擲在廣島的原子彈原型即是在此進行測試。此處廢棄已久，只剩漂移的沙丘與荒廢的地堡，形成一片瀰漫不安氛圍的廣闊區域。兩英里外的海上立有一座金屬平台，曾用來做為模擬測試的標靶，是原子時代的遺跡。這時不禁令人想起雪萊詩作中，埋葬在沙漠墓穴裡的倒台軍閥奧茲曼迪亞斯（Ozymandias）[16]：

> 功業蓋物，強者折服！
> 此外，蕩然無物
> 廢墟四周，唯餘黃沙莽莽
> 寂寞荒涼，伸展四方[17]

在我前方，莽莽無邊，一片荒涼，乾涸的湖床伸展開來，將藏於其中的毒素咳吐到空氣裡。這是一處遭到毀壞的環境。時間一點一滴地過去。光陰就在此間消逝。過了一會兒後，我轉身循

---

16 Zachary Leader and Michael O'Neill (eds.), *Percy Bysshe Shelley: The Major Works (Oxford World Classics)*, Oxford University Press, Oxford, 2003 (2009), p. 198.

17 譯注：楊絳譯。

原路回去，經過破爛的長沙發及成堆的銀色啤酒罐，走入蒼蠅所形成的雨暴中。

§

在索爾頓海東方七英里處，有另一座可追溯到第二次世界大戰時期的廢棄軍事基地。登洛普營地（Camp Dunlop）是美國海軍陸戰隊砲兵團的訓練基地；營地內舖設了八英里長的道路，建有一座游泳池、數個儲水槽，以及大約三十棟建築物。軍方在戰事結束時撤離該地，連建築物也一併撤走，只留下底部的地基。這裡現在被稱為斯拉布城（Slab City）18。

自一九六〇年代以來，這個地方即成了一處簡陋的沙漠營地，聚集了中輟生、無家者、嬉皮人士、毒友、藝術家、罪犯、越獄犯、生存主義者等，為無家可歸或四處為家，或已燒毀自己家園之人提供了一個避風港或藏身處。這裡在冬天十分熱鬧，此時一身昂貴裝束，隨季節移居的退休雪鳥族（snowbird pensioner）會一窩蜂地湧入，一次有上千人之多，想找個免費的地方停車暫住。但當夏日熱氣飆升，達到攝氏五十度的高溫時，由於這裡沒有自來水、電力或下水道，他們就會收拾行李，駕車離去。我是在九月分去到營地的，正值漫長酷暑的尾聲，只有中堅分子或死忠派人士駐守在此。

斯拉布城與其說是一座城市，不如說是一個貧民窟，介於一個公社與貧民區之間。此地自軍事基地時期遺留下來的棋盤式格局，成了組織所有事物的唯一準則。依此準則各安其位的有一堆混雜各式車款，被太陽曬得發白，擋風玻璃上貼著鋁箔紙的休旅

車；用棧板、板條、防水布搭蓋的棚屋；用瓦楞板、生鏽的油桶
和殘破的輪胎搭建的院落；以及吊在搖晃支柱上的水罐。燒毀的
汽車底盤散落在道路邊緣，被殘破的濱藜叢掩蓋起來。而濱藜本
身的枝椏被塑膠布包裹住，在沙漠強風的吹拂下，塑膠布碎裂成
條，像經幡旗一樣飄揚著。

　　這個地方儘管骯髒又醜陋，卻也散發出一種原始的輝煌。四
處可見大堆的廢棄物被打造成一件件藝術品。這裡有一座迷宮，
是由石塊堆砌出的細小螺旋形通道所構成；一輛外觀簡樸、開著
引擎蓋的汽車被擱在磚塊上，車身滿綴著一千個瓶蓋，活像是珍
珠國王（pearly king）19；另外還有數道牆是將玻璃瓶橫向堆放，
再用黏土接合而成，一根根露出的瓶頸彷似動物受到驚嚇時立起
的毛髮。殘破的鏡子碎片被重新拼接在一起，形成了一整面折射
影像、令人感到不安的鏡子。

　　斯拉布城被其居民暱稱為「美國最後一個自由之地」。然
而，這裡感覺並不像是平和的過往所遺留下的產物。如果鋪在私
建房屋下的石板是原子時代的紀念物，那麼斯拉布城本身似乎代
表著在後原子時代可見的未來景像：一個從衰落文明的廢墟中粗
劣拼湊而成的窮困社會。

　　我在線上找到一個名叫山姆的人，由他安排住宿。他在夏
季時負責照管斯拉布城「旅舍」，藉以換取住處。雖說這間旅
舍在冬天肯定更吸引人，但我抵達之時，卻只有幾張用乾草塊

---

18 譯注：slab意指軍方廢棄的石板。
19 譯注：英國豐收節慶典中用珍珠鈕釦裝飾全身的民眾。

隔開的髒汙床墊，以及一輛悶不通風、熱得像烤箱的維納賓哥（Winnebago）露營車；山姆很明確地勸告我不要睡在這輛車裡。我是唯一的房客。

我抵達之時，山姆向我招呼道：「歡迎來到斯拉布城。這裡今年死了十二個人，還抓到了三名殺人犯，兩名兒童性侵害犯，另外也躲著幾名搶劫犯。」

我覺得山姆是故意試探我的反應，於是挑起了眉毛，試著擺出看似震驚或懷疑的表情。沒一會兒他就說道：「哈！我是逗著妳玩的。」

我用嘴巴做出像是「好險」的表情，表示鬆了一口氣。

「不過的確有人死亡，」他很快向我澄清，似乎怕我有所誤解。這些人主要死於中暑或脫水；他們想徒步四英里到離這裡最近的城鎮，尼藍鎮（Niland，本身也處於半廢棄狀態），但在中途不幸喪生。有人是死於吸毒過量，如吸食冰毒（crystal meth）、海洛因等。也有人昏倒、喝醉酒或吸毒後神智恍惚，從此就未再醒來。但是山姆關於那些遊手好閒者的玩笑，也沒有離譜到可以一笑置之。在我抵達斯拉布城的一個月前，一個常居該地的人因被控性侵兒童而遭逮捕，罪行包括雞姦不滿十歲的未成年者等，而再往前五個月，一名因槍殺維吉尼亞州十九歲少年而遭通緝的逃犯，被發現躲藏在這裡的帳篷內。但山姆說，這裡沒那麼可怕。不完全是這麼回事。

山姆的年齡應該是四十好幾，也可能是五十出頭，他體格壯碩，穿著一件紮染襯衫和一條有鬆緊帶的半身裙——他說是因為天氣太悶熱才會這樣穿。就在不久前，一把火將他的全副家當幾乎燒得精光。還好他可以申請傷殘福利金，領到州政府發放的一

點錢，但這筆錢在其他任何地方生活都不夠用。他不能回到印第安那州的老家。「我是個壞人，」他如此說道，彷彿是在解釋緣由，這個話題就此打住。他有一個裝滿大麻花蕾的罐子，還有兩隻狗，但沒有鞋子，也沒有車子。他的雙腳是深棕色的，像樹根一樣長著許多節瘤。

後來，在一座名為「東方耶穌」（East Jesus）的雕塑公園，我們看到一個獐頭鼠目，穿得一身黑的男子，鬼鬼祟祟地潛伏在雕塑品間，山姆一發現他就變得緊張不安。山姆說他認得那個人。他幾天前在燒冰毒的時候把自己的營帳燒掉了。他有一把彎刀，是個爛命一條，無所顧忌的人。山姆大聲拍擊附近的一輛露營拖車，不斷地呼喊，直到一名看起來很惱火的女子出來為止。山姆說明發生何事時，她繃著臉點了個頭。她說：「沒關係，我身邊有伴，而且我還有一把獵槍。」

這一切說明了：這是個無政府狀態的地區，是一座不分收容對象的難民營。來者無論是想逃離自己的心魔、一段慘淡的婚姻，或是法律的約束，都可以在此安身。正如某個人對我說的，沙漠是一塊空白的石板。不論你所犯何罪，都會受到斯拉布城寬容；它完全不會過問來者的往事。

南方矗立著斯拉布城最著名的地標，救贖山（Salvation Mountain）──一座大如山丘的雕塑，一處地貌景觀，同時也是一座聖堂，由已故偉大非主流藝術家倫納德·奈特（Leonard Knight）以土坯與乾草塊建構而成，並漆塗上有如披頭四《Sgt Pepper寂寞芳心俱樂部》專輯的明亮色彩。奈特畢生過著漂泊的生活，三十幾歲時改信基督教。他後來耗費三十年的時間，在荒漠中打造出一片不斷壯大的迷幻聖地。而在這段期間，他一直待

在這片聖地腳下，以自己親手裝飾的卡車為家。

「上帝是愛，」泥塑的巨大泡泡字體如此宣告著。

「耶穌，我是罪人，請降臨我身，進入我心。」

「懺悔，」這些泥字教誨道。「現在就懺悔吧。」一個十字架如抽出的豆莖般凸立在山頂上。

既引人不安又惹人注目的救贖山，是一顆美麗痴狂的心靈所孕育出的作品。創作者是位超乎想像的先知，和許多前人一樣來到荒野，尋找著上帝的蹤跡。

救贖山可以給予世人寬恕和無條件的愛，其所在地正是最需要它的地方。朝聖者紛紛來到斯拉布城尋求新生：尋求全新的開始、嶄新的生活、一塊空白的石板。一個重整自己人生時的棲身之所。他們期盼自己在身心上，都能從老舊的殘軀中生發出新的樣貌。來到這裡的人不管有無必要，一律使用化名：如「白馬」、「野蠻人」、「捕夢網」等。然而，雖然我們都可能懺悔，卻不一定都能獲得寬恕。有時候，斯拉布城的居民只有在友人終究逃離不了過去，登上報紙版面時，才知曉他們真正的姓名。

§

我聽說斯拉布城有溫泉，但山姆警告我最好不要去。他不無道理地指出，這些溫泉是「熱的」：溫度大概有攝氏四十度，是你已經頭昏眼花、嚴重曬傷時應該避而遠之的地方。而且，那裡還很不衛生。不斷冒泡的溫泉好比一鍋濃湯，以每個到訪過的斯拉布城居民泡過的水熬煮。但還有更可怕的事：幾年前，渾濁不清的溫泉水中出現了一具死屍——是個年輕而且人緣頗佳的斯拉

布城居民，其屍身浸臥在水中達數小時之久。在這段期間，泡溫泉的人來來去去，就這樣毫不知情地伴著屍身泡湯。

於是我就打消去泡溫泉的念頭了。不過山姆說他有一個備案。我們兩個一起坐上我的車，由他指引我沿著營地後方一條長長的碎石路駛去，到達一處地點。在此地，科切拉運河（Coachella Canal）清澈的河水快速流過貫穿沙漠的一道V字型混凝土凹槽。這些河水是專供棕泉市游泳池和高爾夫球場灑水器使用的水源。我望見河水時，心中有一陣的猶豫。這個畫面似乎不太真實。一整個星期以來，我在穿越沙漠時，不斷抵禦著眼前浮現的虛假幻景：水淹漫漫、閃爍微光，但一靠近就消退的道路，以及漂浮在海市蜃樓中的島嶼。

但這個畫面是真的。的的確確是真的。那是清涼、純淨、快速奔流的河水。我把滿是汙垢的衣服丟到泥土上，從一座梯子旁跳了進去，並且用梯子穩住身體，免得被水流沖走。這道水流想把我沖到下游柵欄底下某種機械化的河堰裡。一面告示牌寫著「危險」，但我此刻心情很亢奮，潛藏的風險似乎只是讓我更享受這番體驗：河水是如此清澈、青綠、溫和。嬌小的魚兒躲在梯子橫檔下方。鯰魚掠過平滑的混凝土底層。天空晴朗無雲，在我抬頭看去時顯得一片漆黑。我一抬頭就發暈，彷彿從邊緣望向一座深不見底的峽谷。

我想起了一名先前遇到的女子，艾拉。她是基於健康因素而搬到斯拉布城的：她有慢性疼痛，也因此對強效止痛藥「奧施康定」（OxyContin）成癮。但是在沙漠裡、在熾熱乾燥的空氣中，她感覺到宛若新生。她說自己再也不會回家去了。我想我瞭解她的感受。在河水中的我彷彿受到洗禮，滌盡塵垢。山姆助跑後一

躍入水，擺出生硬的自由式。他斜切入水流之中，好跨越到對面牆上的梯子。他抓住一個橫檔，把自己拖拉到安全處。他從水中探出半個身子，把頭往後一甩，像彼得潘一樣學雞叫——是一陣狂呼亂啼。然後他就大笑了出來：他從七月以後就沒洗過澡了。不要緊。那些有錢人正在喝我們的洗澡水。當你一無所有時，透過這種方式就可以覺得彷彿無所不有。

§

回去時，山姆指了一條不同的路。我不想自作聰明，便直接照他所指的路線走，但他似乎突然變得有點恍忽，或比先前還要恍忽。他不停在副駕駛座抽動，就像是身體在入睡時抽搐一樣。他似乎驟然迷失了方向，儘管我們離他的住處只有幾百公尺遠。

我們最後不知怎麼的來到了圖書館——這是一棟狀似棚屋的建築，用再生木材和瓦楞板搭建而成，是個半開放的空間。設立圖書館是個美好的構思，全靠熱心公益的斯拉布城居民自行發想、籌組工作人員。不過這個場所有種蒙塵已久、疏於照管的氛圍：書本密密麻麻堆放在一起，書背發白，書頁也膨脹起來。所有東西都覆蓋著厚厚的一層塵垢，令人恍如身在一座幾百年前消隱於世的圖書館。

館藏的書籍相當雜亂，書名林林總總，大多屬於商場地下室減價商品區和義賣商店的大箱子裡可能堆滿的書，有許多都過時已久。所以看到這些書本雜亂無章地出現在此，還堂堂收為館藏列架，感覺有點奇怪。此景讓我想到艾蜜莉‧孟德爾（Emily St. John Mandel）的小說《如果我們的世界消失了》（*Station Eleven*）

當中所描述的日常物品「博物館」。在這部小說中，全球爆發了一場致命的流感大流行，隨著時間過去，各種物品因為文明的瓦解而遭廢棄淘汰，倖存者在一座廢棄的機場開展出新生活，並且收集大量在文明崩落前使用的人工製品：包括已遭遺忘的國家的護照、沒有訊號可連的手機、在早已瓦解的經濟體中累計信用分數的信用卡、細高跟鞋、筆電、郵票等。

這裡有褪了色的凱瑟林・庫克森（Catherine Cookson）小說、《讀者文摘》（*Reader's Digest*）選集，頁角捲起的老舊雜誌。然而在積滿灰塵的昏暗空間中，它們的作用就如同孟德爾小說中的博物館：供人們緬懷過往、領受物品背後的意涵，從殘片中拼湊出一部分的歷史。在一個角落，有一疊堆成圓柱狀的舊百科全書，上面的噴漆標籤寫著：GOOGLE。

若說有人求生本領高超，能在某種席捲全球的災難中存活下來，這些人可能就存在於斯拉布城的居民之中。他們目前好比是生活在末日已至的世界裡。這座城市撼動人心的形貌（雖然部分是表達自我意識的產物，但大多是生活上的需求所造就），彷似末日後的荒蕪大地，瀰漫著《瘋狂麥斯》（*Mad Max*）系列電影的氛圍。在此，人們同樣從殘破失修的建築物與機具中拆取可用的零件，然後再重新拼裝起來。斯拉布城是座自給自足、離網（off-grid）的沙漠營地。在這裡，夏天會掀起沙塵暴刮掠過每一處表面，冬天會驟發洪水淹沒旱谷，將地面變成流沙。為了過活，必須有遮陽之所、儲水之道，以及保護自身財產的憑藉（武器或看門狗），而且需要的順序未必是如前所述。

末世論，以及末世的故事，通常會在危難時期大行其道。我想，若細察在某個文化中盛行的特定末日樣貌，定可汲取到關於

該文化的許多特質。近年來，反烏托邦景象占據西方流行文化越來越大的分量，無論在電影或文學中皆然。這當中亦可見所謂「氣候變化類影視文學作品」（cli-fi）的興起：這些作品描繪了發生氣候災難的假想情景，與人們在現實中的心境兩相呼應。在現實生活中，人類對地球所造成的衝擊也使我們深感焦慮。

此種現象利弊互見；而在最大聲疾呼的氣候變遷文獻中，也不免見到類似的焦慮：在當中也傳達出人類將大難臨頭，因過往罪行而遭受天譴，以及急需在為時以晚前採取行動等訊息。坎布里亞大學（University of Cumbria）的傑姆・班德爾（Jem Bendell）教授因為撰文講述對未來的悲觀預言，而在某些生態研究圈中聲名大噪。他在文中斷言：「氣候問題在近期內導致社會崩潰已是勢所難免。」班德爾所預言的末日情景，有經過同儕審查的論文做為堅實理據。在他的預想中，可能在不遠的將來出現的反烏托邦世界，將屢見「大規模飢荒、疾病爆發、洪患、暴風雨災害、人類被迫遷徙、戰爭」[20]等事況發生。

他並指出，我們所謂的「文明，也可能退化」。不出十年，社會秩序崩潰將成為大多數國家的常態。[21]如今要想避禍為時已晚；我們必須與地球言歸於好，盡量挽救一切。

班德爾反問道：「何處及何時會是社會崩潰或大災難的起點？[22]」而我也不禁在心中想像有一道裂縫橫掃全球；或許從低窪地區開始迸裂，再向內部滔滔而進；裂痕所經之處居所崩塌，倖存者抱守著斷垣殘壁，以及當代文化的淡薄殘影。我很好奇，事態不知會如何展開：社會是逐漸衰微，或驟然瓦解？有朝一日，我們是否會發現賣場架上空無一物？（我們已在二〇二〇年春天體驗到這是轉眼間就會發生的事。）而在多久之後，電話會

斷線不通、水龍頭會滴水不出，我們會無法存取硬碟，然後將這些物品展示在斯拉布城圖書館裡用板條做成的架子上？

班德爾最初發表的論文宣示了「深度調適」（deep adaptation）的必要性，亦即接受社會崩潰將會到來的事實。雖然這篇論文遭某一主流期刊拒登，但經班德爾在線上自行發表後，旋即廣為傳播：下載次數達數十萬次，他的闇黑預言也隨之四處流傳。對於此類文獻的渴求，凸顯出掩蓋在末日恐懼之中的種種執拗渴望：渴望感受危險所帶來的刺激感，以及確認如能遵循特定約束也許可避免禍事發生；或是少數忠實信徒可望逃過一劫，在另一方建立更美好、純粹的生活。此種現象或許反映出對大災難的「熱望」，或無疑反映出越來越多人預期將會有大災難發生。二〇一九年一項民調[23]顯示，三十五歲以下的美國人有百分之五十一相信，未來十至十五年內，氣候變遷「將有一定的可能性造成地球變得不宜居住，人類遭到消滅」。（由於受訪者屬於「千禧世代」，或許也傾向選擇更貼合其世代名稱的答案。[24]）

20 Jem Bendell, 'Deep Adaptation: A Map for Navigating Climate Tragedy', an occasional paper from the Institute of Leadership and Sustainability, 27 July 2018. Available online at http://lifeworth.com/deepadaptation.pdf.

21 From Jem Bendell's contribution to the Extinction Rebellion handbook, *This is Not a Drill*, Penguin, London, 2019; longer version available online at https://jembendell.com/2020/01/15/adapting-deeply-to-likely-collapse-an-enhanced-agenda-for-climate-activists/.

22 Jem Bendell, 'Deep Adaptation: A Map for Navigating Climate Tragedy.'

23 Jennifer Harper, '51% of young voters believe life on Earth will end in the next 10–15 years: Poll', *Washington Times*, 24 September 2019.

24 譯注：根據千禧年論，千禧世代是世界末日來臨前的最後一個世代。

　　一九七〇年代，史丹佛大學生物學家保羅與安・埃爾利希（Paul and Anne Ehrlich）夫婦於其合著的《人口炸彈》（*The Population Bomb*）一書中預測未來將有數億人餓死而名聲大振。而今，他們對人口過剩的憂慮已轉移到氣候相關問題。人類人口倍增可見的結果之一，就是資源消耗量增加了兩倍，其顯示出由氣候因素所引發的馬爾薩斯災難（Malthusian catastrophe）25已為期不遠。

　　若檢視人類人口成長曲線（近幾十年來呈現接近指數型的爆發成長），很難不令人因此聯想到入侵物種盛極而衰的周期，而準備好承受未來將至的衝擊。然而，在某些環保社群中，有些人士認為人類乃是最大的入侵物種，他們在討論到未來可能面臨的衝擊時，有時卻也透出一絲欣喜。

　　我認識的一位藝術家，是位有才華又聰慧的女性。有次在共進晚餐時，她告訴我，她並不認同給孩童接種疫苗的作法。我不想和她爭辯，但還是忍不住表達了我的驚訝之意。她回答說：「我是個環保人士。我認為這個世界需要經歷一場大流行的疫病。」她的坦率讓我大吃一驚，但她抱持著如此純粹的信念，並且顯然願意依循這番信念的邏輯推斷而為，也令我深感訝異。反疫苗接種是她對己身信念的實踐。我因此陷入了思考。雖然她的主張異常直率（渴求幾乎會殃及自家人的災難降臨），我也聽過其他人用較抽象的方式來表達類似的論點。這背後的思維是，人口數量若是暴跌，對地球資源的需求會減弱，化石燃料的燃燒量會下滑，農地會大規模再生，使地球最終恢復元氣。

　　在新冠肺炎疫情爆發期間，草根運動團體「反抗滅絕」（Extinction Rebellion）不得不與一個似乎難以管束的地方分會劃清界線，因為該分會竟然大肆慶祝新冠確診者的死亡。（刊登在

社群媒體上的傳單圖片寫著：「新冠是救世的解藥。人類才是病源。」刊登帳號之後遭到刪除。）

我認為希望人類消失於世（disanthropic）的想法26之所以有吸引力，原因在於人類數量如果大跌，可望造就一個近似於按下重置鈕的契機。而在這個幻想情境下：你我都存活了下來，一起重新來過。這次要做得更好。這是個十分誘人的論點，而以黑死病的疫情來說，並非「不」真實的情境。（在該場恐怖疫情爆發後的幾十年間，中世紀社會的面貌徹底改觀；農奴制因為缺乏勞力而瓦解，最底層的階級獲得較高的薪資，也更有機會取得土地及各種資源。）但這也是個狂妄又不人道的思路，漠視了不論我們準備得多充分，一場釀成慘劇與悲痛的風暴勢將來襲，將所有人都捲入其中。

環境歷史學家威廉・克羅農（William Cronon）在一九九五年寫道：「如果自然界因為人類涉足其中而凋亡，那麼拯救自然界的唯一方式便是消滅我們自己。27」克羅農並不是真的主張此

25 P. R. Ehrlich and A. H. Ehrlich, 'The Population Bomb Revisited', *The Electronic Journal of Sustainable Development*, 1(3), (2009) See also: Damian Carrington, 'Paul Ehrlich: "Collapse of civilisation is a near certainty within decades"', *Guardian*, 22 March 2018. 譯注：指的是在英國經濟學家馬爾薩斯（Malthus）的預測模型下，未來大量人口會因為糧食成長速度跟不上人口成長速度而死亡的情形。

26 參見Greg Garrard關於「去人類」（disanthropy，渴望人類消失或不存在）的論述，其並將該詞與較常見的「厭惡人類」（misanthropy，厭憎所有的人類）相比較：R. Ghosh and G. Garrard, *'Worlds Without Us: Some Types of Disanthropy'*, SubStance, 41(1), (2012), 40–60, doi:10.1353/ sub.2012.0001.

27 William Cronon, 'The Trouble With Wilderness; Or, Getting Back to the Wrong Nature', in William Cronon (ed.), *Uncommon Ground: Rethinking the Human Place in Nature*, W. W. Norton & Co., New York, 1995, pp. 69–90.

番論點，而是在諷刺他在純粹派環保人士核心思維中所察見的荒謬性：這些人士認為人類本身是遭到玷汙的，代表著汙染物和原罪。但他人卻採納此觀點，並延伸其義，尤其是倡導「人類自願滅絕運動」（Voluntary Human Extinction Movement），力行自我絕育的人士（其座右銘是：「願我們活得長久，並且滅絕。」）

在勞倫斯（D. H. Lawrence）的小說《戀愛中的女人》（*Women in Love*）中，做為主角心上人的魯伯特・柏金（Rupert Birkin）也希望人類消失於世，並表達出以下的信念：「好吧，要是人類被消滅，要是人類一族像索多瑪城[28]一樣被消滅，能有這樣一個美麗的夜晚，有這片發亮的土地和樹木，我心足矣……讓人類消失吧——也該是時候了。[29]」

在此不難想像上述的情景：每當風吹往某個方向，空氣中就會瀰漫著索爾頓海的惡臭。在此也很難不令人聯想到《聖經》中火與硫磺從天而降，君王們跨越死海遍布硫磺的淤泥灘，逃離已遭毀滅之城的光景。

§

在圖書館內，有三名打赤膊的男子正同坐一桌閒聊著。他們向山姆點頭打招呼，但是沒有理睬我。正在說話的男子把頭髮往後紮成馬尾，不過兩側卻剪得很短。他對其他兩人說道：「有天晚上我起來小便。我差點就沒帶手電筒去。媽的還好我有帶。」他說著說著便彎下身子，就在此時，這個陰暗的空間突然充滿了我分辨不出，但立即讓我陷入焦慮的沙沙聲。

受到驚嚇的我急忙四處張望，尋找聲音的來源。那三人見到

我這番模樣都大笑起來。圖書館的管理員從桌底下拿出一根像是種花用的竹條，在我面前搖晃著。

我說道：「天啊！那『到底是』什麼東西？」我把這根枝條拿來仔細端詳：原來上面釘著從響尾蛇尾巴切下來的響環。管理員又將枝條搖了搖，發出如雨聲器（rainstick）般的聲響。

「那條蛇摸黑埋伏在地板的中央等著我。所以我就把牠射殺了。」他站起身拿了一塊板子過來，那條蛇的皮已經攤在上面準備製成標本。

我想知道其餘的蛇身去了哪裡。管理員說，被他吃掉了。坐在桌前的第二名男子（脖子上戴著一個穿在皮繩上的黑色十字架）乾笑了一聲，感覺是在嘲笑我。

管理員繼續說道，味道很像肉。像雞肉或豬肉，但肉塊會像魚肉一樣從骨頭剝落下來。他起身又拿來另一樣東西給我看：一個可能是給小孩子用的塑膠魚缸，已經相當老舊。我透過布滿刮痕的缸面看到兩隻死蠍子乾掉的外殼。這兩隻蠍子還維持著緊緊相擁的姿態。管理員發現魚缸內的情形後罵了聲該死，說：「我想牠們當時正在打鬥，最後同歸於盡了。」

坐在桌前的第三名男子比較年輕，青春洋溢，表情淡然。我沒有特別注意他，直到之後在救贖山腳遇到他，看見他正在一個遮陽篷的陰影下擺放一張摺疊桌。他似乎很高興又見到我。

---

28 譯注：《聖經》中記載的萬惡之城，遭上帝毀滅。

29 D. H. Lawrence, *Women in Love*, Barnes & Noble Classics, New York, 1920 (2005), ebook p. 165.

「我是2K，」他說道。那是他的化名。他戴著一只青綠色的耳環，包著巴勒斯坦頭巾，穿著一條用帆布腰帶繫著的格子裙。他的頭髮兩側削短，金褐的髮色幾乎與他一身愛好戶外活動者典型的深褐膚色一模一樣。2K告訴我他是從密蘇里州來的，在路上經過一番跋涉後，初夏時節才抵達這裡。他離開家鄉前一直在一家狗狗日托中心工作（同時還身兼他職），但有一天他意識到再也無法這樣下去了。

他對我說：「我已經厭倦了這個巴比倫的世界。」我搖頭不解。巴比倫？他又說了一次「巴比倫」。他所指的是外頭的世界。在這個世界裡，人們無時無刻都在工作。為了生活而工作，為了工作而生活。而工作是為了賺錢再花錢，落入整個資本主義的循環。所以，他選擇脫離這個世界。他辭了職，將所有家當塞進卡車，然後踏上旅途。

然而，他收到的最後一筆薪資金額比預期還來得少。卡車也不時出問題。他被困在印第安那州，和他的狗兒縮在一張毛毯下等待暴風雪過去。最後，他在新墨西哥州棄車，改搭便車往西而去。兩個要到棕泉市打高爾夫球的人順路載他一程。於是，他最後就漂流到這裡了。

他告訴我，在來到斯拉布城前的幾個晚上，他都是睡在一個灌木叢下面。現在他則是睡在一棵樹下面。他說道：「我在這個世界的地位提高了。」這雖然是個玩笑話，但也反映了現實。由於樹下沒多少遮蔭，所以他大多數的日子都是待在鄰居營帳的帆布下，或是泡在圖書館裡。氣溫下降時，他會用稻草和黏土蓋一間泥磚屋，準備隔年住進去。

他在這種餐風露宿的生活中可以看到很多沙漠中的生物。有

玉米錦蛇、牛蛇、皮膚光亮的石龍子、白色的沙漠鬣蜥、鵪鶉、長耳大野兔、駱駝蛛、黑寡婦蜘蛛、鴿子等。不過還是以鹿虻居多。牠們會咬人吸血。這樣的日子在我聽來頗為艱辛，但他似乎遊刃有餘。他說道：「我在這裡可以取得的物資太多了。幾乎讓我難以置信。」語中掠過一絲宣教般的狂熱。

他說其他一些斯拉布城的居民「情感比較外放」。你必須注意安全，不持任何偏見。有的還是比較喜歡獨來獨往。他朝著一條泥路對面略指了一下。那裡隱約可見遠處有幾間獨立且彼此相隔甚遠的棚屋，宛若一座座用棧板和飄動的防水布搭建而成的斜塔。裡面住著更遠離塵世的沙漠隱者。

2K望著這些建築物說道：「斯拉布城有著莫大的優勢。因為有來自巴比倫的一堆垃圾。」我疑惑地看著他。他並不是在說笑。「多年來沙漠中累積了無數的垃圾，最後成了物資的來源。這裡的一切都是用垃圾打造起來的。」

對2K來說，巴比倫是現代文明的代名詞：是一個汙染環境的龐然大物。這裡的人們就住在其下游，撿拾從其排氣管中噴湧而出的廢料。巴比倫是個混亂又冷漠的地方，反覆無常，令人頹喪，將勞動者榨乾後便棄之不顧。最終在斯拉布城安身的人，有一部分是自己選擇來此，想要追求不同的生活方式。一部分則是已經無處可去。斯拉布城也許是一處受到遺棄、垃圾成堆的偏僻之地，但至少免付租金。進城的路上有一座老舊的哨亭，上面的公告寫著「警告：通往殘酷的現實」。巴比倫便是當中所指的殘酷現實世界。

巴比倫是一個真實的地方，是一個位在美索不達米亞的富裕國度；但在《聖經》中，其代表著人類的邪惡與自大，自認可勝

過上帝的傲慢。巴比倫曾是灌醉天下人的金杯。《聖經》中首次出現「巴比倫」一詞，是在巴比倫通天塔的場景，而最後一次則是出現在〈啟示錄〉，其寫成之時，真實世界的巴比倫早已淪落到入侵的波斯人手中。〈啟示錄〉中的「巴比倫」是同名的大淫婦，穿戴金飾，因飲聖徒之血而醉，並且騎在猩紅色的野獸上。先知約翰 30 寫道，「她自炫自耀和荒淫無度到甚麼程度」 31：

> 故此在短短一天之內，
> 她受的一切災殃：瘟疫、哀傷和飢荒，
> 要同時臨到她身上。
> 她也要被大火焚燒

地上的君王聞到她遭到焚燒時所發出的煙，就為她的死去哀慟：

> 嘆息說：可憐，可憐的巴比倫大城啊！
> 你雖然盛極一時，但審判卻在霎時間臨到。 32

我在救贖山告別了 2K，但他所說的話言猶在耳：我從中感受到，斯拉布城的營地是一個罔顧後果、恣意揮霍的社會必然會造就出的副產物。但我也感受到：斯拉布城是一個可以遁隱於世，行使良知抗拒權（conscientious objection）的地方。在此便不用再附和現代的生活方式。

我經過 2K 所指之處時，眼光緊盯著那些隱士棲居的破舊陋室。雖然沒人知道他們是為何而來，是為了尋找上帝，或毒品，

或精神崩潰，但他們在沙漠的修行路上並不孤單。這裡宛如《聖經》中所描述的荒野，一片荒涼無水、景色單調的沙漠。摩西在這片沙漠中看到燃燒的灌木。而在眾信徒遭殺害後獨自存活的先知以利亞（Elijah）也在這片沙漠中徘徊，聽到上主用「微小的聲音」對他說話。

我雖然不再是教徒，但有時仍可以感受到神的存在。

我曾在乾旱的曠野照顧你們。33

身處在沙漠，我們必須將恐懼轉化為信念。

§

歸根究柢，環保主義就是一種信念。相信有改變的可能，相信可望有更美好的未來——因為瓦礫堆中可以抽出綠芽，沙漠中可以冒出清水。而我們的信念經常受到考驗。諸如班德爾、保羅・埃爾利希等人的末日論，並不是發自野心或惡意的論述，而是根據觀察及審慎研究所得出的結論。換言之，是從我們理解得出的事實中推斷而得。

但是我無法接受他們的結論。若是接納了，即是放棄希望，

---

30 〈啟示錄〉第十八章第八節。
31 譯注：本章中《聖經》相關譯文均出自及參考《聖經》經文當代中譯本。
32 〈啟示錄〉第十八章第十節。
33 〈何西阿書〉第十三章第五節。

接受這個世界勢將崩落，未來浩劫難逃的推斷。而在我所看過、
到過的每個地方，即受盡蹂躪與破壞、飽經剝削與荒無人煙、遭
到汙染與毒害之地，我都發現了從破舊殘骸中迸發出的新生命。
這些生命除了展露出奇特的新貌，也因為深具韌性而更形寶貴。

是的，這是個腐敗的世界，在久遠之前早已褪去光華，但這
也是個深諳生存之道的世界。它具有強大的修復、復元和寬恕能
力，在某種程度上，只要我們能學會讓它展現此種能力，它便具
備上述能力。幾百年前即開墾為耕地的土地，幾年內就可恢復成
一片森林。沒了生物棲居的環境，可以自行繁衍新居民。即使是
汙染最嚴重的地點，只要給予機會，也能轉變成獨具重要性的生
態系統。

我在本書開頭講述了為進行實驗，將新生兒送到英奇基斯
島，交由聾啞保母照顧的故事。這場實驗被稱為「禁忌的實
驗」，因為其十分殘忍，讓實驗對象遭受如此極端且延續終身的
苦痛。在某種意義上，我在本書提及的許多地點也進行了一場場
禁忌的實驗。儘管這些實驗並非有意而為，終是讓我們對原本不
可能違背道德而刻意引發的事態發展有了深入的瞭解：包括核子
反應爐熔毀、有毒物質汙染、僵持不下的戰事、政治社會體制的
瓦解等。而和前述的新生兒實驗一樣，這些實驗的結果雖然難以
闡明，卻著實令人震驚。

我結束各種旅程歸來，向友人講述見聞時，有些朋友質疑我
只看重正面的發展（生態環境出現顯著的復甦），懷疑我是否可
能因此貶低許多社會運動人士與律師的辛勤工作成果。多虧他們
孜孜不倦，才能查明並起訴以無數不可挽回的方式破壞環境的分
子。因此，我認為有必要強調，我看重正面發展，並非就表示我

認為應該放任那些想要進一步掠奪地球資源的人。對我來說，書中講述的救贖故事，可以帶給世人不同的啟示：這些故事是在黑山暗水中燃燒的火炬，為有時似乎喪失希望的世界提供希望的光芒。它們除了可以提醒世人，我們周遭的世界本身就存在著一股力量，也可供研究參考，藉以瞭解有時放手不管反而可以產生的益處。

我們有一種傾向，那就是會摩拳擦掌，想要「介入」大自然的運作過程，而我們抱持的理據往往在於，既然各處地點過去是因人類的作為而受創，因此「我們有責任」補救人類所造成的傷害。但是這些受創地點提醒了我們，暫緩一些極具侵入性、干預性的保育方式反而是有益處的。

要拿捏箇中平衡著實不易，醫學界也曾有過相關爭論。在十九世紀，由於「英雄」（heroic）療法大肆風行，亦即放血、引瀉、汗蒸療法，許多醫師遂對醫療介入（medical intervention）抱持日益懷疑的態度。反對人士指出，這些療法通常本身是有害的。他們主張，刻意不治療，轉而仰賴自然治癒力（vis medicatrix naturae）[34]不是更好嗎？此種想法稱為「治療虛無主義」（therapeutic nihilism），在醫療檢測為藥物有效性提供實證前曾盛行過一段時間。然而，兩個學派都有一定的事實根據。現代版的希波克拉底誓詞（Hippocratic oath）認知到這一點，告誡醫師要避免落入「過度治療與治療虛無主義的雙重陷阱」[35]。

---

34 原注：英文直譯為「the healing power of nature」，意指身體天生的療癒力。
35 Louis Lasagna, Hippocratic Oath, (modern version), 1964.

人類對環境造成的衝擊，使我們同感愧疚。我認為這份集體的愧疚感，會驅使我們偏往過度治療的方向，這是因為我們設想，我們知道對受到破壞的棲地來說什麼是最好的，而且有所為總比毫無作為要好。但是那些被棄置的地點展現了驚人的生命力，即使在外行人眼裡似乎是破敗晦暗的地方亦然，而且有些地點的生物多樣性更是勝過受到精心照料的保護區。此種景況顯現出，人類的干預性作法就像舊時的放血、引瀉療法，有時反而弊大於利。我們必須學會自制，換言之：必須體認到，何時最好讓地球隨己意而為，如同在崎嶇之地任由馬兒前行一樣。

偉大的生物學家愛德華・威爾森（E. O. Wilson）提出人類應將一半的地表還給大自然，以防未來發生大災難，亦即用這半個地球來保存生物多樣性。此論點是取自他的島嶼生物地理學（island biogeography）理論，其主張一塊土地的面積越大，可以孕育的物種就越豐富。威爾森也將「島嶼」視為一種比喻，而他突破性的研究成果，對當代環境野化運動有重大的啟發，其現今已以「地景尺度」（landscape scale）為單位來設定目標。

而本書中的遺棄之島可以提醒我們，除了規模龐大、結構縝密的保育計畫外，道路盡頭一片雜亂的廢棄停車場也可促發環境的野化。不妨將廢棄停車場及每一個類似的場所都視為一個薎爾小島，坐落在延伸到整個世界的群島中，是各個物種在曾失去的土地上重新棲居的墊腳石。

諸如比基尼環礁、車諾比、洛錫安區的廢石堆等地向我們證明了，沒有人類侵擾通常是促發環境復甦所需的唯一條件。時間畢竟具有強大的療癒力。問題在於：需要多久的時間？以及：我們還有多久的時間？

時間可能沒剩多久了。現下正是懺悔認罪的時刻。現下也是
禱告的時刻，如果你知道如何祈禱：向上帝或蓋婭女神禱告，或
乾脆將懇求拋向眾神所居的天界，表達己身的無助與乞望。換句
話說，現在是需要信仰的時刻。

諾威奇的朱利安（Julian of Norwich）36 在她對第十三個啟示
的記述裡寫道，上帝以肉身的形像顯現於前，告訴她世上必有罪
過存在（「罪過自應存在於世」），但儘管如此，一切都會否極泰
來：

一切自會好轉，一切自會好轉，萬事自會好轉。37

我不是密契者（mystic）。上帝從未向我顯靈，我也未接受過
任何聖告。也許世間的罪過不會被赦免。但我確知的是：這世間
尚有希望存在。

§

夜裡，我清醒地躺在旅舍的吊床上。雖然天氣熱到令人無法
入睡，但頭頂上的沙漠夜空是一片紫蘿蘭色，還有光線穿透。幾
個小時就在汗水、星光和不適中模模糊糊地過去了。

---

36 譯注：中世紀英國密契靈修者，將上帝給予的啟示記述成書。
37 Recorded by Julian, Anchoress at Norwich, in 1373, and published as
Revelations of Divine Love, Methuen & Co, London, 1901 (republished by the
Gutenberg Project, 2016), ebook location 1681.

　　我曾讀過一篇文章[38]，當中有句看似信口一說的評論在我腦海揮之不去。在這句評論中，一位藝術家形容索爾頓盆地正經歷「一個死而復生的循環」。在讀到這句話的當時我不以為然，認為其不過是誇大的空談，就像是藝術理念宣言中常見的空話。但如今證實，這個概念有一定的事實依據。

　　數千年來，隨著科羅拉多河淤積及暫時偏離入海路線，索爾頓盆地的水域已多次氾濫、蒸發。早期的索爾頓盆地是個巨大無比的水體，範圍甚至涵蓋了現今位於墨西哥邊境的墨西加利市（Mexicali）。因此，最近一次人為引發的洪水，只是持續幾千年的循環中最近的一次洪災，而臭氣沖天、日漸萎縮的索爾頓海，只是遠古卡惠拉湖（Lake Cahuilla）的最新化身。卡惠拉湖已成虛影的湖岸線仍環繞著山丘，就像浴池周圍留下的環形水漬。索爾頓海蒸發，以及索爾頓盆地內出現白色結塊沉澱物的情形，雖然因為農業逕流中所含的養分而加劇，但這是自然運作過程中的一部分。於此過程中，這片海會如同其過往的前身，在枯竭後沒入大地。

　　隨著緋魚與鯔魚成批死亡，現在非洲鯽魚也步向同樣的命運。最後存活在索爾海水域中的，會是身體嬌小、帶有虹彩的沙漠鱂（desert pupfish）。[39]沙漠鱂是瀕臨絕種的物種，具有在極端條件下生存的非凡本領。這種魚無論在溫度達攝氏四十二度或更高溫的水裡，在鹽度達海洋兩倍以上的環境下，或在低氧水域中（例如受藻華影響的水域）都可存活。這些沙漠鱂的祖先曾生活在卡惠拉湖的淡水裡，但在湖水蒸發後適應了鹹水環境，繼續生存在殘留的溫泉與鹹水溪流中——有些人將此種演化上的改變比為人類適應了靠著喝汽油維生。如此超凡的適應能力使得沙漠鱂能

夠堅忍下去，等待棲息環境改善。

　　一九○五年山谷再次氾濫後，沙漠鱂便開始活躍起來。到了一九五○年，漁民匯報此處的鱂魚群數量多達一萬條。而即使是現今，在索爾頓海邁向衰亡之際，這些鱂魚仍保有隨時重展活力的潛能。二○○六年，地質學家在研究索爾頓海的實驗池塘時（池塘內的魚群已仔細篩出移除），發現在幾個月內，沙漠鱂已滲透進去並大量繁殖。截至二○一○年，池塘裡的鱂魚數量已超過一百萬條。

　　鱂魚的復起，令人想起色彩繽紛的非洲鯽魚巢穴：巢內的水會隨著內部鹽度改變而變換顏色。每種色調各顯露出存在其中的各類嗜鹽微生物；這些微生物會在鹽分達到最佳濃度時大量增生，然後逐漸凋亡。鱂魚和非洲鯽魚對環境的耐受力提醒了我們，勿放棄看似「貧瘠」或「不適宜棲居」之地。是否宜居是個別愛好的問題。像沙漠鱂這樣的生物現在看來是微不足道。然而，倘若環境狀況改變，這些物種便可望從中受惠，甚至順勢崛起。

　　我認為索爾頓盆地反覆氾濫乾涸的循環，象徵著深遠的時間刻痕，及無數時代的更迭。氣候日漸暖化的地球現今恐陷入瀕死期，生物大規模滅絕眼看就要發生，只留下敏捷、腳步飛快、

---

38 Melody Sample, quoted in Rory Carroll, 'In a forgotten town by the Salton Sea, newcomers build a bohemian dream', *Guardian*, 23 April 2018.

39 Stephanie Weagley and Carol A. Roberts, Carlsbad Fish & Wildlife Office, 'Field notes: Desert Pupfish and the Salton Sea's Experimental Research Ponds', U.S. Fish and Wildlife Service (California-Nevada), 31 August 2010.

能迅速適應變遷的物種。而隨著時間的推移，地球也可能重拾生機。地球每次發生重大滅絕事件後，即開啟了多姿多采的演化篇章：在此之前無足輕重的物種，接替了遭隕石、氣候變遷或超級火山滅絕的物種所空出的角色，生物因而快速演變出多樣的形貌。如果世界上有一半的物種遭到滅絕，新物種將遞補其位而茁然成長。但是這個過程可能需要歷經一百萬年或更長的時間。我們可能生命有限而無法目睹到這個過程完成——以個體來說自是如此，但或許甚至身為物種亦然。

於是，氣候災難可能使地球陷入漫長難度的瀕死期，一個對人類來說似乎永無止境的期間。甘冒降災的危險，是不顧後果、蓄意自殘的行為。然而，我們卻不願採取行動。我認為，這份躊躇是源自某種否認的心態，甚至相信科學之人亦作此想，亦即堅信此等災禍不可能發生。

但是我們或可以史為鑑：古巴比倫城的居民曾認為他們的城牆是堅不可破的。巴比倫城建有雙層城牆，每層均厚達二十二英尺，而且牆外有極深的護城河圍繞。據希臘文史學家色諾芬（Xenophon）的記載，居魯士大帝率領波斯大軍圍攻巴比倫城。城內居民知道他們的屯糧足以支應二十年之久，因此並未理會居魯士的攻勢。某晚，正當城內所有人歡慶節日而大肆宴飲之際，居魯士命他的軍隊將流經該城的幼發拉底河水引至已悄悄挖掘的壕溝，因此得以踏著城牆下乾涸的河床進軍該城。當巴比倫人還在歡慶時，敵軍卻已闖入他們的巍峨大城。

在我撰寫本書期間，大火侵襲了被譽為「地球之肺」的亞馬遜雨林，燒毀大片土地，澳洲數百萬公頃的林地也在大火中焚毀。單是澳洲的森林大火便釋放出四億噸的碳，超越該國的年

排放量。這些惡火也釋放出大量的煤灰及二氧化碳，繼而降低地球的反射率，並將太陽的熱鎖住。美國國家海洋暨大氣總署（National Oceanic and Atmospheric Administration）的報告指出，目前全球永凍土層每年融化時估計會排放出三至六億噸的二氧化碳。這些影響氣候的因素是我們最需擔憂的：因為它們恐形成反饋迴路，使氣候持續惡化下去。

　　一場戰事可能已掀開序幕；敵人可能已破牆而入。但是我們必須凝聚堅定的信心來迎戰。但審判卻在霎時間臨到。

謝辭

在本書研究及撰寫過程中，我獲得許多人士的協助。事實上，因為人數眾多，我深怕會遺漏掉一些鼎力相助的朋友（若您是其中的一位：在此向您致歉，並向您致上謝意）。

在此深深感謝：Ron Morris；伊安‧哈姆林、Bruce Philp、Roger Hissett；《Avaunt》雜誌的 Dan Crowe（以及引介我們的 Robert Macfarlane），因他委託我撰寫有關斯萊特群島（Slate Islands）的文章，讓我開始思索「美醜參半」的地景和大地藝術的意義；揚納基斯‧羅索斯（若想請他當嚮導，請搜尋他的別名約翰先生〔Mr John〕）；近東大學（Near East University）的沙利‧古塞爾博士；保羅‧多伯拉茲克；塔莫‧皮爾文；魯蜜拉‧尤拉斯科（Ludmilla Juraschko）（希望狗兒一切都好）；伊凡‧伊凡諾維奇；伊莉絲、戴夫，以及密西根州動物保護協會的所有成員，他們無微不至地照顧著動物，而且讓我感到備受款待；車迷兼地方英雄湯姆‧納多內，他新發起的垃圾捕撈運動（Trash Fishing）旨在清除底特律航道的垃圾，需要您的支持；康斯坦絲‧金恩，以及代我訪問金恩的駐底特律優秀記者 Ellen Piligian；Jesse Welter；惠勒‧安塔巴內斯（Wheeler Antabanez），感謝他特地撥出時間帶我走訪紐澤西州派特森市的破舊廠房；Ari Nath 與 Marissa Piro，感謝他們在紐約提供我住宿；威爾斯自然資源組織（Natural Resources Wales）的 Angharad Selway、Hamish

Osborn、Daniel Guest；艾洛斯·麥格瓦，我在阿曼尼自然保護區的絕佳嚮導（他也是一位能幹的農林助理員，如果有人感興趣的話）；阿曼尼森林保護區民宿的Robert Mayombo及全體工作人員；馬汀·金韋里；皮爾·賓格利與查理斯·奇拉維，感謝他們在雲端森林陪伴我並分享專業知識；威廉·安納爾（William Annal，請參見swona.net瞭解關於斯沃納島遺產信託〔Swona Heritage Trust〕的詳細資訊）；漢米許·莫瓦特（Hamish Mowatt）；野牛專家史蒂芬·霍爾；克洛芙、大衛、桑尼、克莉絲提娜；蒙哲臘火山觀測站（Montserrat Volcano Observatory）的羅德·史都華（Rod Stewart）；兩位蒙哲臘警員，感謝他們讓一個非常緊張的旅客搭便車，讓她能夠準時回到機場；山姆、2K、艾拉、Hornfeather，以及所有在斯拉布城向我講述他們生活方式的朋友。

要投入一個極為專業或頗具爭議的主題，期望以清晰明瞭的方式向主流讀者群訴說箇中故事，始終是令人誠惶誠恐的事。因此，我必須感謝兩位學者，俄亥俄州生態學與演化研究中心（Ohio Center for Ecology and Evolutionary Studies）的葛蘭·麥拉克（Glenn Matlack）教授，以及普利茅斯大學環境地理地質科學學院（University of Plymouth's School of Environmental, Geographical and Geological Sciences）的吉姆·史密斯（Jim Smith）教授，應允審讀本書關於森林演替和車諾比禁區的章節。如文中遺有任何錯謬之處，當屬本人之責。

本書是我的第二本著作，付梓過程漫長曲折。我必須感謝兩個機構在此期間提供資助：包括創意蘇格蘭（Creative Scotland），此機構的支持再度賦予我從事寫作的信心及動力，以

及作家協會（Society of Authors），此協會在二〇一七年頒予我獎勵旅行書寫作品的約翰‧海蓋特獎（John Heygate Prize），讓我從低潮中重振旗鼓。我非常幸運於撰寫本書期間，能駐點在威爾斯的格萊斯頓圖書館（Gladstone's Library）、新罕布夏州的麥克道威爾文藝營（MacDowell Colony）、瑞士的揚‧米哈爾斯基基金會（Jan Michalski Foundation）；這些地方皆是激發創作思維的重鎮，對我產生了深刻的影響。我鼓勵作家們申請在這些地方駐點。

本書最初構思的文稿是在East Rhidorroch度假屋寫成及寄出，在此感謝Iona Scobie與Julien Legrand兩位朋友體貼入微的招待。Louise Gray與Will McCallum，我的好友，同時也是作家，孜孜不倦推動環保的人士，都是這本書最早的讀者，並給予我相當大的支持和熱情的回饋。致Alex Christofi與Samira Shackle：在二〇〇五年的迎新週，誰能料想到在二〇二〇年相隔兩週的時間裡，我們都出版了自己的作品。對我來說，一切如願以償，而且成果更加豐碩。我很高興我們一起達成所願。

致我的經紀人Sophie Lambert：萬分感謝妳一直以來給予的支持和精闢建言。我很慶幸能遇見妳。致William Collins公司所有人，尤其是Arabella Pike、Jo Thompson、Alex Gingell、Helen Upton、Lottie Fyfe、Marianne Tatepo，感謝你們如此熱情地支持這項企畫。很高興能由William Collins出版我的著作。

致我的家人：我的父母Fiona與Derek Flyn，兄弟Martyn與Rory，以及他們的伴侶Mel與Claire和孩子Maisie、Daniel、Lucy。感謝你們為我所做的一切。最後要特別感謝Richard West在整個過程中陪伴我，在遭遇難關時給予我意見及安慰，在我隨

著截稿日逼近而鬱悶憂心的時期，總是容忍我越漸孤僻的行為。你富有耐心與見地、思維敏捷又體貼。沒有你，我不可能完成這一切。

科學新視野 187
遺棄之島：得獎記者挺進戰地、災區、棄城等
破敗之地，探索大自然的驚人復原力

作者——凱兒·弗林（Cal Flyn）
譯者——林佩蓉
企劃選書——羅珮芳
責任編輯——羅珮芳
版權——吳亭儀、江欣瑜
行銷業務——周佑潔、黃崇華、賴玉嵐
總編輯——黃靖卉
總經理——彭之琬
事業群總經理——黃淑貞

發行人——何飛鵬
法律顧問——元禾法律事務所王子文律師
出版——商周出版
台北市 104 民生東路二段 141 號 9 樓
電話：(02) 25007008・傳真：(02)25007759
發行——英屬蓋曼群島商家庭傳媒股份有限公司城邦分公司
台北市中山區民生東路二段 141 號 2 樓
書虫客服服務專線：02-25007718；25007719
服務時間：週一至週五上午 09:30-12:00；下午 13:30-17:00
24 小時傳真專線：02-25001990；25001991
劃撥帳號：19863813；戶名：書虫股份有限公司
讀者服務信箱：service@readingclub.com.tw
城邦讀書花園：www.cite.com.tw
香港發行所——城邦（香港）出版集團
香港灣仔駱克道 193 號東超商業中心 1F
電話：(852) 25086231・傳真：(852) 25789337
E-mail: hkcite@biznetvigator.com
馬新發行所——城邦（馬新）出版集團【Cite (M) Sdn Bhd】
41, Jalan Radin Anum, Bandar Baru Sri Petaling,
57000 Kuala Lumpur, Malaysia.
電話：(603) 90563833・傳真：(603) 90576622
Email: cite@cite.com.my

封面設計——朱疋
內頁排版——陳健美
印刷——韋懋實業有限公司
經銷——聯合發行股份有限公司
電話：(02)2917-8022・傳真：(02)2911-0053
地址：新北市 231 新店區寶橋路 235 巷 6 弄 6 號 2 樓

初版——2023 年 5 月 9 日初版
定價——520 元
ISBN——978-626-318-629-3

國家圖書館出版品預行編目 (CIP) 資料

遺棄之島：得獎記者挺進戰地、災區、棄城等破敗之地，
探索大自然的驚人復原力／凱兒·弗林（Cal Flyn）著；
林佩蓉譯. -- 初版. -- 臺北市：商周出版；英屬蓋曼群島
商家庭傳媒股份有限公司城邦分公司發行，2023.05
　面；　　公分. -- (科學新視野；187)
譯　自：Islands of abandonment : nature rebounding in the
post-human landscape
ISBN 978-626-318-629-3(平裝)

1.CST: 環境科學 2.CST: 環境生態學

367　　　　　　　　　　　　　　　　112003191

線上版回函卡